국방개혁의 역사와 교훈

국방개혁의 역사와 교훈

초판 1쇄 인쇄	2014년 07월 14일
초판 1쇄 발행	2014년 07월 21일
지은이	김 동 한
펴낸이	손 형 국
편집인	선 일 영
디자인	이현수 신혜림 김루리
마케팅	김 회 란
펴낸곳	㈜북랩
출판등록	2004. 12. 1(제2012-000051호)
주소	153-786 서울시 금천구 가산디지털 1로 168, 우림라이온스밸리 B동 B113, 114호
홈페이지	www.book.co.kr
전화번호	(02)2026-5777

편 집	이소현 이윤채 조민수
제 작	박기성 황동현 구성우
팩스	(02)2026-5747

ISBN   979-11-5585-237-8   13390(종이책)
       979-11-5585-238-5   15390(전자책)

이 책의 판권은 ㈜북랩에 있습니다.
내용의 일부와 전부를 무단 전재하거나 복제를 금합니다.

이 도서의 국립중앙도서관 출판시도서목록(CIP)은 서지정보유통지원시스템 홈페이지(http://seoji.nl.go.kr)와
국가자료공동목록시스템(http://www.nl.go.kr/kolisnet)에서 이용하실 수 있습니다.
(CIP제어번호: 2014015530)

언제까지 통합군 논쟁만 반복할 것인가?

국방 개혁의 역사와 교훈

이제는 상부지휘구조 정상화와 3군 균형발전을 추구해야 할 때이다!

김동한 지음

book Lab

육·해·공 3군의 균형발전을 염원하며……

탈고소회(脫稿所懷)

　박사학위를 취득하고 나서 2009년부터 구상한 작업이었는데 이제야 마치게 되었다. 간명하게 쓰려고 적잖은 노력을 했음에도 불구하고 3백 페이지를 훌쩍 넘는 분량이 되고 말았다. 비교적 단시간에 필자의 졸작을 독파하려면, 〈프롤로그: 국방개혁 약사〉, 〈3부 국방개혁 정책의 결정요인 추론〉, 〈에필로그: 역대 정부의 국방개혁 비교분석 및 정책적 함의〉 순으로 접근하기를 추천한다. 정치학이라는 학문과 인연을 맺은 이래 적지 않은 논문들을 써왔지만 단행본은 처음이다. 오롯이 주어진 일 년이라는 시간이 없었다면 해내지 못했을 것이다.

　아름다운 도시 콜로라도 스프링스에서 보낸 일 년은 평생 잊지 못할 것이다. 특별히 내게는 영혼과 육신 모두 회복과 치유의 시간이었다. 아담한 UCCS 캠퍼스와 정치학과 교수들, ESL 친구들, 해발 4천 미터가 넘는 Pikes Peak의 장관, 파스텔 톤 하늘빛, 흘러내리는 구름들, 사계절을 담은 하루, 고운 눈송이, 사랑받고 사랑했던 사람들을 어찌 잊을 수 있을까!

　가족 모두가 평생토록 회상할 일 년간의 추억을 선물해 준 대한민국 공군과 공군사관학교 교수님들께 진심어린 감사를 올린다. 또한 필자를 초청해 준 UCCS 정치학과의 Jim Null 학과장과 김인한 교수에게 깊은 감사의 마음을 전한다. 특별히 우리 가족에게 한량없는 사랑을 베풀어주신 새생명 한인감리교회 성도님들 모두에게 정말 감사했고 즐거웠다고 전하고 싶다. 항상 건강한 음식과 맘 깊은 배려로 가족의 행복을 지켜준 한결같은 아내에게 고맙다. 미국 생활을 통해 소중한 꿈을 갖게 된 창대와 지인이의 미래가 기대된다.

서 문

국방개혁은 역대 정권마다 관심을 가지고 추진했던 중요한 문제였다. 국방개혁의 여러 쟁점들 중에서도 핵심 의제는 군구조 개편이었으며, 추진과정에서 여·야 정치권뿐만 아니라 육·해·공 3군 간에도 치열한 논쟁이 전개되곤 했다. 지휘구조나 병력구조의 경우, 각 군의 이해관계와 밀접한 연관을 가질 수밖에 없기 때문에 자군 중심주의 시각에서 탈피하기가 어려웠으며, 때로는 특정군 중심의 패러다임 하에서 일방적인 개혁이 추진되기도 했다. 지휘구조 개편의 경우에는 위헌논란과 문민통제 문제까지 제기되는 등, 군과 정치권 모두의 초미의 관심사였다. 특히 몇몇 정부에서 추진했던 지휘구조 개편의 경우, 일관되게 통합군제를 지향했으나 매번 무산되었다는 것이 역사적 사실이라고 할 수 있다.

노태우 정부에서는 국방참모총장직을 신설하여 3군을 통할하는 통합군제를 추진했다가 타군 및 야당의 반대에 부딪히자, 합참의장에게 군령권을 부여하여 주요 작전부대를 지휘할 수 있도록 국군조직법을 개정하는 선에서 마무리하였다. 김영삼 정부의 경우에도 육·해·공 3군을 통합하는 통합군체제를 검토하였으나 무위에 그쳤고, 김대중 정부 시기에는 육군의 1군과 3군을 통합하여 지상작전사령부 창설을 검토하던 중 포기하였으며, 노무현 정부에서는 지상작전사령부 창설뿐만 아니라 대규모 육군 병력 감축 등과 같은 혁신적인 계획을 수립하고 이를 법제화하는 단계까지 나아갔다. 이명박 정부에서도 개혁 초기에는 노태우 정부에서 추진하였던 통합군제를 구상했었다. 군령권과 군정권을 가진 합동군사령관직을 신설하여 3군을 직접 지휘하는 통합군제를 추진하였다가 타군과 야권의 반대에 직면하자, 합동군사령관직 신설은 포기하되 각군 총장에게 군령권을 부여하여 합참의장의 하위 지휘선으로 편입시킨다는 대폭적인 지휘구조 개편을 추진하였고, 이를

서문

위해 '국군조직법 개정안'을 의회에 상정하는 단계까지 나아갔으나, 개편안에 대한 이견을 조율하지 못해 무산되었다.

지휘구조 개편을 위해 국군조직법을 개정하거나, 국방개혁의 일관성과 지속성을 위해 입법의 단계까지 나아간 사례는 노태우 정부와 노무현 정부에서 찾아볼 수 있다. 반면에 이명박 정부의 경우, 행정부에서 국군조직법 개정안을 성안하여 의회에 상정하였으나 심의 과정에서 무산되었다는 점에서 차이가 있다. 하지만 위 세 정부의 사례들은 추진 과정에서 육군과 해·공군, 여당과 야당 간의 견해 차이로 인해 상당한 논란이 있었고, 그 과정에서 원안이 일정 부분 수정되거나 무산되는 등, 유사한 과정을 거쳤다고 할 수 있다. 또한 국방부와 청와대를 포함하는 행정부 차원의 논의과정과 입법부 차원의 의회심의과정이 언론, 공간(公刊) 문서, 국회 회의록 등을 통해 알려지면서, 군구조 개편정책의 결정과정 및 주요 결정요인들을 분석할 수 있게 되었다.

따라서 이 책에서는 노태우, 노무현, 이명박 정부의 국방개혁 사례 분석에 중점을 두었으며, 특히 행정부 차원에서 개혁안이 입안되는 과정과 의회심의 과정에 초점을 맞추었다. 이처럼 역대 정부의 국방개혁이 일정 수준의 역사적 지속성을 가지고 추진된 것이라면, 과거의 사례들에서 추출해야만 할 교훈들이 존재할 것이고 이러한 요인들은 향후에 국방개혁을 추진할 때 고려해야 할 매우 중요한 지표가 될 수 있을 것이다. 즉, 역대 정부에서 추진했던 군구조 개편 계획이 검토 단계에서 무산되거나 아니면 의미 있는 성과를 거두는 등 대조적인 결과를 초래하게 된 요인들을 규명하고, 이를 토대로 향후의 국방개혁 작업이 성공적으로 추진될 수 있도록 현재적 함의를 발견하는 것이 바로 필자의 문제의식이자 저술 목적이라고 할 수 있다.

차례

탈고소회   05
서문   06
프롤로그__국방개혁 약사(略史)   09

1부 국방개혁의 제도화 성공 사례

1장 노태우 정부의 818계획과 지휘구조 개편   31
2장 노무현 정부의 국방개혁 2020과 병력구조 개편   94

2부 국방개혁의 제도화 실패 사례

1장 이명박 정부의 307계획과 지휘구조 개편 추진   196
   : 의회심의 단계에서 무산
2장 김영삼/김대중 정부의 지휘/부대구조 개편 검토   227
   : 행정부 검토 단계에서 무산

3부 국방개혁 정책의 결정요인 추론

1장 국방개혁 정책의 결정과정 분석틀   244
2장 국방개혁 정책의 주요 결정요인 추론   248

에필로그__역대 정부의 국방개혁 비교 분석과 정책적 함의   283

참고문헌   305

프롤로그

국방개혁 약사(略史)

국방개혁은 역대 정권마다 관심을 가지고 추진했던 중요한 문제였다. 국방개혁의 여러 쟁점들 중에서도 핵심 의제는 군구조 개편이라고 할 수 있다. 군구조는 통상 지휘구조, 병력구조, 부대구조, 전력구조로 구분되며 역대정부에서는 주로 지휘구조 개편 문제에 중점을 두고 국방개혁을 추진하였다.[1] 군 지휘구조 개편은 노태우 정부에서 심층적으로 검트하여 법제화 과정을 거친 후 현재의 지휘구조를 만들어냈다. 이후 김영삼, 김대중, 노무현, 이명박 정부에서도 지휘구조의 개편방향에 대한 논의가 지속되었다. 김영삼 정부의 경우 육·해·공 3군을 통합하는 통합군 체제를 검토하였으나 무위에 그쳤고, 김대중 정부 시기에는 육군의 1군과 3군을 통합하여 지상작전사령부 창설을 검토하던 중 포기하였으며, 노무현 정부에서는 지상작전사령부 창설뿐만 아니라 대규모 육군 병력 감축 등과 같은 혁신적인 계획을 수립하고 이를 법제화하는 단계까지 나아갔다. 이명박 정부에서는 통합군 체제를 추진하다가 해군과 공군 예비역 및 언론과 야당의 반대에 직면하여 결국 무산되었다. 김영삼·김대중 정부의 경우 군구조 개편 계획의 검토 단계에서 모두 무산되고 말았다는 점에서 공통점을 갖는다. 한편 이명박 정부의 경우 지휘구조 개편을 위해 개정 법률안을 성안하여 국회에 상정하였으나 심의과정에서 추진 동력을 잃고 무산되었다는 점에서 상기 두 정부의 경우와 약간의 차이가 있다. 반면에 노태우 정부의 경우 초기 목표와 달리 합동군제로 변경되었으나 국군조직법을 개정하여 합동참모의장에게 군령권을 부여함으로써 각군의 작전부대를 지휘할 수 있도록 지휘구조를 개편하는 성과를 거두었으며, 노무현 정부에서도 육군병력의 대대적 감축을 포함한 군구조 전반의 개혁을 위해 '국방개혁에 관한 법률'을 제정함으로써 국방개혁의 제도

---

[1] '국방개혁에 관한 법률' 제 3조 3항에서는 군구조를 "국방 및 군사임무 수행에 관련되는 전반적인 군사력의 조직 및 구성관계로서 육군·해군·공군이 상호 관련되는 체계"로 정의하고 있다(국방개혁에 관한 법률: 법률 제 8097호, 2006. 12. 28). 이 책에서는 군구조를 상위 개념으로 하고 그 하위 범주로 지휘구조, 병력구조, 전력구조, 부대구조라는 구분을 따르기로 한다. 국방부 계획예산관실, 『국방개혁2020과 국방비』(대한민국 국방부, 2006), pp. 26-27.

화를 성취했다는 평가를 내릴 수 있다.

여기에서는 우선 군구조 개편 계획이 의미 있는 성과를 달성한 사례로서 노태우·노무현 정부의 군구조 개편 계획을 약술하고, 다음으로 군구조 개편을 추진하였으나 무산된 사례로서 김영삼, 김대중, 이명박 정부 시기를 간략하게 살펴볼 것이다.

노태우 정부의 지휘구조 개편 계획과 국군조직법 개정

노태우 정부에서 군 지휘구조 개편 문제가 제기된 배경은 대통령의 인식과 안보환경의 변화에 있다고 할 수 있다. 노태우 대통령이 군 지휘구조를 개편하고자 구상했던 시점은 1987년 13대 대통령 후보 시절까지 거슬러 올라간다. 당시 그는 "한국적인 작전지휘체제를 확립하고 미군의 작전지휘권을 이양받기 위해 노력한다"는 외교·안보 분야의 공약을 제시하였다.[2] 이후 군 지휘구조 개편 공약은 정권 출범 후인 1988년 7월에 노태우 대통령의 직접 지시로 현실화를 위한 검토에 착수하게 된다. 노태우 대통령의 구상은, 한국군의 작전권을 미국으로부터 환수했을 때 이를 행사할 수 있는 능력을 갖추어야 한다는 인식에서 비롯되었다고 할 수 있다.[3]

지휘구조 개편을 구상하게 된 대외적 안보환경 요인으로 들 수 있는 것은 탈냉전에 따른 미국의 군사전략 변화이다. 탈냉전 시대를 맞아 미국의 국방예산 삭감과 미군 병력 감축 계획이 검토되었고 그 결과 해외 주둔 미군병력의 감축과 주둔 국가의 안보분담 확대 등과 같은 문제들이 고려되었다. 이 같은 사안들에 대해 행정부 차원에서 검토하고 그 결과를 의회에 보고할 것을 명문화한 것이, 1989년 미 의회를 통과한 '넌-워너 수정안'(The Nunn-Warner Amendment Bill 1989)이었다. 이에 따라 미 국방부에서는 EASI-Ⅰ·Ⅱ를 작성하여 해외 주둔 미군 병력의 감축 계획을 의회에 보고하였다. 탈냉전의 도래와 함께 시작된 미국의 군사전략 변화는 한반도 안보환경에도 영향을 미쳤고, 그에 따라 주한미군병력 중 1단계로 7,000명을 감축한다는 계획이 수립되었으며 작전권 이양 문제도 협의되었다. 이처럼 한반도 안보환경의 변화에 따라 한국군의 지휘구조 역시 개편되어야 할 필요성이 대두되었던 것이다.[4]

---

2) 『조선일보』1987년 11월 26일.
3) 조갑제, 『노태우 육성회고록: 전환기의 대전략』(조갑제닷컴, 2007), pp. 333-336.
4) 김동한, "한국군 구조개편정책의 결정요인 분석," 『한국정치학회보』제43집 4호(한국정치

노대통령의 지시에 따라 군 지휘구조 개편 계획이 검토되었고 연구위원들은 군사적 측면만을 고려한다면 통합군제가 이상적이지만, 당시 시대적 상황이 군사정권에서 민주주의로 이행된 직후임을 고려할 때, 군에 대한 문민통제의 우려나 해·공군의 반발을 감안하여 통제형 합참의장제 혹은 합동군제로 개편할 것을 건의하였다. 통합군제로 개편될 경우 신설되는 국방참모총장이 군령권과 군정권 모두를 장악하게 되는데, 당시 야당은 이 같은 구조가 군의 정치개입을 용이하게 함으로써 헌정질서를 유린하게 될 것이라는 우려를 심각하게 표명하였고, 해·공군 측에서도 육군이 국방참모총장직을 독점하게 됨으로써 해군과 공군은 육군의 일개 병과 수준 또는 기능사령부 정도로 전락하게 될 것이라는 점을 들어 격렬히 저항하였다.5) 결과적으로 군 지휘구조가 합동군제로 결정되긴 했지만, 상부 지휘구조 개편 내용을 담은 국군조직법 개정안의 세부 사항에 관해서는 3군 간 이견이 표출되었다.

국군조직법 개정안의 핵심인 지휘구조 개편문제를 놓고 표출된 3군 간의 이견은, 곧 각군의 이해관계에 결부된 문제라고 할 수 있었다. 해·공군은 국군조직법 개정을 계기로 기존의 육군 중심의 군구조를 개선하여 3군 균형 발전을 추구하려고 했던 반면, 육군의 경우에는 원칙론을 내세워 원안의 내용을 고수하였다. 국방참모총장을 3군이 윤번제로 보직하는 문제는 육군의 주장에 따라 수용되지 못했으며, 국방참모본부의 구성에 있어 3군 균형을 맞추는 문제 역시 국군조직법에는 반영되지 못했지만 대통령령인 '합동참모본부직제'6)에 '육군2:해군1:공군1'의 비율이 명시되었다. 국방참모총장에게 주요 작전지휘관의 임명 동의권을 부여하는 문제는 권한집중에 대한 우려로 무산되었다. 3군의 이견이 조정된 결과를 보면 해군과 공군의 입장이 많이 반영된 것으로 보이지만 실상은 그렇지 않았다. 국방참모총장의 3군 윤번제 추진이 좌절된 결과, 이후 합참의장직을 육군이 독점하게 되었고, 합동참모

학회, 2009), pp. 356-357.
5) 『동아일보』1989년 10월 11일.
6) 합동참모본부직제(대통령령 제13109호: 1990. 10. 1)

본부직제에 규정된 3군 구성비는 합참의 요직을 육군이 독점하고 있는 현실을 고려할 때 사문화된 조항으로 전락하고 말았다.

3군 간에 표출된 쟁점들은 국회 국방위 심의과정에서도 그대로 재현되었다. 야당 의원들이 집중적으로 제기한 문제는 군의 정치개입 가능성 증대, 문민통제 약화, 육군 중심의 군구조 심화, 국방참모총장제 신설의 위헌성 등이었다. 국방참모총장에게 군령권을 부여하게 되면 총장 1인에게 과도한 권한이 집중됨으로써 군의 정치개입 개연성이 높아지게 된다는 점과 군령권을 장악한 국방참모총장에 대한 국방부장관의 통제력이 약화됨으로써 문민통제의 메커니즘이 제 기능을 발휘하지 못하게 될 것이라는 점을 들어 우려를 표명하였다. 또한 국방참모총장직을 육군이 독점하게 될 것이므로 육군 중심의 군구조가 더욱 심화될 것이라는 점 또한 반대 견해의 핵심을 차지하였다. 끝으로 국방참모총장제 신설이 헌법 89조 16항을 위반한다는 견해가 제기되었는데, 당시 합참의장 및 각군총장의 임명은 국무회의의 심의를 거치도록 헌법에 규정되어 있으나, 헌법의 사전 개정 없이 합참의장을 국방참모총장으로 개편하여 군령권을 부여하는 것은 위헌 요소가 있다는 것이다.[7]

상술한 쟁점들에 대한 논란 끝에 국회 본회의를 통과한 국군조직법 개정안에는 위헌 논란을 고려하여 국방참모총장을 기존의 합동참모의장으로 변경하고 대신에 주요 작전부대에 대한 군령권을 합참의장에게 부여하였다. 또한 군부쿠데타에 대한 우려를 불식시키기 위하여 합참의장이 평시에 독립전투여단급 이상의 부대를 이동할 경우 국방부장관의 사전 승인을 받도록 하였다. 한편 합참차장을 원안의 2인에서 3인으로 늘려 해군과 공군을 배려한 점등이 국방부에서 국회에 제출한 원안과 비교하여 변화된 내용이라고 할 수 있다.[8]

---

[7] 국회사무처, "148회 국회 임시회 국방위원회 회의록 4호(1990. 3. 8)", pp. 5-7.
[8] 국회사무처, "148회 국회 임시회 국방위원회 회의록 5호(1990. 3. 12)", p. 1.

노무현 정부의 병력구조 개편 계획과 국방개혁법 제정

　노무현 정부 시기 추진되었던 국방개혁의 핵심은 육군병력 감축9)과 전력 현대화에 있었다고 할 수 있다. 이 같은 구상은 노무현 대통령의 의지와 미국의 군사전략 변화가 교호(交互)하면서 구체화되었다고 볼 수 있다.

　미국 정부는 참여정부 출범 직후인 2003년 2월 27일 롤리스 국방차관보를 한국 정부에 보내 동맹 조정에 대한 미국의 요구를 전달했는데, 2003년 10월부터 주한미군 기지 재배치와 용산기지 이전을 시작하자는 미국의 급진적 요구를 둘러싸고 한미 간에 협상이 시작되었다. 미국의 요구에 대해 NSC 사무처는 비용을 극소화하여 한국의 국익을 고려해야한다는 유보적 입장을 취한 반면, 국방부는 수용적 입장을 표명하는 등, 이 문제를 둘러싸고 이견이 표출되었다. 이에 노무현 대통령은 2003년 4월에 열린 대통령 주재 안보 관계 장관 및 보좌관 간담회에서 미국의 전략변화에서 비롯된 한미동맹 조정 요구를 수용하면서 이를 자주국방 기반 확립의 기회로 삼자는 취지의 지시를 했다. 자주국방에 대한 대통령의 의지는 이후 2003년 6월에 개최된 제 2차 FOTA에서, 미국이 이라크 전쟁 수행에 따른 병력부족 현상을 타개하기 위해 2004년부터 2006년까지 총 12,500명을 단계적으로 감축할 계획임을 통보하고 이를 위해 한미 간에 구체적 협의를 갖자고 제안하게 됨으로써 더 강화되었다고 볼 수 있다. 2003년 7월 31일 국방부는 NSC 사무처와 함께 동맹조정과 자주국방 추진에 대한 종합계획을 대통령에게 보고하였다. 이 계획에 따르면, 대북 억제전력과 감시정찰전력 등의 핵심전력이 2010년경이면 확보된다는 판단 하에 2010년이면 한국군 주도의 작전수행체제가 가능하다는 것이었다. 이후 9월 19일 국방부는 위 계획을 구체화시켜 종합추진계획을 다시 보고하였고, 노무현 대통령은 이 같은 배경을 토대로 2003년 10

---

9) 병력감축 규모는 육군의 경우 54만 8천 명에서 37만 천명으로, 해군은 6만 8천 명에서 6만 4천 명으로 감축하되, 공군은 기존의 6만 5천 명 수준을 그대로 유지하는 것이었다.

월 1일 국군의 날 치사에서 자주국방의 추진 방향에 대한 분명한 입장을 표명하게 되었다는 것이다.[10] 이후 한국과 미국 간에는 구체적인 사안들이 조율되었는데, 주한미군 담당 10개 군사임무의 한국군 전환과 한강 이남으로의 주한미군 재배치 합의[11], 2008년까지 주한미군 병력 12,500명 감축 합의[12] 등이 이루어졌다.

이처럼 미국의 군사전략 변화와 주한미군 감축 계획 등으로 대두된 노무현 대통령의 자주국방 구상은 병력감축, 전력현대화, 3군 균형발전과 같은 국방개혁 문제를 구체화시켰다. 이렇게 하여 대두된 병력구조 개편문제는 대통령과 국방부를 포괄하는 행정부 차원에서 정책으로 수립되는 과정을 거치게 되었다. 병력구조 개편문제에 대한 육군의 입장은 군 조직의 특성으로 인해 공식적으로 표면화되지는 않았지만, 당시 언론 보도에 드러난 내용을 보면 병력감축 계획을 지지하지 않았던 것으로 보인다. 북한군의 병력규모는 그대로 유지되고 있는데도 불구하고 한국군 병력을 일방적으로 감축하는 계획은 적절하지 못하며 신중을 기해야 한다는 입장이었다. 반면에 해·공군의 경우, 더 과감한 군구조 개편이 이루어져야 하며 육군 중심의 과도한 군구조가 개선되어야할 필요가 있다는 입장이었다.[13] 하지만 2004년 12월에 있었던 국무회의에서 노무현 대통령은 국방개혁의 법제화 문제를 검토하여 보고할 것을 국방부에 지시하였고, 2005년 3월에는 대통령 직속으로 국방발전자문위원회를 신설하였으며, 같은 해 4월에는 병력구조를 양적 구조에서 질적 구조로 개편할 것을 국방부에 지시하는 등, 병력구조 개편을 핵심으로 하는 국방개혁의 방향에 대해 구체적인 지침을 제시하였다.[14] 이처럼 노무현 대통령은 국방부 차원에서 병력구조 개편정책을 수립하는 과정에서 자신

---

10) 국정홍보처 편,『참여정부 국정운영백서』(국정홍보처, 2008), pp. 180-183.
11)『제 35차 SCM 공동성명서』2003년 11월 17일.
12)『제 36차 SCM 공동성명서』2004년 10월 22일.
13)『서울신문』2005년 9월 6일.
14) 국방부, "2005년 대통령 업무보고 자료." http://www.president.go.kr(검색일: 2007년 11월 1일)

의 정책선호를 대부분 반영했다고 볼 수 있다.15)

　노무현 대통령의 지시에 따라 국방부에서는 '국방개혁 기본법안'16)을 성안하여 2005년 12월 2일에 국회에 제출하였다. 이후 국방위 심의과정에서 병력구조 개편문제가 핵심 쟁점으로 부상하였으며, 대규모 육군병력 감축 문제를 두고 국방위 위원들 사이에 지지 여부에 따라 일종의 정책연합이 형성되었다. 심의 과정에서 열린우리당의 조성태 위원17)은 북한의 군사적 위협이 지속되는 한 병력감축은 불가능하다고 주장하였고 이를 수정 조항에 반영하는 과정에서 핵심적인 역할을 담당하였다.18) 국방부가 제출한 원안에 따르면 병력감축 조항은 "2020년까지 연차적으로 50만 명 수준으로 '조정'한다"고 하는 단정적이고 구속력 있는 문구로 규정되어 있었다. 하지만, 수정안에서는 "2020년까지 50만 명 수준을 '목표'로 한다"는 유동적인 규정과 함께, 신설된 ②항에서 "병력 감축의 목표 수준을 정할 때 북한의 군사위협·군사적 신뢰구축·평화상태 진전 상황을 감안하여 3년 단위로 기본계획에 반영"하게 함으로써, 안보환경에 대한 해석에 따라 정책 방향이 결정되는 구조로 변화하게 되었다.19) 즉 신설된 ②항은 병력감축에 대한 전제조건으로서 북한의 군사적 위협이 지속되는 한, 병력감축이 불가함을 규정한 것이라고 할 수 있다.20)

---

15) 김동한, "한국군 구조개편정책의 결정요인 분석," 『한국정치학회보』제43집 4호(한국정치학회, 2009), pp. 360-361.
16) 국방개혁 기본법안(의안번호 3513: 2005. 12. 2)
17) 조성태 의원은 국방부 정책기획국장, 1군단장, 국방부 정책실장, 2군 사령관, 국방부 장관을 지낸 군사전문가였다. 군사분야에 대한 조성태 의원과 여타 의원들 간의 전문성 차이는 상대적인 수준을 뛰어넘는 절대적인 것이었다고 할 수 있다.
18) 국회사무처, "259회 국회 임시회 국방위원회 국방개혁 기본법안 심사 특별 소위원회 3호(2006. 4. 14)"; "262회 국회 정기회 국방위원회 법률안 등 심사소위원회 5호(2006. 11. 29)"; "262회 국회 정기회 국방위원회 회의록 11호(2006. 11. 30)"
19) 국방개혁에 관한 법률(법률 제 8097호: 2006. 12. 28)
20) 김동한, "노무현 정부의 국방개혁정책 결정과정 연구: 군구조 개편과 법제화의 정치과정을 중심으로," 『군사논단』53호, p. 215.

김영삼 정부의 지휘구조 개편 검토

김영삼 정부에서 시도된 국방개혁 작업 중에 주목할 만한 것은, 지휘구조 개편에 해당하는 '통합군 체제'로의 개편 계획이 검토되었다는 사실이다. 1993년 김영삼 정부 출범과 함께 국방부에 구성된 '국방개혁위원회'는 이병태 국방장관 시절 '21세기 국방연구위원회'로 명칭을 바꾸고 당시 국방개혁실장이었던 조성태 장군이 위원장을 겸임하며 국방개혁문제를 총괄하였다. 여기에서 핵심적으로 검토했던 사안은 군 지휘구조 개편 문제로서 노태우 정부에서 완결짓지 못한 통합군 체제로의 전환이었다. 1995년에 연구위원회가 제출한 보고서인 '21세기 국방태세 연구'에는 21세기가 도래하기 이전에 전시작전권을 환수한다는 전제 하에 합참 기능을 통합군 체제로 전환하고 각군 본부를 총사령부 체제로 변경한다는 내용을 담고 있었다. 하지만 통합군 체제에 대한 해군과 공군의 격렬한 반대로 보고서를 채택할 수 없었고 위원회는 표류하게 되었다.[21]

이후, 이 같은 계획이 처음 공론화된 것은 1997년 6월말 언론보도를 통해서였다. 당시 언론 보도에 따르면, 신한국당의 정보화특별위원회에서 현행 60만 명의 육·해·공 3군 체제를 20만 명 규모의 통합군제로 단계적으로 감군하는 방안을 당 지도부에 건의하기로 했다는 것이다.[22] 이 계획에 따르면, '육·해·공 3군 본부'를 '육·해·공군 사령부'로 개편하고, 각군 본부 기능은 국방부 본부, 합참, 각군 사령부로 분할하여 이관시킨다는 것이었다. 또한 국방부 본부와 합참은 국방정책 및 기획 기능을 전담하도록 기능을 보강하고, 각군 사령부는 기존의 각군 작전사령부, 즉 육군 1·2·3 야전군 사령부, 해군 작전사령부, 공군 작전사령부가 수행하는 기능에 추가하여 최소한의 각군 고유기능을 수행하도록 편성한다는 것이었다. 하지만, 통합군제를

---
21) 김종대, 『노무현, 시대의 문턱을 넘다: 한미동맹과 전시작전권에서 남북정상회담에 이르기까지』(나무와 숲, 2010), pp. 204-211.
22) 『동아일보』 1997년 6월 30일.

목표로 하여 검토되었던 지휘구조 개편계획은 군내 공감대 미흡으로 추진될 수 없었다.23)

통합군제 개편계획이 보도된 이후, 해·공군 측에서는 이에 반대하는 입장을 표명하였다. 반대 견해는 군 조직의 특성상 현역이 아닌 예비역 해·공군 장성들이 주도적으로 제기하였고 언론 매체를 통하여 보도되었다. 공군 측의 입장으로 일반화하기는 어렵지만, 예비역 공군 중장으로 공군본부 기획·작전참모부장과 공사 교장을 역임한 서진태 장군은 1997년 10월호『월간조선』에서 '통합군 논의는 군의 화합·단결을 저해한다'는 기고를 통해 통합군제 개편의 부적절성을 지적하였는데 여기에는 통합군제의 문제점에 대한 해군과 공군의 시각이 잘 드러나 있다.

서진태 장군이 통합군제 개편에 반대하는 논리는 다음과 같았다. 첫째, 고도로 기술화되고 전문화된 정밀 고가장비를 운영하는 공군과 해군을 비 기술군인 육군에 강제로 병합하여 단일군으로 통합하려는 발상은 선진화를 향하는 시대의 요구에 역행하는 작업이라는 것이다. 그에 따르면 평시 모집·교육훈련·임용·진급·보임·유출 등의 인력관리와 장비유지 관리를 위한 예산의 계획·획득·집행은 각군 출신의 전문가로서의 최고 지휘관인 각군 참모총장 지휘책임 하에 두고 유사시에는 각군 참모총장의 자문과 보필을 받아 전력을 통합 관리할 수 있도록 합참의장에게 용병 책임을 부여하는 3군 합동군제가 대다수 선진국에서 채택하고 있는 군제라는 것이다. 둘째, 통합군제 개편계획은 818계획의 초안과 유사한 것으로서 당시 유보되었음에도 불구하고 다시 제기된 이유가, 육군병력감축이 시대적 대세가 됨에 따라 육군 조직 축소의 피해를 보상하려는 자구적 이익추구 의도가 내재되어 있기 때문이라는 것이다. 즉, 육군의 경우 1·2·3 야전군 사령부의 부분적 해체가 불가피하며 그에 따라 육군 4성장군의 직위가 소멸되기 때문이라는 것이다. 셋째, 통합군제는 민주주의 국가의 권력분립 원리에 위배된다는 것

---

23) 국방개혁기본법안 정부제출 검토보고서(2005. 12. 2).

이다. 현역 4성 장군 일인에게 용병권(작전지휘·통제권)과 양병권(교육·임용·진급·보임을 비롯한 인사권 및 예산기획·집행권을 포함)을 모두 허용하는 통합군은 정치적 수락성 측면에서 수용하기 어려운 제도라는 것이다. 통합군제는 통합군 총사령관에게 해·공군의 장성 진급과 보임 등 인사권과 운영예산권을 포함한 일체의 군정권과 군령권을 부여하게 됨으로써, 통합군 총사령관은 문민 신분의 국방장관의 권능에 비견할 권한을 실질적으로 보유하게 되어 정치적 부담이 커질 소지가 있다는 것이다.[24] 해군 측에서는 해군 작전사령관과 참모총장을 지낸 안병태 예비역 해군 대장이 통합군제에 대한 반대 입장을 표명하였다. 그에 따르면 제 5공화국 이래로 현재까지 국방조직 개편 연구는 '통합군' 연구로 볼 수 있다는 것이다. 군령과 군정으로 분할된 국방구조를 일원화하여 통합군으로 재조직함으로써 지휘의 효율성과 운영의 경제성을 도모하기 위해 통합군제 연구가 계속되어 왔다는 것이다. 하지만, 그는 통합군제가 가져올 효율성과 경제성이라는 것이 관념적이고 수사적일 뿐 검증된 바가 없다고 주장하였다. 조한 통합군제에 따라 육·해·공군의 군령권과 군정권을 모두 장악한 통합군 사령관이 출현하게 되면, 한국과 같은 특수한 안보상황에서 누구에게나 버거운 존재가 될 것이 분명하다는 것이다. 한편 통합군 계획이 검토될 때마다 해군과 공군은 강력하게 반대해왔고, 그에 따른 대항논리 개발에 치중하느라 군 본연의 임무 수행에 지장을 초래할 정도였으므로, 검증되지 않은 가정에 기초하고 군에 불안을 조성하는 소모적인 통합군 논의는 종식되어야 한다고 주장하였다.[25]

통합군제 개편에 대한 해·공군의 반대는 이와 같았으며, 결국 통합군제를 목표로 하여 검토하였던 지휘구조 개편계획은 추진될 수 없었다. 국방개혁 기본법안 정부제출 검토보고서(2005. 12. 2)에서는 이 같은 상황을 "군내 공감대 미흡으로 통합군제 개편계획을 추진할 수 없었다."라고 언급하였다. 즉, 통합군제 개편계획은 통합군제 개편이 초래할 수도 있는 해군과 공군의 입

---

24) 『월간조선』1997년 10월호, pp. 362-374.
25) 『월간조선』1998년 7월호, pp. 158-164.

지 상실을 우려한 결과, 해·공군이 주도적으로 통합군제 반대 논리를 개발하고 동원하여 이를 확산시킴으로써 계획의 실행을 저지했다고 볼 수 있다.

김대중 정부의 부대구조 개편 검토

　김대중 정부의 국방개혁은 1998년 4월 15일 국방부 장관 직속기구로 발족한 국방개혁추진위원회에서 주도하였다. 국방개혁추진위원회는 '국방개혁 5개년 계획'을 수립하여 1998년 7월 2일 김대중 대통령에게 보고하고 대통령의 재가를 받은 후 본격적으로 국방개혁에 착수하였다.[26]

　국방개혁의 주요 내용은 군구조 개편, 방위력 개선, 인사·교육제도 개선, 한국적 군사혁신 추진 등이었으며 주로 국방운영 측면에 집중되어 있었다. 김대중 정부 시기 추진된 국방개혁 과제 중 군구조와 관련된 사안은 육군의 부대구조 개편이었다. 육군의 1군과 3군 야전사령부를 해체하고 지상작전사령부를 창설하는 혁신적인 계획이 수립되었던 것이다. 이 계획에는 지상작전사령부 창설과 함께 후방의 2개 군단사령부를 해체하고 2군 사령부의 기능을 보완한 '후방작전사령부' 창설이 포함되었다.[27]

　위 계획에 따르면 육군 2개 군사령부가 해체되는 대신 이들 기능 중 작전·정보 임무를 주로 맡을 지상작전사령부가 신설돼 육군 지휘체계에 상당한 변화를 초래하게 되었다. 또한 후방지역의 9군단 및 11군단을 해체하여 향토사단 중심의 작전체제로 변경하는 계획이 검토되었다. 일부 기계화보병사단이 여단 단위로 경량화하며 특전사와 항공사령부도 개편되는 등 군 작전개념 및 부대 운용에도 적지 않은 변화를 초래하게 된 것이다. 국방부는 이 같은 군구조 및 조직 개편이 실행되면 5년간 병력 1만2천여 명과 4천여억 원의 예산이 절감되고 대장 1명, 중장 2명 등 장성 25명, 영관장교 5백65명의 감축이 가능할 것이라고 밝혔다.[28]

　김대중 정부에서 검토되었던 육군 부대구조 개편계획은 실행되지 못한 미완의 정책이었다. 당시 육군 부대구조 개편계획이 백지화된 배경에 대한 국

---

26) 국정홍보처 편, 『참여정부 국정운영백서』(국정홍보처, 2008), pp. 183-184.
27) 국방부, 『1999 국방백서』(대한민국 국방부, 1999), p. 152.
28) 『조선일보』1998년 8월 26일.

방부의 공식적 입장은, "현 안보상황 여건 상 지휘·부대구조 변화로 인한 안보취약점 노출이 우려되고 한미 연합작전 지휘체계에도 중대한 변화가 불가피한 점이 고려되어, 보다 장기적인 미래 군구조 연구와 연계하여 추진하기로 잠정 유보하였다"는 것이다.[29] 육군이 해체하기로 한 1개 야전군과 2개 군단, 일부 후방사단과 특전여단을 해체하지 않은 것은, 부대 해체의 전제조건인 군단 중심의 전술·지휘통제체제(C4I)가 구축되지 못했기 때문이라는 것이다. 또 다른 이유는 작계 5027이 1·3군 체제를 근거로 하고 있기 때문에 부대해체를 위해서는 작계를 수정해야 하는데, 한미연합방위체제에서 이 같은 작업이 용이치 않다는 것이다.[30] 지상작전사령부 창설 문제는 2001년 초에 들어 조성태 국방장관이 북한의 위협이 상존하는 상황에서 육군 1·3군 사령부 체제를 뒤흔들 경우, 전투력 공백이 불가피하고 특히 인력 및 시설 운용의 어려움, 작전계획의 변경, 한미 연합작전상의 문제점 등을 지적하며 김대중 대통령에게 보고하여 백지화 방침으로 결론을 냈다고 보도되었다.[31] 특히 틸럴리 한미 연합사령관은 1·3군 통합과 지상작전사령부 창설에 대한 반대견해를 담은 서한을 천용택 국방부장관과 김진호 합참의장에게 보냈다. 틸럴리사령관은 위 서한에서 "지상작전사령부가 8~9개 군단을 한꺼번에 통제하기는 부담스럽다. 현행 1·3군 야전사령부를 유지하는 것이 바람직하다"는 입장을 밝혔다. 틸럴리 사령관은 또 "현재 한국군의 통신시스템으로는 1개 사령부가 전시에 각 군단의 합동작전을 효율적으로 통제하기 어렵다"고 지적했다.[32] 지상작전사령부 창설이 무산된 데에는 한미 연합사령관이 자신의 위상 실추를 우려해 반대한 탓도 있었지만 군사령부와 후방 군단의 자리가 없어지는 것에 반대하는 육군 고위층들의 반발 때문이었다는 견해도 있었다.[33]

---

29) 국방부, 『1998~2002 국방정책』(대한민국 국방부, 2002), p. 109.
30) 『경향신문』 2003년 1월 11일
31) 『조선일보』 2001년 2월 11일.
32) 『한국일보』 1998년 12월 2일.
33) 『한겨레신문』 2004년 8월 19일.

김대중 정부의 육군 부대구조 개편계획은, 부대구조 개편이 가져올 육군의 고위직 감소와 이로 인해 파급될 육군 병력감축에 대한 우려, 그리고 만일의 경우 초래될 수도 있는 안보위협 및 기존 작전체제의 손상 등의 문제들이 복합적으로 작용하여 계획 실행이 백지화되었다고 할 수 있다. 특히 이 과정에서 국방부장관과 한미연합사령관이 직접적이고 주도적인 역할을 했다는 사실은, 육군 부대구조 개편계획이 단순히 국내적 차원의 문제만은 아님을 방증한다고 할 수 있다.

이명박 정부의 지휘구조 개편 추진

이명박 정부의 경우, 지휘구조 개편을 위해 '국군조직법 일부 개정 법률안'[34]을 의회에 상정하는 단계까지 나아갔으나, 개편안에 대한 이견을 조율하지 못해 무산되었다. 2010년 3월에 발생한 천안함 폭침 사건과 11월의 연평도 포격도발 사건을 계기로 이명박 정부에서 강력하게 추진하였던 군 상부지휘구조 개편 계획은, 18대 국회에 상정[35]되었으나 임기 종료에 따라 자동 폐기되었고 19대 국회에 다시 상정[36]되었지만, '여당 대 야당', '현역 대 해·공군 예비역' 등의 대립 구도 속에서 합의 도출에 실패하여 결국 폐기되었던 것이다.

이명박 정부에서 추진하였던 군 상부지휘구조 개편의 핵심은, 기존에 합참의장의 지휘선에서 벗어나 독립적인 군정권(軍政權)을 행사하던 각군 총장에게 군령권(軍令權)을 부여하여 합참의장의 하위 지휘선으로 편입시킨다는 것이었다. 또한 합동참모본부에 3명 이내의 합참차장을 두고 각군 참모총장 예하에도 각각 2명의 참모차장을 편성하여 작전지휘와 작전지원 임무를 담당하게 한다는 것이었다.[37] 국방부에 따르면, 상부지휘구조 개편을 통해 합동참모본부 중심의 합동성 발휘를 제고하고, 군정·군령을 일원화하여 전투임무 중심체제로 전환하며, 한국군 주도의 전구작전 지휘 및 수행체

---

[34] 국방부, "국군조직법 일부 개정 법률안(의안번호 11909: 2011.5.25.)" ; 국방부, "국군조직법 일부 개정 법률안(의안번호 1414: 2012.8.30.)"
[35] 국회사무처, "제301회 국회임시회 국방위원회 회의록 제1호(2011.6.13)"
[36] 국회사무처, "제311회 국회 정기회 국방위원회 회의록 제2호,"(2012.9.24)"
[37] 국방위원회, "국군조직법 일부 개정 법률안 정부제출 검토보고서(2011.6)", p.3. '군정', '군령', '작전지휘' 용어에 대한 정의는 다음과 같다. 군정(軍政)은 국방목표 달성을 위해 군사력을 건설·유지·관리하는 양병(養兵) 기능을, 군령(軍令)은 국방목표 달성을 위해 군사력을 운용하는 용병(用兵) 기능을, 작전지휘(作戰指揮)는 지휘의 일부분으로 작전임무 수행을 위해 지휘관이 예하부대에 행사하는 권한으로 작전에 소요되는 자원의 획득 및 비축, 사용 등의 작전소요 통제, 전투편성, 임무 부여, 목표의 지정, 임무수행에 필요한 지시 등 작전수행에 필요한 권한이며, 일반행정·군수 등 행정지휘의 상대적 개념이다. 상기 보고서의 p.12에서 재인용.

계를 강화할 수 있다는 것이다.[38] 국방부의 주장에 따르면, 상부지휘구조 개편안은 시의적절한 국방개혁 과제였다. 하지만 국방부의 설명에도 불구하고 개편안을 둘러싼 대립구도에는 변화가 없었다. 심지어 국방부장관과 육군참모총장을 역임한 육군 예비역 장성도 국방부의 개편안에 대해 우려의 목소리를 내기도 했다.[39]

이명박 정부의 군 상부지휘구조 개편계획은 약 2년간의 추진과정에서 개편안의 타당성에 대한 관련 행위자들의 대립된 견해로 인하여 소모적인 논쟁만 지속되었을 뿐 결론을 내지 못했다. 국방부, 의회, 육・해・공군 현역 및 예비역 등의 행위자들이 2년여 동안 각자의 견해에 따라 대립구도를 유지하였으며 논의의 결과물도 만들어내지 못하고 결국 무위에 그치고 말았다는 점에서, 이명박 정부의 군 상부지휘구조 개편계획은 실패한 국방개혁 혹은 타당성이 결여된 국방개혁이었다고 평가할 수 있을 것이다.

---

[38] 국방위원회, "국군조직법 일부개정법률안 정부제출 검토보고서(2012.9)", p.8.
[39] 조영길 전 국방장관의 우려는 군을 잘 모르는 인사가 지휘구조를 잘못된 방향으로 개편하고 있다는 것이다. 『동아일보』2011년 3월 26일. 또한 김장수 전 국방장관과 남재준 전 육군참모총장도 각군 참모총장에게 군령권까지 부여하게 되면 과중한 지휘부담을 지게 될 것이라는 점을 들어 반대하였다. http://news.chosun.com/svc/news/www/printContent.html?type=(검색일:2011년7월27일).

1부
국방개혁의 제도화 성공 사례

1장 노태우 정부의 818계획과 지휘구조 개편

　본 장에서는 군 지휘구조 개편문제를 핵심으로 하였던 818계획의 결정과정을 탐색하고자 한다. 먼저 한국군 지휘구조의 역사적 기원을 정리한 이후, 818계획의 대두 배경, 행정부 차원의 지휘구조 개편정책 입안과정, 그리고 의회심의과정 분석 순으로 논의를 전개하고자 한다.

　특히 한국군구조의 기원을 추적하는 작업은 매우 중요하다고 할 수 있다. 한국군구조는 해방 후 미군정 하에서 미국의 설계를 바탕으로 형성되었으며, 한국전쟁을 거치면서 현재의 한국군구조의 모체가 수립되었기 때문에, 그 기원을 탐색하게 되면 한국군의 초기 구조를 결정하는 핵심 요인들을 발견할 수 있을 것이며, 이는 한국군구조 개편정책의 결정과정 분석과 결정요인 추론을 위한 토대가 될 수 있을 것이다. 818계획의 결정과정을 분석함에 있어서는, 지휘구조 개편정책으로 대표되는 818계획의 결정과정이 일련의 정치과정적 특성을 함유하고 있을 것이라는 예측 하에 행정부와 의회 차원에서 진행되는 미시적 정책결정과정을 분석하고자 한다.

지휘구조의 기원과 변천

해방 후 주한미군사령관으로 임명된 하지(John R. Hodge) 중장은 1945년 11월 10일 국방준비위원회를 구성하여 한국의 국방계획수립에 필요한 정치적·군사적 상황을 연구하게 하는 한편, 11월 13일에는 군정청 내에 경무국·육군부·해군부로 구성된 국방사령부(Office of the Director of National Defense)를 설치하였다. 이후 하지 중장은 국방군 창설계획[1])을 마련하여 미 본국에 의뢰하였으나, 미국 정부는 "한국의 정규군은 한국이 독립할 때 창설될 문제"라고 통보하였다. 이 같은 본국 정부의 결정에 따라 하지 중장은 한국의 현실에 부합한 25,000명 규모의 경찰예비대 창설계획(Bamboo Plan)을 마련하게 되었다. 경찰예비대의 임무는 경찰을 지원하고 국가 비상시에 동원되어 국토를 방위하는 것이었다. 1946년 1월 9일 미 합동참모본부에 의해 뱀부계획이 승인되자 1월 15일 태릉에 있는 구(舊) 일본군 지원병훈련소에서 660명의 병력으로 조선경찰예비대 제1연대가 창설되었고 이후 11월 16일 제주에 제9연대가 창설됨으로써 완료되었다.[2]) 미 군정 당국에서는 경찰예비대 개념에 따라 조선경찰예비대라고 불렀지만, 한국 측에서는 장차 한국 국군의 모체가 될 것을 감안하여 남조선국방경비대라고 호칭하였다. 3월 29일에는 국방사령부 산하에 있던 경무국을 독립시키고 국방사령부를 국방부로 개칭하였는데, 5월 서울에서 속개된 '미·소공동위원회'에서 소련 대표가 "조선의 임시정부 수립을 위하여 회담을 열고 있는 시점

---

1) 국방군 창설계획은 다음과 같다. 육군은 3개 보병사단으로 구성된 1개 군단으로, 공군은 1개 수송비행중대와 2개 전투비행중대로 편성하여 총 45,000명으로 하고, 해군 및 해안경비대는 5,000명으로 편성한다는 계획이었다.
2) 남조선국방경비대 창설 위치와 일자는 다음과 같다. 제1연대(위치: 태릉 / 창설일: 1946. 1. 15), 제2연대(위치: 대전 / 창설일: 1946. 2. 28), 제3연대(위치: 이리 / 창설일: 1946. 2. 26), 제4연대(위치: 광주 / 창설일: 1946. 2. 15), 제5연대(위치: 부산 / 창설일: 1946. 1. 29), 제6연대(위치: 대구 / 창설일: 1946. 2. 18), 제7연대(위치: 청주 / 창설일: 1946. 2. 7), 제8연대(위치: 춘천 / 창설일: 1946. 4. 1), 제9연대(위치: 제주 / 창설일: 1946. 11. 16). 국방군사연구소, 『건군 50년사』(국방군사연구소, 1998), pp. 26-30.

에서 국방경비대는 무엇을 뜻하는 것이냐"고 항의하자, 6월 15일 국방부를 '국내경비부'(Department of Internal Security)로 개칭하고 남조선국방경비대를 '조선경비대'로 개칭하였다. 한편 1945년 11월 11일 해방병단(海防兵團)이 창설된 후 1946년 6월 15일 조선해양경비대로 개칭되었다.

1948년 7월 17일 대한민국 헌법과 정부조직법이 공포되고 8월 15일 대한민국 정부가 수립된 이후, 9월 1일에는 조선경비대와 조선해안경비대가 국군에 편입되었고 명칭 역시 9월 5일 부로 육군과 해군으로 개칭되었다. 국군조직법[3]에 따라 국군의 조직은 국방부에 참모총장을 두고, 그 하부에 육군본부와 해군본부를 설치하였으며, 각군은 정규군과 호국군으로 조직하였고 '필요할 때에 육군에 속한 항공병은 공군으로 조직할 수 있다'고 하여 공군 창설 의지를 명확히 하였다. 한국전쟁 발발 전 각군의 규모는 다음과 같았다. 육군의 경우 총 8개 사단 22개 연대와 지원부대 및 특과부대를 포함 94,974명의 병력을 유지하였고, 해군은 3개 정대(挺隊) 33척과 7개 경비부(警備府) 6,956명이었으며 해병대 2개 대대 1,166명이었다. 공군은 1949년 10월 1일 육군으로부터 분리·독립되었으며 항공기는 L-4 8대, L-5 4대, T-6 10대였고 병력은 1,897명이었다.[4]

한국군의 지휘구조는 해방 이후 실시되었던 미 군정과 한국전쟁, 그리고 한미동맹 등과 같이 미국과 밀접한 관계 속에서 형성되고 변화해 왔다. 지휘구조의 기원과 변화과정을 정리하면 다음과 같다.[5] 미 군정기인 1946년 6월 15일 공포된 군정법령 제 84호 '경비대 설치령'에 의해 국군의 전신인 국방경비대의 법적 근거가 확보될 수 있었으며, 당시의 지휘구조는 [그림 1]과 같았다.

---

3) 국군조직법(법률 제 9호: 1948. 11. 30)
4) 국방군사연구소, 『건군 50년사』(국방군사연구소, 1998), pp. 25-55.
5) 전정호, "한국 국방조직 법령 고찰: 818 군구조 개편 법령을 중심으로," 『군사법연구』 10호 (육군본부, 1992), pp. 106-111.

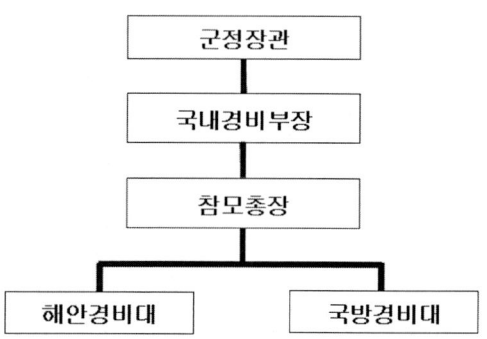

출처: 전정호, "한국 국방조직 법령 고찰: 818 군구조 개편 법령을 중심으로," 『군사법연구』 10호. (육군본부, 1992), p. 106.

[그림 1] 미군정기 한국군(국방경비대)의 지휘구조

다만 참모총장은 한국인으로 보임되었고 예하에 해안경비대와 국방경비대가 편성되었다. 이후 1948년 7월 17일 대한민국 헌법이 제정되어 공포되고 동시에 정부조직법도 공포되어 국방부가 설치되었고 같은 해 11월 30일 국군조직법이 제정됨으로써 국군의 조직이 제도화될 수 있었다. 당시의 국군 조직은 육군과 해군의 2군종 체계로서 공군은 육군에 포함되어 있었다. 국군의 지휘구조는 육군과 해군의 총참모장이 국방부장관의 직접 지휘를 받지 않고 참모총장이란 중간계선을 통하여 지휘를 받는 통합군제였다. 즉, '대통령-국방부장관-참모총장-육·해군본부(육·해군 총참모장)'의 지휘구조를 갖고 있었다. 이후 1949년 10월 1일 공군이 육군으로부터 분리되어 창설됨으로써 육·해·공 3군 병립체제가 정립되었다. 1950년 한국전쟁이 발발하자 이승만 대통령은 정일권 장군을 육·해·공군을 통합한 3군 총사령관 겸 육군참모총장으로 임명함으로써, '대통령-국방부장관-3군 총사령관-육·해·공군참모총장'의 지휘구조가 형성되었다.

이 같은 지휘구조는 한국전쟁 중 유엔군사령관에게 한국군의 작전지휘권을 이양하게 되면서 근본적인 변화를 겪게 되었다. 이승만 대통령은 미극동군사령관 겸 주한 유엔군사령관으로 임명되어 한국전쟁을 지휘하던 맥아더 장군에게 한국군의 작전지휘권을, "현재의 적대행위가 계속되는 동안"이라는 조건 하에 이양하게 되었고, 1950년 7월 17일 맥아더 장군은 한국 내 미육군의 지휘권을 미 8군 사령관에게 위임함으로써 한국군에 대한 작전지휘권이 육군은 미 8군사령관에게, 해·공군은 유엔군사령관에게 이양되는 이중적 지휘구조가 형성되었다. 이후 1954년 10월 17일 한미합의의사록에 따라 유엔군사령관에게 이양하였던 '작전지휘'를 '작전통제'로 개념 변경6)하고, 유엔군사령관의 작전통제권 행사 기간을 '현재의 적대행위가 계속되는 동안'에서 '유엔군사령부가 한국방위를 책임지고 있는 동안'으로 수정하였다. 1957년 7월 1일에는 유엔군사령부가 동경에서 서울로 이동하였고, 주한미군 사령관 겸 미 8군사령관이 유엔군사령관을 겸하게 되면서, 미 8군과 주한미군에 대한 지휘권이 유엔군사령부로부터 전구(戰區)사령부이며 통합군사령부인 미 태평양사령부로 이관되었다. 1959년 10월 9일에는 유엔군사령부 일반명령 제 38호로 미 8군사령부, 미 해군사령부 및 제 314항공사단을 유엔군사령부 예하 육·해·공 구성군 사령부로 지정하였고, 한국군의 각 작전부대도 해당 군종별로 유엔군 구성군사령부의 작전통제를 받도록 변경되었다. 단 한국군의 각군본부는 작전통제 대상에서 제외되었다. 한편 한국전쟁 중 대통령의 군사자문기관이던 임시합동참모회의가 1953년 8월 1일 국방부 소속으로 변경되었다가, 1954년 2월 17일 대통령령 제 873호 '합동참모회의 운영규정'에 의해 정식으로 합동참모회의가 설치되어 국방부장관의 군령보좌기관으로 운영되었다.

한국전쟁 기간 중 유엔군 사령관에게 이양된 한국군의 작전통제권은

---

6) 작전지휘(operational command)와 작전통제(operational control)에 대한 미군의 개념 차이는 다음과 같다. 작전지휘는 작전사령관이 임무를 수행하는데 필요한 부대를 편성하거나 작전통제 또는 전술통제를 유보하거나 위임하는 전권적인 권한이고 그 자체로서 행정, 군기, 내부 편성, 부대훈련 등이 포함되지는 않으며 통합 및 특수사령관만이 행사한다. 작전통제는 작전지휘관이 할당된 임무를 수행하는데 필요하다고 판단되는 부대의 편성, 작전통제 또는 전술통제를 유보 또는 위임하는 전권적인 권한으로 기능, 시기 또는 지역에 의해 제한될 수 있다고 정의하고 있다.

1978년 11월 7일 한미 연합군사령부(CFC: Combined Forces Command)가 창설됨으로써, 작전통제권 행사에 한국의 참여가 제도적으로 보장되었다. 한미 연합군사령부는 상위기관인 한미 군사위원회(MC: Military Committee)를 통하여 양국의 국가통수 및 지휘기구로부터 작전지침 및 전략지시를 받아 그 기능을 수행하도록 하였다. 한미 군사위원회는 본회의와 상설회의로 구분되며, 본회의는 한미 양국의 합참의장과 양국 합참의장이 지명한 각국 대표 1명, 한미 양국을 대표하는 한미 연합군사령관 5명으로 구성되며, 매년 개최되는 한미 안보협의회의에 앞서 회의를 실시하여 그 결과를 곧 이어 열리는 안보협의회의에 보고하도록 하였다. 상설회의는 한국 합참의장과 미 합참의장을 대리한 주한미군 선임장교(주한미군 사령관)로 구성하여 필요시 수시로 한미 연합군사령부와 군사현안을 협의하도록 하였다. 또한 연합사령관은 한미 군사위원회로부터 전략지침을 받지만 주한미군 사령관이 겸직하고 있는 유엔군사령관은 직접 미 합동참모본부의 지침을 받게 되어 있어 유엔군사령부, 주한미군 사령부, 한국군 등의 지휘체제는 연합사령부와 각각 별도로 유지하게 되었다. 한미 연합군사령부의 편제 및 구성은 한미 간 동률 보직원칙에 따라 사령관은 미군 4성 장군, 부사령관은 한국군 4성 장군으로 보임하며, 기타 고위 참모요원으로서 참모장은 미군 중장이, 참모부장은 한국군 소장, 인사참모부장은 한국군 준장, 정보참모부장은 한국군 소장, 작전참모부장은 미군 소장, 군수참모부장은 미군 준장, 기획참모부장은 미군 준장, 통신·전자참모부장과 공병참모부장은 한국군 준장으로 보임하도록 하였다. 즉, 부서장이 한국군 장성이면 차장은 미군 장성이 되고, 부서장이 미군 장성이면 차장은 한국군 장성이 맡도록 하여 상호 협조가 용이하도록 하였다. 연합사령관은 육군 구성군사령관을 겸직하면서 해군·공군 구성군사령관을 통해 예하 부대에 대한 작전통제권을 행사하며, 일부 연합사령부 참모들도 육군 구성군사령부의 기능을 수행하도록 하였다. 해군 구성군사령관은 한국 해군의 제독(중장)이, 부사령관은 미 해군의 제독이 되며, 공군 구성군사령관은 미 공군의 중장으로 연합사령부 참모장이 겸직하도록 하였고, 부사령관은 한국 공군의 중장이 맡도록 하였다.[7] 한미 연합사령부의 지휘체제를 도시하면 [그림 2]와 같다.

1978년에 창설된 한미연합사 체제에서는 한국군 지휘구조의 이원화 문제가 제기되었다. 1948년에 제정된 국군조직법에 의하면, 군 통수계통이 '대통령→국방부장관→각군총장'으로 되어있지만, 한미연합작전 지휘체제에서는 각군총장이 작전지휘계통에서 제외되고, 대신 한미연합사령부의 차상급 의사결정기구인 군사위원회에 한국의 합참의장이 참여하여, 군령(軍令) 분야의 정책결정에 대한 한국군의 의사를 반영하는 구조로 이루어져 있었다. 하지만 합참의장에게는 군령권이 부여되어 있지 않았고 단순히 군령에 대해 국방장관을 보좌하는 기능만이 주어져있었다. 따라서 한국군 통수계통의 각군총장과 한미연합작전 지휘체제의 합참의장이 이원적인 지휘구조 하에 놓이게 되었다.[8] 한미연합사 체제에서 제기된 한국군 지휘구조의 이원화 문

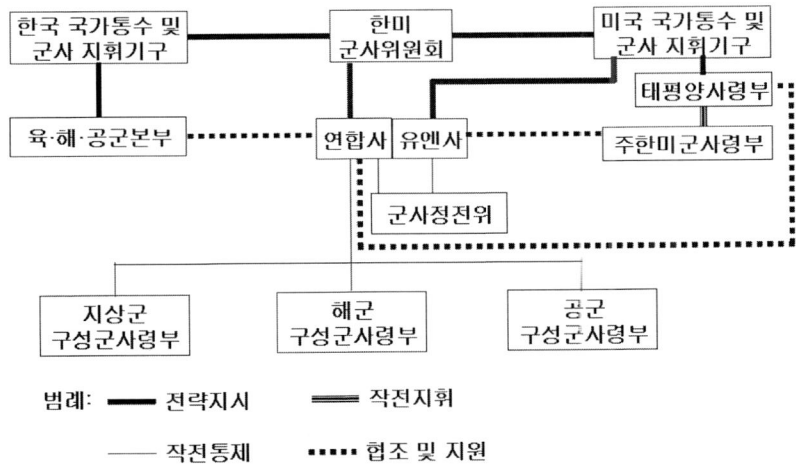

출처: 국방군사연구소, 『건군 50년사』(국방군사연구소, 1998), p. 315.

[그림 2] 한미 연합사 지휘체제

---

7) 국방군사연구소, 『건군 50년사』(국방군사연구소, 1998), pp. 314-318.
8) 국방군사연구소, 『국방정책 변천사: 1945~1994』(국방군사연구소, 1995), p. 5.

제는, 이후 노태우 정부에서 추진된 818계획의 중요한 배경 요인으로 작용하게 되었다.

군구조 개편의 대외적 안보환경

여기에서는 818계획이 대두하게 된 대외적 안보환경 요인을 탈냉전에 따른 미국의 군사전략 변화라는 차원에서 규명하고자 한다. 노태우 정부의 등장 이후 818계획이 국방부에서 입안되어 발표된 시점이 1989년 11월이고, 이후 1990년 7월에 국회 심의를 통해 국군조직법 개정이 가결되었으므로, 대외적 안보환경 요인에 대한 분석은 대략 이 시기까지로 한정하였다.

1. 탈냉전과 미국의 군사전략 변화

1) 넌-워너(Nunn-Warner) 수정안과 주한미군 감축 검토

1980년대 중반 이후 세계는 냉전의 해체 과정을 경험하게 된다. 1988년 5월에 소련군의 아프카니스탄 철군 합의를 시작으로 89년 2월에 철군을 완료하였으며, 88년 8월에는 이란-이라크 전쟁이 휴전에 이르게 되었다. 이 같은 지역분쟁의 해소뿐만 아니라 미·소간 군축협상 역시 상당한 진전을 보이게 되었다. 87년 12월에는 중거리 핵전력 폐기조약을 체결하였고, 전략무기·단거리핵전력·화학무기 감축협상이 진행되었으며, 89년 12월에는 몰타미·소 정상회담을 통해 냉전 종식과 미·소 협력시대 개막을 공식 선언하는 등 세계는 탈냉전의 시대로 진입하게 되었다. 이러한 탈냉전의 추세에 따라 미국은 국방예산의 대폭적인 삭감 계획을 수립하여 91년~95년 동안 1,670억달러를 삭감하여 GNP 대비 국방비 비율을 91년의 5%에서 95년에는 4%로 계획하였다. 병력 역시 90년~94년까지 육군 16%, 해군 11%, 공군 20%

를 감축하는 계획을 수립하였다.9) 탈냉전에 따른 미국의 국방정책 변화는 대한정책의 변화를 가져왔다. 특히 미군의 병력감축에 따라 주한미군병력 역시 감축의 대상이 되었다.

〈표 1〉 주한미군 철군 경과('넌-워너 수정안' 이전)

구분	시기	규모
1차 철군	한국 정부 수립 이후	완전 철군 (군사고문단 500명 제외)
2차 철군	한국전쟁 직후	32만 명 중 2개 사단 7만 명만 남기고 철군 (1955년까지 85,000명 유지)
3차 철군	닉슨독트린(1970) 이후	2개 사단 중 7사단 철수 (1972년 41,000명 주둔)
4차 철군	카터 대통령의 완전철군계획(1977)	일부 철군 (40,000명)

출처: 이상현, "미국의 세계전략과 주한미군: 80년대 말 철군논의와 한반도 안보의 연계성에 관한 고찰,"『한국정치외교사논총』제 26집 1호 (한국정치외교사학회, 2004), p. 170; 국방부,『1990 국방백서』(대한민국 국방부, 1990b), pp. 167-168. 자료 재구성

주한미군의 경우 한국전쟁 중에는 30만 3천여 명에 달한 적도 있었지만, 정전협정 이후 감축되어 5~7만 명 수준을 유지해 왔었다. 주한미군은 한국전쟁 이후 정전협정이 1953년 7월 조인됨으로써 주한미군은 유엔군을 대표한 정전협정 당사자의 자격과 1954년 한·미 상호방위조약 체결 이후에는 이 조약을 근거로 한국에 주둔하고 있다. 이후 1970년대에 닉슨 독트린의 천명과 카터 행정부의 주한 미 육군 철수계획에 의거 일부 병력이 철수하여 4만 명 수준으로 감축되었다. 1978년에는 한·미 연합군사령부가 창설되어 연합군체제가 구축되었다. 주한미군의 병력은 1개 보병사단과 제 7공군 및 각종 지원부대로 구성되어 있으며, 해군의 경우 제 7함대의 연락단만 상주시키고 있었다. 주한미군의 병력은 육·해·공군을 통틀어 4만여 명에 불과하

---

9) 차영구, "90년대 안보환경 변화와 군구조 개편,"『민족지성』53호(민족지성사, 1990), pp. 166-169.

지만, 동북아시아의 세력균형유지 기능을 하고 있으며 정전 이후 북한의 무력도발을 억제하는데 기여해 왔다는 것이 국방부의 평가이다.[10]

〈표 1〉에 나타난 바와 같이 1970년대부터 유지되어 온 약 4만여 명의 주한미군이, 또 다시 감축의 대상으로 부각된 것은 1989년 7월 31일 미 의회에서 통과된 '넌(Sam Nunn)-워너(John Warner) 수정안'에서 비롯되었다. '넌-워너 수정안'이 통과되기 이전부터 미 의회에서는 탈냉전에 따른 국방예산의 대폭 삭감과 미군병력 감축의 연장선에서 주한미군 감축에 대한 검토 요구가 제기되었다. 민주당 상원의원인 넘퍼스와 레빈에 의해 집중적으로 제기된 주한미군 감축 관련 주장 내용은 〈표 2〉와 같다.

〈표 2〉 미 의회의 주한미군 감축 주장

레빈 (89.6.2)	배경	• 과중한 방위비 부담으로 미국의 경제력 약화 심화 • 남북한 군비경쟁에서 한국의 이점 장기적 증대 • 한국의 자신감과 반미 분위기 • 해외 주둔 미군 감축에 대한 미국내 여론의 압력 점증
	내용	• 주한 미 육군 중 1개 여단 정도 주둔 필요 • 점진적 감축 조치, 북한의 신뢰구축 이후 감축 가속화 • 감군 전 연합지휘관계 재조정, 용산기지 이전문제 선결 필요 • CFC 산하 GOC사령관의 한국측 이양 • 5년내 1만 명 수준으로 점진적 감축
넘퍼스 (89.6.24)	배경	• 남한의 대 북한 경제적 우위, 안보책임·방위비분담 상향 조정 • 한국내 반미감정 고조
	내용	• 90년 9월부터 3년간 1만명 감축

출처: 차영구, "90년대 안보환경 변화와 군구조 개편," 『민족지성』53호 (민족지성사, 1990), p. 170.

'넌-워너 수정안'은 1989년 미 의회의 넌 의원과 워너 의원이 공동 발의한 법안으로서, '1990년~1991년' 회계연도 미 국방부의 군사적 기능을 위한 예

---
[10] 국방부, 『1990 국방백서』(대한민국 국방부, 1990b), pp. 167-168.

산을 승인하고, 병력수준을 규정하는 등의 목적을 위해 제출된 법안에, 한미 관계에 관한 의회의 의견을 추가한 법안을 말한다.11) '넌-워너 수정안' 중 한국과 관련된 중요한 내용은 다음과 같다.

    미국은 한국과 동아시아에 주둔하고 있는 미군의 임무와 군대 구조, 군대 배치 문제 등을 재평가해야 한다. 한국은 자국 안보를 위한 책임을 증대시켜야 한다. 미국과 한국은 주한미군의 일부를 점진적으로 감축하는 것이 실행 가능한지 그리고 바람직한지 협의해야 한다. 의회에서 보다 진전된 조치가 적절한지 결정하기 위하여, 대통령은 초기 보고서를 1990년 4월 1일 이전까지, 그리고 두 번째 보고서는 '넌-워너 수정안'의 발효일로부터 1년 이내에 의회에 제출해야 한다. 보고서에 포함되어야 할 내용으로는, 주한미군의 역할을 북한의 침략을 막는 주도적 역할에서 지원적 역할로 변화시키는 방안, 주한미군의 부분적·점진적 감축 규모, 주한미군 주둔 비용 분담금 상향 조정, 주한미군 기지와 병력의 재배치, 유엔과 한·미 간 쌍무적인 지휘 체제를 조정하여 특정 군사임무 및 지휘권을 한국으로 이관하는 문제 등이다.12)

---

11) 국방부, 『국방백서 2006』(대한민국 국방부, 2006), p. 88.
12) 원문의 내용 중에서 여기에 정리된 사항을 발췌하면 다음과 같다. …the United States should reassess the missions, force structure, and locations of its military forces in the Republic of Korea and East Asia; the Republic of Korea should assume increased responsibility for its own security; the United States and the Republic of Korea should consult on the feasibility and desirability of partial, gradual reductions of United States military forces in the Republic of Korea.…In order that Congress may determine whether future action is appropriate, the President shall submit to Congress an initial report, not later than April 1, 1990, on the status and results of the consultations…and shall submit a second report, not later than one year after the date of the enactment of this Act, on the status and results of such consultations.… The President shall specifically include in the plan a discussion of the feasibility and desirability of the following: Restructuring United States military forces in the Republic of Korea with the objective if changing the role of such forces from a leading role in deterring aggression to a supporting role. Partial, gradual reductions in the number of United States military personnel stationed in the Republic of Korea. Larger offsets by the Republic of Korea for the direct costs incurred by the United States in deploying military forces in defense of the Republic of Korea. The redeployment of United States military personnel and facilities within the Republic of Korea that can be made to reduce friction between such personnel and the

'넌-워너 수정안'의 배경과 주요 내용을 정리하면 다음과 같다. 수정안의 배경은 한국의 경제발전으로 안보상 책임분담 상향 조정, 동아시아 주둔 미군 병력 및 기지 재조정, 주한미군의 부분적·점진적 감축에 대한 한·미간 협의 등이었다. 주요 내용으로는, 우선 미국 대통령이 주한미군의 감축과 관련한 한·미 양국의 협의 상황과 결과에 대해 1990년 4월 1일까지 1차 보고서를 의회에 제출하고, 이 법안이 발효된 이후 1년 이내에 2차 보고서를 의회에 제출해야 한다는 의무조항이 명기되어 있었다. 1차보고서에 포함되어야 할 내용들로는, 동북아지역 미 군사력의 재조정 방향, 동맹국 방위분담 증대 방안, 한국의 추가 비용분담 내용, 주한미군의 장래에 관한 5개년 계획 등이었다. 특히 주한미군과 관련된 세부 사항으로는, 주한미군의 역할 변경, 주한미군 주둔비용 분담금 상향 조정, 주한미군 기지 및 병력의 재배치, 작전통제권의 한국 이양 등의 문제들이 포함되어 있었다.

2) 동아시아 전략구상과 주한미군 감축 및 작전권 이양 계획

1990년 4월 19일 미국 국방부는 '아시아 태평양 지역에 대한 전략구조: 21세기를 향하여'(A Strategic Framework for the Asia Pacific Rim: Looking Toward 21st Century)라는 명칭의 보고서를 미 의회에 제출하였으며, 이 보고서는 '동아시아 전략구상'(EASI: East Asia Strategic Initiative)이라고 명명되었다.[13] 동아시아 전략구상은 '넌-워너 수정안'의 요구에 따라 미 국방부가 의회에 제출한 검토보고서로서 주한미군 7,000명 감축계획이 포함되어

---

people of the Republic of Korea. Changes in the United Nations and United States-Republic of Korea bilateral command arrangements that would facilitate a transfer of certain military missions and command to the Republic of Korea. *The Nunn-Warner Amendment Bill* (Amendment No. 533): Calling for a Five-Year Plan for U.S. Troops in Korea, Washington, D.C., July 31, 1989. '넌-워너 수정안'의 내용은 외교안보연구원, 『부시행정부의 동북아 정책』(외무부 외교안보연구원, 1990)의 부록에 수록된 원문을 참고하여 정리하였음.

13) Department of Defense, *A Strategic Framework for the Asian-Pacific Rim: Looking Toward the 21st Century* (1990).

있었다.14)

주한미군의 감축계획이 위 보고서에 포함되어 있기는 했지만, 완전철수를 의도한 것은 아니었다. 미국은 소규모의 미군일지라도 장기간에 걸쳐 동아시아 지역에 주둔시킬 것을 계획하고 있었는데, 이는 동아시아 지역에 대한 미국의 경제적 이해관계에 따른 것이었다. 특히 한국의 경우, 군사력의 지휘·통제 구조를 변화시켜 미군이 주도적인 역할을 담당하던 기존의 방식에서 지원자의 역할로 전환해 나갈 것임을 시사하였다.15)

동아시아 전략구상에 따르면 미 국방부는 1990년부터 2000년 사이에 3단계에 걸쳐 주한미군을 감축하기로 하였다. 1단계에서는 1990년부터 1992년까지 육군 5,000명과 공군 1,987명을 감축하고, 2단계에서는 1993년부터 1995년까지 미 2사단 2개 여단, 7공군 1개 전투비행단 규모로 구조를 재편하고, 마지막 3단계에서는 1996년 이후 북한의 군사적 위협과 미군의 지역 역할에 따라 주둔 규모를 결정하여 최소 규모 병력을 장기 주둔하기로 결정하였다. 주한미군 감축과 병행하여 한국군 장성이 유엔군 군사정전위원회 대표직을 인수하였고 휴전선 지역에 배치되었던 미군을 후방으로 이동 배치하였다. 1990년부터는 미국 측의 요구에 따라 한국정부가 주한미군의 주둔에 따라 발생하는 현지 비용 중에서 직접경비의 1/3을 분담하게 되었으며, 또한 한미연합야전사가 1992년에 해체되었고 한미연합사의 육군 사령관이 한국군 장성으로 보임되었다.

1990년에 발표된 EASI-I 을 수정하여 1992년에 의회에 제출된 보고서가 EASI-II 이다.16) EASI-II 에는 당시의 안보환경이 지구적 차원의 갈등 보다

---

14) 국방부, 『국방백서 2006』(대한민국 국방부, 2006), pp. 88-89.
15) 이춘근, "미국의 신동아시아 전략과 주한미군," 백종천 편, 『분석과 정책: 한미동맹 50년』(세종연구소, 2003), p. 248.
16) Department of Defense, *A Strategic Framework for the Asian-Pacific Rim: Report to Congress* (1992). 1990년에 발표된 《*A Strategic Framework for the Asian-Pacific Rim: Looking Toward the 21st Century*》을 약칭하여 EASI-이라고 하고, 이를 수정하여 1992년에 발표된 《*A Strategic Framework for the Asian-Pacific Rim: Report to Congress 1992*》을 EASI-II라고 한다. 이 책에서도 이러한 약칭을 사용하였다.

는 지역적 차원의 갈등이 가장 중요한 안보문제로 부상했으며, 그 결과 선별적 개입과 동맹국들과의 협력 강화가 중요해졌다고 진단하였다. 미군의 전진배치는 미국의 아시아 전략에서 핵심적 위치를 차지하지만, 동시에 아시아 주둔 미군은 EASI-Ⅰ에서 제시된 일정에 따라 재조정 과정을 거칠 것이라고 강조하였다. EASI-Ⅱ에는 주한미군 감축 계획의 단계적 일정이 구체적으로 제시되어 있었는데 〈표 3〉과 같다.

〈표 3〉 주한미군의 단계별 감축 계획(EASI-Ⅱ)

	1990년 현재	1단계 감축 (1990~1992)	1993년 주둔규모	2단계 감축 (1992~1995)	1995년 주둔규모
육군	32,000	5,000	27,000		27,000
해군	400		400		400
해병	500		500		500
공군	11,500	1,987	9,513		9,513
총병력	44,400	6,987	37,413	6,500	30,913

출처: 이상현, "미국의 세계전략과 주한미군: 80년대 말 철군논의와 한반도 안보의 연계성에 관한 고찰," 『한국정치외교사논총』제 26집 1호 (한국정치외교사학회, 2004), p. 179.

넌-워너 수정안과 EASI-Ⅰ·Ⅱ에 따른 주한미군의 단계적 감축 계획은 동아시아지역의 다른 국가들에 주둔하고 있는 미군들의 병력감축과 연동되어 있었다. 미국은 1단계로 일본, 한국, 필리핀에 주둔하고 있는 미군을 1992년 말까지 15,000명 정도 감축할 계획이었다. 이 같은 미군병력 감축 규모는 1990년 초에 135,000명에 달했던 아시아 주둔 미군을 10~12% 감축하려고 했던 부시 행정부의 계획에 부합한 수준이었다고 할 수 있다. 필리핀의 경우 1단계로 약 3,500명의 미군 병력을 감축하려고 했으나, 필리핀 상원에서 미군기지 협정 갱신을 거부하여 11,000명의 필리핀 주둔 미군이 감축되었다. 동아시아 지역에 주둔하고 있는 미군의 1단계 감축이 완료된 결과, 원래 계획보다 늘어난 약 20%의 미군병력이 감축되었다.[17]

1990년 11월 15일 워싱턴에서 개최된 제 22차 한미 연례 안보협의회의에서 미국의 체니 국방장관은 주한미군 감축 계획의 성격과 한국군의 역할 확대에 대해 다음과 같이 언급하였다.

육군 5,000명과 공군 2,000명의 주한미군 감축 계획은 한국의 방위력 증강을 포함한 전반적인 한반도 상황을 반영한 것으로서, 이는 양국 간의 긴밀하고도 오랜 안보협력관계에 어떠한 변화를 시사하는 것이 아니며, 미국은 대한민국에 대한 전폭적인 방위공약을 견지하고 있음을 재천명하였다. 양측은 향후 주한미군의 추가 감축이나 재조정은 한반도 및 그 주변지역의 안보환경을 면밀히 평가한 후 점진적이고 단계적으로 이루어져야 될 것임을 재확인하였다. 양국 대표단은 한미 연합지휘체제의 향상방안에 대해 논의하고, 한국이 자체방위를 위해 점차 많은 역할을 담당해 나감에 있어 한미 양국군 간에 긴밀한 협력을 계속하기로 합의하였다.[18]

주한미군의 감축과 병행하여 추진된 것이 한국군의 작전 지휘권 이양 문제였다. 한국과 미국은 이 문제를 두고 실무 차원의 협의를 진행하였고, 그

---

17) 이상현, "미국의 세계전략과 주한미군: 80년대 말 철군논의와 한반도 안보의 연계성에 관한 고찰," 『한국정치외교사논총』 제 26집 1호 (한국정치외교사학회, 2004), pp. 171-177.
18) "제 22차 SCM 공동성명서"(1990. 11. 15). 공동성명서의 원문은 다음과 같다. Secretary Cheney assured the minister that plans to reduce the U.S. military presence on the peninsula by 5,000 ground and 2,000 air force personnel reflect changes in the overall situation on the peninsula, including the ROK's enhanced defense capabilities. These plans do not indicate any change in the close and longstanding security relationship between the two countries, and the U.S. remains fully committed to the defense of the Republic of Korea. Both sides reaffirmed that any future reduction or readjustment of U.S. forces in the Republic of Korea should be made gradually and in a phased manner after a careful evaluation of the security environment in and around the korean peninsula. The two delegations discussed ways to improve the ROK-U.S. Combined Command System and agreed to continue close cooperation between the ROK and U.S. armed forces on the peninsula as the ROK assumes an increasingly larger share of responsibility for its own defense. **Joint Communique**: Twenty-second annual U.S.-ROK security consultative meeting.

결과 1991년 제 13차 한미군사위원회회의(Military Committee Meeting: MCM)에서 평시 작전통제권을 1993년~1995년에 이양하며, 1996년 이후에 전시 작전통제권 이양을 협의하기로 한미 양국이 합의하였다.[19] 그로부터 1년 후인 1992년 10월 8일 워싱턴에서 개최된 제 24차 한미 연례 안보협의회의에서는 1994년 12월 31일까지 평시 작전통제권을 한국에 전환하기로 합의하였다.[20]

2. 대외적 안보환경 변화와 군구조 개편문제 대두

1980년대 말과 1990년대 초 탈냉전의 흐름은 미국의 군사전략에 일대 변혁을 가져왔다. 냉전기의 대소(對蘇) 봉쇄전략은 폐기되었으며 중요한 안보 문제가 지구적 차원의 갈등에서 지역적 차원의 갈등으로 전환되었다. 이에 따라 미국의 군사전략 역시 지역적 차원의 선별적 개입으로 전환되었던 것이다. 또한 냉전기 대비 25% 정도의 국방비 감축과 160만 명 수준으로의 병력감축이 계획되었다.[21]

탈냉전과 더불어 시작된 미국의 군사전략 변화는 동아시아 지역 주둔 미군에게도 적용되었다. 일본, 필리핀, 한국 주둔 미군 병력의 일부를 3단계에 걸쳐 점진적으로 철수시키고, 자국의 안보에 대한 책임을 증대시키며 방위분담금 역시 확대시키는 방안이 모색되었다. 그 구체적인 계획이 1989년 미 의회에서 통과된 '넌-워너 수정안'이었으며, 그 후속조치로 미 국방부에서 작성되어 의회에 보고된 것이 EASI-Ⅰ·Ⅱ였다. 이에 따라 주한미군 역시 1단계로 약 7,000명 수준의 병력감축이 계획되었고 동시에 작전권 이양 문제도 협의되었던 것이다.

상술한 바와 같이 주한미군의 감축과 한국군의 작전통제권 환수 문제 등,

---

[19] 국방부, 『국방백서 2006』(대한민국 국방부, 2006), p. 89.
[20] "제 24차 SCM 공동성명서"(1992. 10. 8).
[21] 김홍길, "탈냉전기 한미군사동맹 재편의 주요 쟁점: 미국의 한반도 전략과 주한미군 지위협정," 『한국동북아논총』제 24집 (한국 동북아학회, 2002), p. 7.

한반도 안보환경의 변화로 인해 한국군구조 개편문제가 대두되었다고 볼 수 있다. 이 같은 접근은 국군조직법 개정안에 대한 국방부 측의 제안 설명에도 잘 나타나 있다. 국방부에 따르면 국군조직법을 개정하게 된 배경이, "한반도 주변의 안보상황과 미국의 주한미군정책의 변화에 대비하여 작전지휘체제를 개편함으로써, 합동 및 연합작전능력을 향상하고 육·해·공군의 작전부대에 대한 작전지휘의 효율성을 제고하기 위함"이라는 것이다.[22]

군구조 개편의 국내 정치과정

 탈냉전에 따른 미국의 군사전략 변화는 한국군구조 개편문제를 대두시켰다고 할 수 있다. 이러한 외적인 안보환경의 변화에 의해서 촉발된 군구조 개편문제가, 국내적 차원에서 군구조 개편정책을 만들어내는 과정을 탐색하는 것이 여기에서 다룰 내용이다. 이 문제는 크게 대통령과 국방부를 포괄하는 행정부 차원의 정책 입안 과정과 행정부안(국군조직법 개정안)에 대한 의회심의과정이라는 차원으로 구분하여 분석하고자 한다.

---

[22] 국회사무처, "147회 국회 정기회 국방위원회 회의록 10호(1989. 12. 4)"(국회사무처, 1989b), p. 2.

1. 행정부의 군구조 개편계획

1) 노태우 대통령의 구상[23]

군 지휘구조 개편에 대한 노태우 대통령의 구상은, 1987년 13대 대통령 선거 당시 민정당 대선후보로서 제시한 선거 공약에도 원론적인 수준에서 언급되어 있었다. '외교-안보' 부문의 공약으로 "한국적인 작전지휘체제를 확립하고 미군의 작전지휘권을 한국이 이양 받을 수 있도록 노력한다"고 명시되어 있었던 것이다.[24] 취임후 노태우 대통령은 1988년 7월 7일, 후일 818계획으로 명명되는 '장기 국방태세 발전방향'에 대한 정책방향을 제시하였다. 노태우 대통령이 제시한 국방정책방향의 핵심은, 주한미군의 역할 변화에 따른 독자적인 전쟁수행 능력 확보에 있었다. 이를 위해 제 2창군에 버금가는 자세로 군의 체질적 혁신을 통한 자주국방의 자주적 억제력의 확보가 필수적임을 강조하였다. 이후 7월 14일에는 "2000년대 민족자존 통일번영의 새 시대를 개척해 나갈 수 있는 자주국방 태세를 확보할 수 있는 전략개념과 3군 합동차원의 작전운용 및 군사력 건설을 재강조하고, 제 2창군에 임하는 참신한 마음으로 민족사적 대과업을 완수할 수 있는 새 국군을 건설하기 위해 육·해·공군의 최정예 인원을 집결하여 한시적 연구위원회를 구성하라"고 지시하였다. 대통령의 지시에 따라 합참에서 '장기 국방태세 발전방향 연구계획'(818계획)을 수립하여 1988년 8월 18일 대통령에게 보고하였고,

---

[23] 818계획의 골격은 김희상 당시 국방비서관의 구상에 따라 만들어진 것으로 보인다. 김희상 당시 국방비서관에 따르면, 미국의 평시작전권 이양계획에 대해 국방부 측에서는 미온적으로 반응하였지만 김희상 비서관이 이를 환수해야 한다고 주장하였다는 것이다. 이는 통일이후를 대비하여 미국이 없어도 한국이 자국군대를 독자적으로 지휘할 수 있는 능력을 구비할 수 있는 기회가 되기 때문이었다는 것이다. 김희상 국방비서관은 이처럼 통일 이후를 대비한 군구조 개편계획에 대한 구상을 노태우 대통령에게 건의하였고 대통령이 이를 수락하여 추진할 수 있었다고 회상하였다. 김희상 노태우 정부 국방비서관, 노무현 정부 국방보좌관 인터뷰(일시: 2008년 12월 1일 11:00~13:00 / 장소: 한국안보문제연구소 이사장실).

[24] 『조선일보』 1987년 11월 26일.

대통령의 재가를 받음으로써 군구조 개편작업이 시작되었다.25) 노태우 대통령은 1988년 12월 13일 국방대학원 졸업식 연설에서도 '제 2창군의 의지로 진행중인 군의 개혁운동'26)을 언급하는 등, 군구조 개편에 대한 강한 의지를 표명하였다.

818계획과 관련된 노태우 대통령의 역할은 『노태우 육성 회고록: 전환기의 대전략』27)에 비교적 소상히 기록되어 있다. 노태우 대통령의 육성 회고록에서 818계획의 배경을 발췌하면 다음과 같다.

> 나는 818계획으로 알려진 군구조 개편을 추진했다. 현대전의 특징은 육·해·공군이 따로 싸우는 것이 아니라 긴밀히 협력해 합동작전을 벌이는 것이다. 이는 미래의 전쟁에서도 변함이 없을 것이다.…한국군도 작전권은 미국에 있었지만 육·해·공군이 제각기 작전하는 상황이었다. 이 때문에 나는 평시 작전권을 환수한 다음에도 육·해·공군이 작전권을 따로 가져서는 안 되겠다고 생각했다. 그래서 1988년 7월 14일 나는 '민족자존을 위한 자주국방 태세를 확보할 수 있는 전략개념과 3군 합동 차원의 작전운용 및 군사력 건설을 위한 연구위원회를 구성해 2000년대에 대비할 수 있는 방안을 만들어 보고하라'는 지시를 내렸다. 이에 따라 합참이 중심이 되어 '장기 국방태세 발전방향 연구계획'을 마련해 다음 달인 8월 18일 보고했다. 보고 날짜를 붙여 '818계획'이라 부르게 된 것이다. 국방부를 중심으로 검토한 결과 현 체제로는 곤란하다는 결론이 나왔다. 그리고 통합군으로 가느냐, 합동군으로 가느냐를 놓고 논란을 벌였는데, 원칙적으로는 통합군이 바람직하다는 의견이 많았지만 그렇게 될 경우 너무 육군 중심이 되고, 한 사람에게

---

25) 공보처, 『제 6공화국 실록: 노태우 대통령 정부 5년 - 2권. 외교·통일·국방』(정부간행물제작소, 1992b), pp. 560-561.
26) 대통령 공보비서실, 『민주주의의 시대 통일을 여는 연대: 노태우 대통령 1년의 주요 연설』(동화출판사, 1989), p. 274.
27) 조갑제닷컴(chogabje.com)의 조갑제 대표는 『월간조선』편집장으로 근무하던 1999년에 노태우 대통령을 12일 동안 인터뷰하여 그 내용을 그해 『월간조선』5월호부터 다섯 달 동안 연재하였고, 그 후 6·29선언 20주년인 2007년에 이 연재 내용을 정리하여 책으로 출판하였다. 이 책이 바로 『노태우 육성 회고록: 전환기의 대전략』이다. 이 책에는 노태우 대통령의 재임 시절 정치, 경제, 국방, 사회, 문화, 복지 정책의 배경과 정책결정과정 등이 기록되어 있다.

권한이 몰리게 된다는 문제점이 지적되어 1989년 1월 합동군제로 결론을 내어 내게 보고해 왔다. 그 후에도 여러 차례 논의를 거쳐 1990년 가을 국군조직법을 개정하고, 그에 따라 합동참모본부가 창설된 것이다. 과거 장관의 군령권을 보좌하는 데 머물렀던 합참의장의 역할은 이때부터 장관의 군령 보좌와 동시에 전투부대 지휘, 합동작전 수행이 가능하게 됐다. 그리고 각군 참모총장은 새로운 군제(軍制)에서는 정보, 작전 기능을 뺀 나머지를 지휘, 감독하는 것으로 바뀌었다. 그래서 현대전과 미래전에 대비한 건군 이래 최대의 군 개편이 이루어진 것이다.[28]

회고록에 나타난 바와 같이 노태우 대통령은 직접 군구조 개편계획을 지시했던 것으로 보인다. '자주국방을 위한 전략개념 정립'과 '작전권 환수에 대비한 3군 합동 차원의 작전운용과 군사력 건설 계획 수립'이 구체적인 지시의 내용이었다. 노태우 대통령은 특별히 작전권 환수 문제에 각별한 관심을 기울였다. 작전권에 대한 노태우 대통령의 인식 - "우리가 독자적으로 지휘권을 갖지 못한 것은 주권국가로서는 창피한 일이었다.…더구나 미국 측이 감군, 철군을 거론할 때마다 얼마나 우여곡절을 겪었는가. 나는 이 문제를 극복하지 않으면 안 된다고 생각했다.…따라서 언제가 될지 모르지만 미군이 나가더라도 우리가 작전권을 행사할 수 있는 훈련을 쌓아야겠다고 생각했다. 이런 맥락에서 나는 818계획을 추진한 것이다." - 을 보면, 818계획의 핵심이 작전권 행사에 대비하기 위한 지휘구조 개편의 성격을 가지고 있음을 알 수 있다.

노태우 대통령은 1990년 2월 7일 국방부 청사에서 국방부 업무보고를 받는 자리에서, "우리의 안보는 우리의 피와 땀으로 지키지 않으면 안된다고 하는 '한국방위의 한국화'를 추구해야할 시점이다. 이에 따라 818사업이 추진되는 것이며 우리안보의 보장은 이 사업의 성공여부에 달려있다"고 강조했다.[29] 이후 1990년 10월 1일 국군의 날 연설 - "현대전은 육·해·공군의

---

[28] 조갑제, 『노태우 육성회고록: 전환기의 대전략』(서울: 조갑제닷컴, 2007), pp. 333-336.
[29] 『경향신문』1990년 2월 7일; 『동아일보』1990년 2월 8일.

입체전이며, 전후방 구분이 없는 동시성을 갖고 있습니다. 또한 과학기술의 발전은 무기체계와 전쟁의 양상을 근본적으로 바꿔놓고 있습니다. 이에 따라 우리는 보다 효율적인 지휘체계와 신속한 정보 통신망, 그리고 새로운 장비와 보급체계를 갖추어야 합니다. '합동참모본부'는 우리 군의 새로운 도약을 이룰 중추기구로서 군의 자율성을 높이고 현대전에 대응할 효율적인 통합체제를 갖출 것입니다."30) - 에도 지휘구조 개편에 대한 노태우 대통령의 의지가 드러나 있다.

2) 국방부의 초기 구상과 818계획 수립

(1) 국방부의 초기 구상31)

노태우 대통령의 지시에 의해 촉발된 818계획은 국방부에서 구체적인 계획 수립에 들어가게 된다. 당시 국방부가 제시한 군구조 개편의 국내적 배경은 다음과 같았다. 첫째, 기존의 군제(軍制)인 '3군 병립제'32)로는 효과적인 3군 통합작전지휘를 기대하기가 어렵기 때문에 군구조 개편문제가 대두되었다는 것이다. 둘째, 1978년 한미연합사 창설이후 한국군의 작전통제권이 한미 공동으로 행사되도록 보완되었지만, 합참의 참모편성이 미약하고 합참의장이 군령계선(軍令系線)상에서 제외됨으로써 합참의 기본 기능 수행 능력이 부족하여 자주적인 지휘체제를 구축할 필요성 문제가 제기되어 왔다는 것이다. 셋째, 기존의 3군 병립제로 인해 종합적인 기획 및 통제기능이 부족하여 3군 통합차원의 군사력 건설에 제한을 받고 있을 뿐만 아니라, 통합

---

30) 대통령 공보비서실, 『민주·번영·통일의 큰 길을 열며: 노태우 대통령 재임 5년의 주요 연설』(동화출판사, 1993), p. 482.
31) 국방부 차원에서 818계획을 수립하는 과정에 대한 기록은 국방부, 『8·18계획 약사』(대한민국 국방부, 1991)에 잘 정리되어 있다. 하지만 이 책은 군사기밀로 분류되어 접근 자체가 차단되어 있다. 따라서 여기에 정리한 내용은 당시 국방부 합참전략기획국 1차장으로 818계획 수립의 실무자였던 이석복의 기고문, 6공화국 실록, 국방백서, 언론보도 등의 자료에서 발췌한 것이다.
32) '3군 병립제'에서 합참의장은 국방장관의 군령권을 단순 보좌하는 기능만을 담당할 뿐 실질적인 군령권을 갖지 못했다.

전력 발휘를 극대화하는 데도 어려움이 많아서 군구조 개편문제가 제기되었다는 것이다.[33]

당시 국방부가 분석한 한반도의 장기적 안보환경 예측에는 주한미군의 주둔정책 변화가 포함되어 있었다. 미국은 재정적자와 무역적자로 인해 방위비 삭감을 피할 수 없게 되었고, 대소 화해무드의 진전에 따라 의회 등에서 해외주둔 미군의 감축이 논의되고 있음을 고려할 때 주한미군의 주둔정책 변화가 예상된다고 보았던 것이다. 주한미군 주둔정책의 변화 외에도 북한의 대남 무력적화통일 전략 유지, 국민의 안보의식 둔화, 자주국방 추진 등과 같은 문제들을 장기적 안보환경으로 예측하고 있었다. 이러한 점을 종합하여 국방부는 '한국방위의 한국화'라는 대명제를 설정하고 이를 달성하기 위해 3가지 과제를 도출하였다. 첫째, 생존·번영·통일을 위한 국가전략을 추구하면서 한국적 여건에 부합하는 '자주적 군사전략'을 정립한다. 둘째, 이러한 군사전략을 효과적으로 구현할 수 있는 군사력을 건설하되 가장 경제적으로 목표를 달성하도록 한다. 셋째, 현대전이 요구하는 지휘반응의 즉응성과 육·해·공군의 통합전략 발휘를 보장하고 3군의 균형발전을 달성할 수 있도록 군구조를 발전시킨다. 이러한 안보환경 분석결과와 3대 연구과제의 연구방향을 '장기국방태세 발전방향'이라는 제목으로 노태우 대통령에게 보고한 시점이 1988년 8월 18일이었다. 노태우 정부에서 추진되었던 군구조 개편계획이 '818계획'이라고 명명된 것은 위와 같이 보고 날짜에서 연유한 것이기도 하고, 또한 8월 18일이 가지는 상징성 때문이기도 하다. 본 계획의 실무자이기도 했던 이석복 당시 합참전략기획국 1차장에 따르면, "1976년 8월 18일에 발생한 '판문점 도끼만행사건'과 같은 비극적인 사태가 재발해서는 안 된다는 각오와 818이라는 숫자가 앞뒤를 바꿔도 변함없는 점에 착안하여, 국가의 안전보장과 국토방위의 신성한 의무를 수행하여야 하는 국군의 사명을 어떠한 역경 속에서도 묵묵히 변함없이 수행함으로써 국민으로부터

---

33) 국방부, 『1990 국방백서』(대한민국 국방부, 1990b), pp. 185-186.

신뢰와 사랑을 받겠다는 선언적 의미가 함축된다고 판단하여 '818계획'이란 명칭을 사용하게 되었다"고 하였다. 1988년 8월 18일, 국방부는 818연구방향을 노태우 대통령에게 보고하였다. 보고를 받고 나서 노태우 대통령은, "이 연구를 위하여 3군의 가장 훌륭한 정예장교들로 연구위원회를 구성하여, 백지에 참신한 국군의 모습을 제 2 창군의 정신으로 그려보라. 장관·의장·각군총장 등 윗사람은 일체 간섭을 하지 말되, 연구위원들은 군의 원로들을 포함하여 각계각층의 의견을 최대한 수렴하라"고 당부하였다. 이에 따라 국방부는 1988년 9월에 육·해·공군의 장군 및 영관급 장교 40명과 국방대학원 교수, 국방연구원 연구원 등으로 군사전략, 군사력 건설, 군구조 개선 등 3개 분과위원회로 편성된 '818 연구위원회'를 구성하였다.[34]

장기 국방태세 발전방향 연구는 3단계를 거쳐 추진되었다. 1단계에서는 기본방향 정립에 관한 연구, 2단계는 보완연구, 3단계는 2단계에서 확정된 군구조 개선방안을 실제로 시행하는 것이었다.

1단계 연구는 1988년 9월 1일부터 동년 12월 31일까지 각군의 장성 및 영관급 장교와 국방연구원 및 국방대학원의 전문가 등 50명으로 구성된 '818 추진위원회'에서 한국적 여건에 부합하는 독자적인 군사전략 정립, 통합전력 발휘를 보장할 수 있는 군구조 개선, 그리고 가용 자원의 제한성을 고려한 군사력 정비의 3대 과제를 연구하였다. 주요 연구 결과는, 첫째 군사전략 측면에서 델브룩(Delbruck)의 제한전 군사사상과 손자병법을 참작하여 '부전승(不戰勝) 억제개념', '이소제대(以小制大)의 유연 신축성'과 '기동마비전'(機動痲痺戰) 교리, 그리고 '화전(和戰) 양면 동시대비'의 필요성을 충분히 반영하고자 노력하였다. 둘째, 군사력 개선 측면에서는 종래의 북한의 수적 우세 따라잡기식을 탈피하여 군사전략의 구현을 뒷받침할 수 있도록 목표지향적으로 개선방향을 제시하였다. 셋째, 군구조 측면에서는 과거 3군 분권적 작전 및 지휘체제에 따른 많은 부작용과 문제점을 해소할 수 있는 최선

---

34) 이석복, "군구조 개선의 필요성과 내용," 『민족지성』53호 (민족지성사, 1990), pp. 177-187.

의 현실적 대안으로서 '합동참모총장제'를 제안하였다. 국방부는 1989년 1월 24일 1단계 연구결과를 대통령에게 보고하였고, 노태우 대통령은 상술한 기본개념을 승인하면서 추가적인 보완 연구 방향으로 다음과 같은 내용을 지시하였다. 첫째, 군사전략과 군비지침은 계속 보완·발전시켜 나가고, 둘째 상부 지휘구조는 정책기능 위주로 정비하여 축소 개편하는 한편, 하부구조는 경쾌하면서도 단단한 전투형으로 발전시키며, 셋째 각군의 상호이해와 공감대 형성을 통하여 기능별 통합을 보다 구체화하여 적극 추진할 것을 당부하였다.[35]

기본안을 작성한 이후에는 '818 실무위원회'[36]를 구성하고 1989년 2월부터 8월까지 세부계획을 수립하여 그 결과를 8월 24일 대통령에게 보고하였다. 연구위원들은 한국의 안보위협, 국방자원의 경제적 운용, 장차전 적응성 등과 같은 군사적 측면만을 고려한다면, 한국군의 구조가 비대한 상부조직을 배제하여 효율적인 통합군제로 개편되는 것이 이상적이라고 판단하였다. 하지만 통합군사령관 1인에게 과도한 권한이 집중되면 문민통제를 위협하게 될 가능성이 상존하게 되고, 또한 각군본부를 해체하게 되면 해·공군의 전통과 특성 유지가 어려워지게 될 수 있다는 우려로 인하여 국민과 군내 공감대 형성이 지난할 것이라는 판단에 따라 통합군제를 고려하지 않기로 결정하였다. 연구위원들은 지휘구조 개편의 대안에서 통합군제를 배제하였고, 통제형 합참의장제와 합동군제를 개편방향으로 검토하였다. 통제형 합참의장제는 예하에 여러 개의 통합작전사령부를 설치하여 육·해·공군의 작전부대를 합참의장이 직접 작전지휘하는 형태의 군제이다. 합동군제는 통합작전사령부를 설치하지 않고 합동참모본부가 통합작전사령부의 기능을 병행하는 방식으로 육·해·공군의 작전부대를 직접 작전지휘하는 군제

---

35) 공보처, 『제6공화국 실록: 노태우 대통령 정부 5년 - 2권. 외교·통일·국방』(정부간행물제작소, 1992b), pp. 561-562.
36) 818 실무위원회는 육·해·공 각군별로, 그리고 연구주제에 따른 분야별로 구성되었고 인원은 200여명에 달했다.

를 말한다. 연구위원들은 미국과 같이 지구적 차원에서 전역이 형성되는 국가의 경우 통제형이 적합하지만, 한국의 경우에는 한반도라는 단일 전역만이 형성되기 때문에 합동군제가 적실한 것으로 결론지었다.[37]

(2) 818계획 수립

이처럼 지휘구조 개편방향에 대한 연구결과 도출된 연구안의 핵심은 3군의 독립성과 특성을 어느 정도 유지하는 합동군 형태로 군구조를 개편하는 것에 있었다. 하지만 1989년 8월 24일 청와대 보고에서 노태우 대통령은 유사시 신속 대응능력을 확보할 수 있도록 강력한 지휘체제가 필요하다고 지적하였고, 이에 따라 통합군[38] 형태의 군구조로 개편방향이 전환되었다.[39]

국방부가 주도하여 추진하던 통합군 형태의 군구조 개편안이 1989년 10월 국방위 국정감사에서 비공개로 보고된 것을 계기로 개편안의 대략적인 내용이 언론에 보도되었다. 당시 중앙 일간지에 보도된 818계획의 기본적인 내용을 발췌하면 다음과 같다.

> 현재 국방부 합참전략국 내인 '818위원회'에서 성안중인 개편안의 골격은 기존의 3군 병립체제를 재편, 통합군사령부(국방참모본부)를 창설하고, 신설된 통합군사령관(국방참모총장)에 3군의 군령권을 부여한다는 것. 즉 각군 참모총장은 그대로 유지돼 행정과 군수지원 업무인 군정권은 행사하나 군 작전지휘권한인 군령권은 국방참모총장에게 귀속시켜 강력한 통합지휘체제를 구축한다는 것을 주요 내용으로 하고 있다. 국방부 측은 이 같은 군구조 개편의 목적으로, 1차적으로는 통합전력의 발휘, 전투즉응성 제고, 인력과 예산절감 등을 들고 있다. 현대전의 성격상 전투양상이 육·해·공군의 사용 가능한 모든 수단이 동원되는 3군 통합작전을 요구하고 있고, 한반

---

37) 이석복, op. cit., pp. 177-187.
38) 군제(軍制)는 크게 3군 병립제(818계획에 따라 국군조직법이 개정되기 이전의 한국 군제), 합동군제(국방참모총장제), 통합군제(단일 참모총장제), 단일군제 등의 유형으로 구분되며, 대체로 서양 문화권은 한 사람에게 권한을 집중시키지 않는 합동군제로, 동양 문화권은 능률성을 추구하는 통합군제를 채택하는 경향이 있다. 국방부, 『1990 국방백서』(대한민국 국방부, 1990b), p. 187.
39) 『동아일보』1989년 10월 11일.

도처럼 종심(縱深)이 짧은 작전환경에선 속전속결에 신속히 대응할 수 있는 체제로 할 수 밖에 없다는 설명이다. 이와 함께 국방부 관계자들은 작전통제권을 갖고 있으며 전쟁억지력의 보루라 할 수 있는 주한미군이 철수할 경우, 한반도의 안보환경이 크게 달라지게 되는데 여기에도 대비해야 한다는 주장을 펴고 있다.[40]

이처럼 818계획은 군 지휘구조 개편을 핵심으로 하고 있었는데, 개편 배경은 기존 군구조의 문제점에서 비롯되었다.[41] 첫째, 현행 군구조는, 한국전쟁 중 작전지휘권이 UN군사령관에 이양된 후 미국의 지원을 받아 군사력을 건설해 온 한국군의 성장배경을 통해 알 수 있듯이, 당시의 미군구조를 도입하여 현재까지 유지해 온 것이다. 따라서 현행 3군 병립제 및 자문형 합참의장제에서는 각군이 자군위주로 소요를 제기하게 되고 이를 조정·통제할 수 있는 기능이 미약하여 각군본부의 비대화 현상을 초래하고 각군 및 예하부대의 조직체계도 기능의 중복 및 행정위주로 편성되어 있어 장차전에서 요구되는 전투즉응성이 미흡하고 국방자원의 비효율성이 내포되어 있다. 둘째, 현 합참의 역할이 국방부장관의 군령 자문역할만을 담당하고 있고, 장관의 각군에 대한 군령권 행사는 일반적 전략지시에 그치고 있어, 이러한 3군의 분권적 작전체제는 현대전에서 요구되는 통합 및 합동전력의 효과적인 발휘를 어렵게 하고 있다. 또한 합참이 군령계선상에 있지 않기 때문에 3군 통합·합동작전의 조정·통제기능이 미약한 실정이어서 현재는 이 기능을 한미연합사가 수행하고 있다. 이러한 문제점을 배태하고 있는 현재의 지휘구조를 개선·보완하기 위해 818계획이 검토되고 있다는 것이다.[42]

---

40) 『조선일보』1989년 10월 15일.
41) 이 시기에는 군 지휘구조 개편안이 국방부 내부에서만 연구되고 있었기 때문에 개편 배경에 대해서는 외부에 알려지지 않았다. 지휘구조 개편의 배경에 대해서는 1989년 12월 4일 국군조직법 개정안의 국방위 상정과정에서 김성훈 전문위원의 검토의견에 잘 나타나 있다.
42) 국회사무처, "147회 국회 정기회 국방위원회 회의록 10호(1989. 12. 4)"(국회사무처, 1989b), p. 4.

국방부 내부에서 통합군제의 군구조 개편안을 수립하는 과정에서도 육·해·공 3군 간에 갈등이 표출되었고, 언론 보도 이후에는 야당, 학계, 해·공군의 일부 현역과 예비역이 통합군제로의 개편에 격렬하게 반대하였다. 13일에는 국회 '통일·외교·안보' 분야의 대정부 질문에서 야당의원들이 통합군제 개편 방향에 대해 비판적인 견해를 표명하였고, 이에 대해 여당 의원들과 이상훈 국방부장관은 한반도 정세와 주한미군의 위상 변화 등으로 인해 통합군제 개편이 긴요한 작업임을 주장하였다.[43] 89년 10월 13일 '13대 국회 제 147회 정기회(6차)'에서 통일민주당의 김우석 의원은, 818계획이 군령권을 국방참모총장이 행사하도록 함으로써 군의 정치적 개입을 제도적으로 보장하게 하여 문민정치를 불가능하게 하고 현 집권세력의 장기집권을 위한 포석에서 비롯된 것일 수도 있으므로 취소되어야 한다고 주장하였다.[44] 특히 해·공군 측에서는 통합군제 개편에 대해 거부감이 상당하였는데, 이 같은 기류를 대변한 것이 10월 2일자 동아일보에 기고된 예비역 해군 대령 이선호의 글이었다. 이 기고문에는 통합군제 개편에 대한 해·공군의 견해가 응축되어 있다고 할 수 있다. 통합군제 개편은 국방참모총장에게 육·해·공 3군에 대한 군령권이 집중됨으로써, 국방부장관에게 부여된 군령권과 군정권 중 실질적인 군령권 행사는 국방참모총장이 장악하게 될 것

---

43) 『조선일보』1989년 10월 15일.
44) 당시 국회회의록의 원문을 발췌하면 다음과 같다. "총리께서는 최근 거론되고 있는 군구조개편안의 정확한 진상을 밝혀 주시기 바랍니다. 일명 818계획안으로 국방부장관 밑에 군정과 군령이 이원화되도록 체계를 유지하면서 군령권을 국방참모총장이 행사하도록 되어 있는 군구조 개편계획을 일반국민들은 혹 정부가 군부독재의 향수에 젖어 군의 정치적 개입을 제도적으로 보장하게 함으로써 문민정치를 불가능하게 할 의도는 아닌가 하는 의혹과 불안감을 감추지 못하고 있는 것입니다. 따라서 문민정치에 배치되는 이러한 발상은 노(盧)정권의 민주화의지에 대한 의문을 제기할 뿐만 아니라 현 집권 세력의 장기집권을 위한 포석중의 하나가 아닌가 하는 의구심까지 불러일으키게 하고 있습니다. 총리께서 이 계획의 발상 경위와 현재까지의 추진과정을 소상히 밝혀 주시고 이 계획을 취소해야 한다고 생각하는데 총리의 소신을 밝혀 주시기 바랍니다." 국회사무처, "147회 국회 정기회 국회본회의 회의록 6호(1989. 10. 13)" (국회사무처, 1989a), p. 48.

이므로 문민통제 원칙에 위배된다는 것이다. 막강한 권력을 독점한 국방참모총장이 출현할 때, 헌정질서 유린의 개연성도 경시할 수 없다는 우려 역시 제기하였다. 또한 국방참모총장직을 3군 윤번제로 법제화하지 않는 한 수적으로 우세한 육군이 이를 독점할 것이므로 인사병폐가 더욱 악화될 것이고, 해군과 공군은 육군의 일개 병과나 기능사령부로 전락하게 되어 사기가 저하될 것이므로 통합군제 개편은 철회되어야 한다고 주장하였다.[45] 해·공군 예비역·현역 장성 및 고급장교들은 국방참모총장제도로 개편될 경우, 육군 출신의 4성장군이 계속적으로 국방참모총장직을 수행하게 되고 그 결과 해·공군의 기능상의 특성 및 전문성이 침해당할 것을 우려하여 강력하게 반발하였다는 것이다. 또한 야당에서도 통합군제는 문민통제를 마비시키는 비민주적인 발상이라고 폄훼하며 반대하였다.[46]

이후 군구조 개편문제에 대한 국방부 내부의 논의 과정에서 해·공군은 통합군제가 아닌 합동군제를 주장하였고, 반면에 육군은 통합군제를 주장하였다. 군별로 제기된 이견은 절충되어 최종적으로 합동군제 형태로 군구조를 개편하기로 합의하였다. 3군의 합의에 의해 합동군제로 군구조가 결정되었지만, 세부적인 내용을 논의하는 과정에서는 몇 가지 점에서 이견이 표출되었다. 첫째, 국방참모총장 임명 문제를 놓고, 해·공군은 국군조직법에 각군의 순환 및 윤번제 임명을 명시해야 한다고 주장하였으나, 육군은 순환제나 윤번제가 대통령의 통수권을 제한하기 때문에 불가하며 또한 인사관리가 3군 할당식으로 행해져서는 안 된다는 이유를 들어 반대하였다. 둘째, 국방참모본부 구성 문제에 있어서 해·공군은 3군 균형발전을 위해 국방참모본부의 각군 구성비율을 2:1:1(육:해:공)로 명시할 것을 주장하였고, 반면에 육군은 각군의 구성비율을 법으로 제한하는 것이 편제의 신축성을 해치기 때문에 불가하다는 이유를 들어 반대하였다. 셋째, 국방참모총장에게 주요 작전지휘관의 임명동의권을 부여하는 문제를 놓고 3군 간에 이견이 표출되

---

45) 『동아일보』1989년 10월 2일.
46) 『동아일보』1989년 10월 11일.

었다. 공군은 합동군제 하에서 각군총장이 주요 지휘관을 임명할 경우, 국방참모총장의 사전 의견을 참고하여 각군총장이 인사권을 행사하면 된다고 주장하였다. 해군은 각군총장이 주요 지휘관을 임명할 대 국방참모총장의 사전 동의를 받는 방식을 제안하였다. 해군 측의 제안은 공군에서 제시한 안보다 국방참모총장의 실질적인 영향력을 더 보장해주고 있다고 볼 수 있다. 반면에 육군에서는 합동군제 하에서 작전지휘권을 갖는 국방참모총장이 주요 작전지휘관의 임명에 관여하지 못한다면 현실적으로 작전이 불가하므로, 국방참모총장에게 주요 지휘관에 대한 임명동의권을 부여해야 한다고 주장하였다.[47]

이처럼 군구조 개편계획을 수립하는 과정에서 3군 간에 표출된 이견은, 크게 해·공군 대 육군으로 양분되었다. 특히 해·공군의 경우, 기존의 육군 중심의 군 운영을 비판하며 군구조 개편을 3군 균형발전의 계기로 삼고자 하였다. 그 결과 국방참모총장 임명, 국방참모본부 편성, 주요 지휘관 임명동의권 문제를 놓고 해·공군 대 육군의 견해가 극명하게 대립되었다. 하지만 최종적인 결과물에는 해·공군의 입장이 반영되지는 못했다.

국방부는 818계획 초안을 작성한 이후, 40여회의 각군 순회교육, 20여회의 정당 및 국회설명회, 수차에 걸친 국방정책 자문교수 간담회, 예비역 장성 간담회, 3군 현역 장성단 회의 등을 통하여 최종안을 확정지었다.[48] 이후 국방부는 1989년 11월 16일 최종안을 노태우 대통령에게 보고하여 승인을 받았다. 818계획의 최종안에는 전·평시 단일체제, 군령권은 국방참모총장에게 그리고 군정권은 각군총장에게 부여하는 것이 원칙으로 명기되었다. 국방부는 국방정책 수립, 국방자원 획득·배분·집행통제 기능을, 합참은 군사력 건설 소요제기·운용기능을, 각군본부는 군사력 건설 유지발전, 행정·군수지원을 담당하는 형태로 기능적 분화를 가져오게 된 것이다.

---

47) 방진석, op. cit., pp. 68-74.
48) 이석복, op. cit., p. 186.

3) 국군조직법 개정안

818계획과 관련된 국군조직법 개정안은 합참 주관으로 1989년 3월 3일 1차 초안을 작성한 이래 3회에 걸친 실무토의, 3차에 걸친 정책회의 및 군무회의를 거쳐, 동년 8월 12일 초안을 확정하였다.[49]

국방부에 의해 수립된 818계획은 군 지휘구조개편을 핵심으로 하고 있었다. 지휘구조를 개편하기 위해서는 국군조직법을 개정해야 되기 때문에, 국방부에서는 국군조직법개정안을 작성하여 국회에 제출하였다. 국방부가 제출한 검토보고서[50]에서는 국군조직법개정안을 제안하게 된 이유를, "한반도 주변의 안보상황과 미국의 주한미군정책의 변화에 대비하여 합동 및 연합작전능력을 향상하고, 육·해·공군의 작전부대에 대한 작전지휘의 효율성을 높이기 위하여 작전지휘체제를 개편함으로써 자주국방태세를 확립하기 위함"이라고 제시하였다.

개정안의 주요 내용은 다음과 같다. 첫째, 해군에 해병대사령부를 두어 해군의 상륙작전에 관한 사항을 관장하도록 한다. 둘째, 각군의 작전부대에 대한 작전지휘와 합동 및 연합작전수행을 보장하기 위하여 국방부에 국방참모본부를 둔다. 셋째, 국방참모본부에 국방참모총장을 두고 국방참모총장은 군령(軍令)에 관하여 국방부장관을 보좌하며 그 명을 받아 전투를 주 임무로 하는 각군의 작전부대를 작전지휘·감독하고 합동작전의 수행을 위하여 설치된 합동부대를 지휘·감독하도록 한다. 넷째, 전투를 주 임무로 하는 각군의 작전부대 및 작전지휘권의 범위와 국방참모총장이 지휘·감독할 합동부대의 범위는 대통령령으로 정하도록 한다. 다섯째, 국방참모본부에 국방참모총장 외에 국방참모차장 2인을 두고 국방참모총장이 사고가 있을 때에는 서열 순으로 그 직무를 대행하도록 한다. 여섯째, 군령에 관하여 국방부장관을 보좌하고 주요 군사사항을 심의하게 하기 위하여 국방참모본부에 합동참

---

49) 공보처, 『제6공화국 실록: 노태우 대통령 정부 5년 - 2권. 외교·통일·국방』(정부간행물제작소, 1992b), p. 572.
50) 국방부, "국군조직법 개정법률안 정부제출 검토보고서"(1989. 11. 21)

모회의를 두고 합동참모회의는 국방참모총장과 각군 참모총장으로 구성하며 그 의장은 국방참모총장이 된다. 이 같은 개정안을 개정이전의 국군조직법과 비교하여 정리한 것이 〈표 4〉이다.

〈표 4〉 국군조직법 개정안의 주요 내용

개정 이전	개정안
제 2조(국군의 조직) ①국군은 육군·해군 및 공군(이하 '각군'이라 한다)으로 조직한다.	제 2조(국군의 조직) ①국군은 육군·해군 및 공군(이하 '각군'이라 한다)으로 조직하며 해군에 해병대를 둔다. ②각군의 전투를 주임무로 하는 작전부대에 대한 작전지휘·감독과 합동 및 연합작전의 수행을 위하여 국방부에 국방참모본부를 둔다.
제 9조(국방부장관의 권한) 국방부장관은 대통령의 명을 받아 군사에 관한 사항을 장리(掌理)하고 각군 참모총장을 지휘·감독한다. 제 10조(각군 참모총장의 권한) 각군 참모총장은 국방부장관의 명을 받아 각각 당해군을 지휘·감독한다.	제 8조(국방부장관의 권한) 국방부장관은 대통령의 명을 받아 군사에 관한 사항을 장리하고 국방참모총장과 각군 참모총장을 지휘·감독한다. 제 9조(국방참모총장의 권한) ①국방참모본부에 국방참모총장을 둔다. ②국방참모총장은 군령에 관하여 국방부장관을 보좌하며, 국방부장관의 명을 받아 전투를 주임무로 하는 각군의 작전부대를 작전지휘·감독하고 합동작전의 수행을 위하여 설치된 합동부대를 지휘·감독한다. 제 10조(각군 참모총장의 권한) 각군 참모총장은 국방부장관의 명을 받아 각각 당해군을 지휘·감독한다. 다만, 전투를 주임무로 하는 작전부대에 대한 작전지휘·감독은 이를 제외한다.
제 12조(합동참모본부) ①국방부장관의 소관사무 중 군령에 관한 사항을 보좌하게 하기 위하여 국방부에 합동참모본부를 둔다. ②합동참모본부에 합동참모의장을 두고 그 밑에 합동참모본부장과 필요한 참모부서를 둔다. ③합동참모의장은 국방부장관을	제 12조(국방참모본부) ①국방참모본부에 국방참모총장 외에 국방참모차장 2인과 필요한 참모부서를 둔다. ②국방참모차장은 국방참모총장을 보좌하며 국방참모총장이 사고가 있을 때에는 서열순으로 그 직무를 대행한다. ③국방참모본부의 직제는 대통령령으로

보좌하여 합동참모본부의 사무를 통할하고 소속군인 및 군무원을 지휘·감독한다.	정하되 각군의 균형발전과 합동작전수행을 보장할 수 있도록 하여야 한다.
제 13조(합동참모회의) ①군령에 관하여 국방부장관의 자문에 응하며, 주요 군사사항 기타 법령이 정하는 사항을 심의하게 하기 위하여 합동참모본부에 합동참모회의를 둔다. ②합동참모회의는 합동참모의장과 각군 참모총장으로 구성하며 합동참모의장이 그 의장이 된다.	제 13조(합동참모회의) ①군령에 관하여 국방부장관을 보좌하며, 주요 군사사항 기타 법령이 정하는 사항을 심의하게 하기 위하여 국방참모본부에 합동참모회의를 둔다. ②합동참모회의는 국방참모총장과 각군 참모총장으로 구성하며 국방참모총장이 그 의장이 된다.

출처: 국방부, "국군조직법 개정 법률안 정부제출 검토보고서"(1989. 11. 21)

국군조직법 개정안의 내용 중 핵심적인 사항은, 기존의 3군 병립제를 합동군제형으로 개편한다는 것이다. 합동군제의 핵심 조직은 신설되는 국방참모본부라고 할 수 있다. 국방조직 체계는 주요 기능에 따라 국방부 본부, 국방참모본부, 각군본부로 분화되었다. 국방부 본부는 국방정책 수립 및 자원 획득 배분·집행·통제를, 국방참모본부는 군사력 건설 소요결정 및 군사력 운용을, 각군본부는 군사력의 건설 및 유지 발전과 행정 및 군수지원 기능을 갖도록 분화되었다. 즉, 신설되는 국방참모총장이 국방부장관의 명을 받아 각군의 작전부대와 합동부대를 작전지휘함으로써 군령권을 행사하고, 각군총장은 작전지휘를 제외한 군정권만을 행사한다는 것이다.

2. 국회 심의과정: 국군조직법 개정

국방부에서 기초한 '국군조직법 개정안'이 1989년 11월 23일 국방위원회에 회부된 이후, 1990년 7월 14일 국회 본회의에서 가결되기까지의 심의 일정을 정리하면 〈표 5〉와 같다.

국군조직법 개정안의 국회 심의과정을 분석함에 있어서, 다음과 같은 몇 가지 문제를 중심으로 살펴보고자 한다. 첫째, 국방위 심의 과정에서 국군조

<표 5> '국군조직법 개정안'의 의회심의 경과

내 용	일 자
'국군 조직법' 국방위원회 회부	1989. 11. 23
국방위원회 상정 실패	1989. 12. 4
국방위원회 재상정 및 소위 회부	1990. 3. 8
'국군 조직법 개정안' 법안심사 소위원회 1차 법안심사 소위	1990. 3. 10
2차 법안심사 소위	1990. 3. 12
국방위원회 의결	1990. 3. 12
국방위원회 번안(飜案)동의 상정	1990. 7. 6
국방위원회 번안 의결	1990. 7. 11
국회본회의 가결	1990. 7. 14
개정 '국군조직법' 공포	1990. 8. 1

직법 개정안의 내용에 대해 견해가 충돌하는 지점이 존재했는지의 문제이다. 존재했다면, 그 구체적인 내용은 무엇이었는지 살펴볼 것이다. 둘째, 국군조직법 개정안의 내용 중 견해가 충돌하는 조항이 있었다면, 이에 대한 국방위 위원들의 선호 및 선호에 따른 연합의 양상에 대해 알아볼 것이다. 셋째, 국군조직법 개정안의 심의 및 의결과정에서 부각된 쟁점이 처리되는 방식을 탐색할 것이다.

1) 13대 국회와 국방위의 여야 의석분포

<표 6> 13대 국방위 위원의 분포

정당	의원	군 경력 의원
민자당 (12명)	유학성, 김성룡, 김종곤 김진재, 신상식, 옥만호 이광노, 이한동, 정석모 최형우, 황명수, 정몽준	김종곤(해군 참모총장) 옥만호(공군 참모총장) 김성룡(공군 참모총장) 유학성(육군 대장)[51]
평민당 (4명)	권노갑, 김덕규, 정 웅 조윤형	정 웅(육군 소장)[52]

51) 유학성 국방위원장은 3군사령관으로 재직 중 전두환을 도와 12 · 12군사쿠데타를 성

노태우 정부 시기 13대 국회의 여대야소 구도는 1990년 1월 22일, 민주정의당, 통일민주당, 신민주공화당이 3당 통합 선언을 함으로써 거대 여당인 민주자유당이 창당된 결과이다. 3당 합당 당시 의석은 민주정의당 127석, 통일민주당 59석, 신민주공화당 35석으로 이들이 모두 합류할 경우 총 221석이 되는 것으로 기대됐다. 하지만 합당에 반대하여 합류하지 않은 의원들이 있어 민자당은 전체 299석 중 216석을 확보하여 거대 여당으로 출범했다.[53] 13대 국회 국방위 위원들의 정당별 분포와 군 출신 현황을 정리하면 〈표 6〉과 같다.

2) 국방위 상정 실패와 재상정

(1) 국방위 상정 실패

국방부에서 수립한 818계획은 야당의 반대에 직면하게 되었다. 818계획에 대한 야당의 우려는 크게 두 가지로 정리될 수 있다. 첫째, 국방참모총장이 체계상으로는 국방부장관 휘하에 있지만 국방참모총장의 막강한 지휘 권한으로 인하여 군정은 장관이 군령은 국방참모총장이 행사하게 됨으로써, 결국 문민통제가 불가능해질 것이다. 둘째, 군 내부를 육군이 독점함으로써 군 간의 격차가 더욱 심화될 것이다. 이러한 반대에도 불구하고 국군조직법 개정안의 국회 통과를 위해 정부와 민정당은 1989년 11월 4일 이상훈 국방장관이 참석한 가운데 당정회의를 개최하였다. 당정회의에서는 현행 육·해·공군을 합동군으로 편성하여 국방참모총장이 작전지휘권 등 군령권을

공시킨 인물로서 1980년 7월 육군대장으로 예편한 뒤 제 11대 중앙정보부장(국가안전기획부장)을 지냈고, 이후 1985년에 제 12대 민정당 전국구 국회의원으로 당선되었다. 13대 총선에서는 경북 예천에서 민정당 지역구 국회의원으로 당선되어 국회 국방위원장을 지냈다.

52) 평화민주당의 정웅 의원은 5·18 광주 민주화 운동 당시 보병 제 31사단장을 지낸 육군 소장 출신이다. 이후 민추협 부의장, 평민당 안보·국방위원장, 평민당 군 정치 중립화 추진위원장, 평민당 총재 안보·국방 특보를 지내다가 제 13대 총선에서 국회의원(광주 북구)으로 당선되었다.

53) 심지연, 『한국 정당 정치사: 위기와 통합의 정치』 (서울: 백산서당, 2004), p. 389.

갖는 것을 골자로 한 국군조직법 개정안을 확정하였고, 이후 1989년 11월 9일 국무회의에서 이를 의결하였다. 국무회의 의결을 거친 후 12월 4일에 국방위 상정을 시도하였으나, 평민당, 민주당, 공화당 등 야 3당의 반대로 실패하였다.54) 당시 여야 의석의 분포는 여당인 민주정의당이 125석, 그리고 야당인 평화민주당이 70석, 통일민주당이 59석, 신민주공화당이 35석을 확보한 여소야대의 구도였다.55)

1989년 12월 4일에 개의된 제147회 국회 국방위원회에서는 이상훈 국방부장관이 국군조직법 개정안에 대한 제안설명을 하였다. 국방부의 제안 설명에 따르면, "국군조직법 개정안은 한반도 주변의 안보상황과 미국의 주한미군정책의 변화에 대비하여 합동 및 연합작전능력을 향상하고 육·해·공군의 작전부대에 대한 작전지휘의 효율성을 높이기 위하여 작전지휘체제를 개편함으로써 자주국방태세를 확립"하는 것을 목표로 하고 있다는 것이다. 보다 구체적인 지휘구조 개편 배경은 김성훈 전문위원의 검토의견에 잘 나타나 있다. 그에 따르면 지휘구조 개편이 미군정 이후 고수해 온 3군병립제를 획기적으로 수정한다는 점에서 의의를 찾을 수 있으며, 개편 배경으로는 전략적 측면과 경제적 군운용이라는 측면을 들 수 있다고 보았다. 전략적 측면으로는 주한미군의 장래문제가 국내외에서 활발히 거론되고 있는 가운데 한반도의 지정학적 전략환경을 분석할 때, 수도권의 종심제한은 물론, 협소한 국토 내에 대규모 군사력이 대치하고 있는 상황에서 전쟁이 발발할 경우, 단기속결전, 지·해·공 입체기동전, 국가총력전 등과 같은 현대전 수행이 필요하며 이를 위해서 합동 및 연합작전이라는 새로운 전략개념이 요구되고 있다는 것이다. 경제적 측면으로는 방위비부담이 가중됨에 따라 국방자원 관리의 경제성과 효율성을 제고해야할 필요성이 고조되고 있으며, 이를 위

---

54) 방진석, op. cit., p. 77.
55) 정당별 의석분포는 국회홈페이지의 하위 메뉴인 '국회소가-정당별 의석 및 득표현황'에 게재된 자료를 정리한 것임. http://www.assembly.go.kr/renew07/asm/ifa/yat_01_tab02.jsp (검색일: 2008년 11월 17일)

해 유사시 작전능률을 극대화하고 한국적 여건에 부합되는 자주적 군사전략을 효율적으로 구현할 수 있는 새로운 국방체제를 모색한 결과, 합동군제가 도출되었다는 것이다. 국군조직법 개정안의 주요 내용에 언급된 바와 같이, 본 개정안의 핵심 내용은 국방참모총장직을 신설하여 군령권을 부여한다는 것이다. 이 같은 개정 방향에 대해 제기된 비판들을 소개하면 다음과 같다.[56] 국방참모총장이 군령권을 독점 행사하게 됨으로써 군의 문민통제를 저해할 수 있으며, 육군에의 편중도를 심화시켜 3군 균형발전을 저해할 수 있다는 점, 그리고 군의 상부조직만 비대해 질 것이라는 비판이 제기되었다.

국방위에서는 야 3당의 반대로 인해 국군조직법개정안이 상정되지는 않았지만, 이 법의 중대성을 고려하여 각 당 간사위원들 간에 향후 의사일정을 논의하기로 하고 산회하였다.

(2) 국방위 재상정 및 법률안 심사 소위원회 회부

1990년 3월 8일에 열린 국방위에서는 1989년 12월 4일에 야 3당의 반대로 상정에 실패한 국군조직법 개정안이, 3당합당으로 탄생한 민자당의 과반의 석에 의해 다시 상정될 수 있었다.[57] 재상정된 국군조직법 개정안의 경우, 국방참모총장이 각군총장에 대해 임명동의권을 행사할 수 없도록 원안을 수정하여 국방참모총장의 인사권을 축소하고, 국방참모총장의 자격요건도 각군총장에서 각군 장관급 장성까지 확대한 부분 수정안이었다.[58]

거대 여당이 된 민자당은 1990년 3월 7일 통합추진위 전체회의를 열고 국군조직법을 비롯한 10개 법안을 148회 국회임시회에서 처리하기로 결정하였다. 또한 여야 절충이 안될 경우에는 표결처리를 통해 통과시킨다는 내부

---

[56] 국회사무처, "147회 국회 정기회 국방위원회 회의록 10호(1989. 12. 4)" (국회사무처, 1989b), pp. 2-4.
[57] 국군조직법개정안이 국회에 처음 상정된 1989년의 여야 정당은, 여당인 민주정의당과 야당인 통일민주당, 평화민주당, 신민주공화당의 여소야대 구도였다. 이후 1990년 1월 22일에 민주정의당, 통일민주당, 신민주공화당 3당이 합당하여 민주자유당을 창당함으로써, 여당인 민주자유당과 야당인 평화민주당의 여대야소 구도로 전환되었다.
[58] 『한국일보』1990년 1월 16일.

방침을 확정하였다.59) 90년 3월 8일에 개의된 국방위 회의에서는 먼저 야당인 평민당의 권노갑 의원이 의사진행발언을 신청하여 국군조직법 개정안에 대한 반대 견해를 피력하였다.

> **권노갑 위원**: 본 위원은 다음과 같은 몇 가지 이유로 국방부가 동 개정안을 자진하여 철회하여 줄 것을 정중하게 촉구하며, 만일 국방부의 자진 철회가 불가능하다면 우리 상임위가 동 개정안의 질의와 토론을 이번 임시국회에서 진행하지 말고 오는 정기국회 때까지 보류할 것을 정식으로 동의합니다. 첫째, 국방부가 제출한 국군조직법중개정안은 정치적으로 이미 폐기된 법안이나 마찬가지이기 때문입니다. 지난 연말 정기국회에서 동 개정안은 여야 합의하에 심의가 보류되었습니다. 특히 이 자리에 계시는 전(前) 야당의 동료위원이었던 현 민자당 위원들이 소리 높여 반대를 외쳤던 법률안이기도 합니다.…둘째, 동 개정안이 국민적 합의와 공감대를 형성하지 못하고 있으며 5·16을 위시하여 12·12와 5·17 등 군부의 정치개입으로 군부 독재정권의 암흑시대를 경험한 우리 국민들에게는 군권의 집중을 골자로 한 군구조 개편안이 또 다시 군의 정치개입을 불러올지도 모른다는 불안이 국민 대다수의 가슴속에 팽배하여 있는 현 시점에 동 개정안의 처리는 바람직하지 못합니다.…셋째, 동 법률안의 개정동기가 국방부의 제안배경과는 달리 정치적 의혹이 짙게 깔려있어 이를 검증하기 위한 시간적 여유가 필요하기 때문입니다.…넷째, 국가안보와 직결된 군구조 문제를 여야가 격돌하면서까지 파행적으로 처리하려는 것은 바람직하지 않기 때문입니다.60)

평화민주당의 권노갑 위원의 발언에 나타난 바와 같이, 국군조직법개정안 중 국방참모총장제 신설에 대한 야당의 반응은, 군사적인 관점보다는 정치적인 관점에 초점이 맞추어져 있었다. 국방참모총장에게 군령권을 집중시키는 것은 군의 정치개입을 초래할 수도 있다고 보았던 것이다.

평화민주당의 정웅 의원은 국방참모총장제 신설에 초점을 맞추어 그 반대 논리를 구체적으로 제기하였다. 첫째, 국방참모총장제 신설에 따른 군조직

---

59) 『서울신문』 1990년 3월 8일.
60) 국회사무처, "148회 국회 임시회 국방위원회 회의록 4호(1990. 3. 8)" (국회사무처, 1990a), pp. 5-7.

법개정안은 현행 헌법을 위배하고 있다는 것이다. 헌법 89조에는 군사에 관한 사항과 합동참모본부의장 및 각군 참모총장의 임명은 국무회의의 심의를 거쳐 임명하게 되어 있는데, 헌법의 사전 개정 없이 합동참모본부의장을 국방참모총장으로만 개편하여 군령권을 부여한다는 것은 위헌적 요소가 있다는 것이다. 둘째, 문민통제 하에서 군령과 군정권은 일원주의원칙에 입각해서 행사되도록 되어 있는데, 이원주의원칙에 의해 행사되어 군의 정치적 개입을 제도적으로 보장하는 결과가 될 수 있으므로 부당하다는 것이다. 셋째, 3군 참모총장과 국방참모총장 간에 암투와 반목이 일어날 위험이 있고 자군(自軍)의 특성과 전문성이 있는 전쟁수행능력자의 능력을 사장시키는 결과를 가져오기 때문에 부당하다고 보았다. 넷째, 3군의 독립성이 완전히 상실되어 각군의 독자적 발전을 크게 저해하기 때문에 부당하다는 것이다.[61] 이같은 야당 의원들의 문제 제기에 대해, 이상훈 국방부장관이 종합적인 답변을 제시하였다.

    국방부장관 이상훈: …군구조 개편으로 인한 군의 정치적 개입 가능성을 우려하시는데 대하여 이는 과거 우리의 불행했던 경험에서 연유된 것으로 알고 충분히 이해하겠습니다.…군 간부들 역시 군의 직업주의적 인식을 깊이 느끼고 있다…해방 이후 우리의 정치적 경험을 통하여 성숙한 국민의식과 단련된 시민문화의 형성은 군의 정치적 개입을 절대 용납하지 않으리라 생각되며 군 또한 과거의 과오를 반복하지 않을 것입니다.…국방참모총장제의 신설로 문민통제의 원칙이 저해되지 않느냐는 비판이 있으나 개정될 국군조직법은 헌법 정부조직법상의 문민통치를 위한 법률적 제도에는 어떠한 변화도 가져오는 것이 아닙니다.…국방참모총장도 국방부장관의 예하

---

61) 정웅 의원은 여기에서 제시된 네 가지 이유 외에도 다섯 가지의 문제를 더 제기하였다. 합참기구를 합동군제로 하지 않고 국방참모총장제로 채택한 점, 작전승패의 책임한계를 구분짓기가 모호한 점, 통합전력 발휘를 위해 국군통합군제를 둔다는 것은 한국적 여건에 부합하지 않다는 점, 3군의 균형발전과 전투즉응성을 제고해 나간다는 구상은 구실에 불과하다는 점, 국방참모총장제는 군에 옥상옥(屋上屋)의 기구만을 만들어낼 것이라는 점 등이다. 국회사무처, "148회 국회 임시회 국방위원회 회의록 4호(1990. 3. 8)"(국회사무처, 1990a), pp. 15-20.

군 지휘계통의 하나로서 주요 작전부대에 대한 군령권행사는 국방부장관의 지휘감독 하에 그 명을 받아 이루어지는 것일 뿐 국방부장관의 군령권의 일부를 이양하는 것이 아니므로 문민통치는 제한되지 않겠습니다.…국참본부의 육·해·공군 편성비율은 현재의 8:1:1에서 2:1:1 수준으로 대폭 개선하도록 반영할 것이며 국방참모총장직도 육·해·공군 어느 군에서도 임명될 수 있도록 법적 보장은 물론 국방참모총장과 차장 2인은 군을 달리하게 함으로써 통합전력 운용상 전문성 보장에 만전을 기하도록 하는 등 수직적 수평적으로 해·공군의 의사참여를 직제상에 보장토록 하였습니다.…오히려 해·공군의 현안문제를 국방차원에서 다룰 수 있는 장치가 마련됨으로써 3군의 균형된 발전을 기할 수 있을 것입니다.[62]

국군조직법 개정안을 놓고 여야 간에 논쟁이 계속되자, 평화민주당의 권노갑 의원이 국방참모총장제를 철회하고 합참의장제를 보완해서 헌법에 부합하는 합동군제[63]를 채택하자고 제안하였다. 하지만, 이 문제는 이날 국방위에서 논의되지 않았고, 법안심사 소위원회에서 국군조직법 개정안을 심도 있게 논의하자고 합의하였다. 법안심사 소위원회 위원으로는 민주자유당의 이광노, 김종곤, 신상식, 옥만호 의원이, 그리고 평화민주당의 권노갑, 정웅 의원이 선임되었으며, 법안 심사 소위에서 국군조직법 개정안을 밀도 있게 논의한 이후 국방위에 보고하는 것으로 합의하였다.

이처럼 국군조직법 개정안을 재상정하는 단계에서 형성된 대립구도는 다음과 같았다. 국군조직법 개정안을 지지하는 측에는 여당인 민자당과 국방부가 분포되었고, 반대하는 측에는 야당인 평민당이 위치하였다. 거시적인 구도로만 본다면 국방부와 여당이 지지를, 야당이 반대를 표명하고 있었지

---

62) 국회사무처, "148회 국회 임시회 국방위원회 회의록 4호(1990. 3. 8)" (국회사무처, 1990a), pp. 12-14.
63) 평화민주당이 제안한 합동군제란, 각군총장에게 군령권 부여, 합참의장 휘하에 육·해·공군 차장 예속, 정보부대와 통신부대를 합참에 배속하여 평시에는 합참의장이 통제만 하되 유사시에는 통합군제도와 동일하게 합참의장이 직접 군령권을 발휘하여 지휘하는 방식을 말한다. 국회사무처, "148회 국회 임시회 국방위원회 회의록 4호(1990. 3. 8)" (국회사무처, 1990a), p. 37.

만, 여당 내부의 미시적 차원으로 들어가게 되면 비판적 지지 입장을 표명한 의원들이 존재했다. 국군조직법 개정안을 비판적 입장에서 지지한 민자당 국방위 위원들은 해군 참모총장 출신인 김종곤 의원과 공군 참모총장 출신인 김성룡 의원이었다.64) 국방위 심의과정에서 이들 위원들이 발언한 내용에는 이 같은 입장이 잘 나타나 있다.65)

김종곤 위원: …우리가 그냥 용어로서는 군정권, 군령권 이런 것을 쉽게 그렇게 분리할 수 있습니다. 어느 나라든지 대개 다 그것을 그렇게 분리해 가지고 쓰고는 있습니다마는 사실상 그것을 집행하고 그것을 실제 운영을 하는데 있어서는 이 군정, 군령이라는 것이 굉장히 나누기가 어려운 부분입니다. 또 과거의 여러 나라의 역사에 있어서도 군정, 군령이 분리됨으로써 서로간의 군정과 군령계통의 마찰이 야기되어서 심지어는 국가의 행방까지 그르치는 그러한 예가 없지 않았습니다. 또 사사건건 그러한 것이 서로 마찰됨으로써 군 운영의 효율을 저하시키는 그러한 예도 많았습니다. 이러한 점에서 이러한 군정, 군령이 그렇게 쉽게 잘 나누어서 운영되겠느냐 하는 점을 우선 제기를 합니다.…해·공군 작은 군에서는 그들의 여러 가지 입지가 약화되지 않겠느냐고, 해·공군이 여러 가지 지금까지 하던 거기에서 굉장히 위축되어 들어가지 않겠느냐? 하는 의문이 지금 굉장히 많이 나오고 의구심이 나오고 있습니다. 이 해·공군은 특히 기술군이고 또 그들의 작전이 다 좀 특이하고 하기 때문에 그러한 우려가 없지를 않습니다.…여하튼 해·공군 이런 데 대해서 상당히 그들의 기능을 위축시키고 약화시킨다 하는 의문점이 많은데, 여기에 대해서 국방부장관의 견해를 묻고자 합니다.

김성룡 위원: …국방참모총장이 생겼을 때는 작전지휘권이 각군총장으로부터 국방참모총장한테 가게 되어 있는 것으로 알고 있습니다. 아까 정위원도 몇 차례 얘기했지만 우리가 설혹 필요성에 의해서 군 지휘계층이 하나 더 늘어난다고 해서 오랜 40 몇 년 동안의 군 역사를 가진 각군 참모총장의 작전

---

64) 공군참모총장 출신의 민자당 옥만호 의원 역시, 정회시간 동안 사석에서 이상훈 국방부장관에게 '차선책은 없느냐'고 물어 이 법안의 시행에 의문을 나타냈다. 『세계일보』 1990년 3월 9일자.
65) 국회사무처, "148회 국회 임시회 국방위원회 회의록 4호(1990. 3. 8)" (국회사무처, 1990a), pp. 8-9, 24-25.

지휘권까지 뺏을 필요는 없지 않느냐, 또 각군의 최고 지휘관인 각군 참모총장이 되는 것이 지휘관의 최고의 목표인데, 이렇게 됐을 때 작전지휘권이 없는 각군 지휘관이 무슨 의미가 있느냐 하는 것을 생각할 때, 법을 만들 때 다시 한번 교육, 훈련, 후방 이런 임무만 부여하고 작전지휘권이 없어지는 각군총장의 작전지휘권을 다시 한 번, 여기 나와 있는 안을 다시 한 번 재고해 볼 필요가 있지 않느냐 하는 생각을 하면서 이것을 건의합니다.

해군 참모총장 출신으로 여당인 민자당의 김종곤 의원은 국군조직법을 개정하였을 때 초래될 수 있는 문제점으로 크게 두 가지 사항을 제기하였다. 첫째, 군정권과 군령권을 분리해서 운영하는 것이 실제 군 운영의 효율성을 저하시킬 것이라는 점, 둘째, 육군에 비해 작은 규모인 해군과 공군의 입지가 더 약화될 것이라는 점을 지적하였다. 또한 공군 참모총장 출신인 민자당 김성룡 의원 역시 각군총장에게 부여되어 있었던 군령권을 국방참모총장에게 이양하는 방안에 대해 재고해 줄 것을 요구하였다. 각군총장의 군령권 유지 문제는 사실 해·공군의 입지 약화를 우려한 결과라고 할 수 있다. 육군 중심의 한국군구조에서 해·공군 참모총장은 그들에게 부여된 군정권과 군령권을 바탕으로 해당군의 범위 내에서 자율적인 영역을 확보하고 있었는데, 국군조직법 개정을 통해 지휘권의 핵심 요소인 군령권이 국방참모총장에게 이양되면, 해·공군의 입지는 더욱 약화되고 육군 중심의 군구조에 대한 의존도는 더욱 심화될 것이라는 우려가 제기되었던 것이다. 민자당 소속의 군 출신 의원들이 국군조직법 개정안에 대해 제기한 문제들은 야당인 평민당 의원들의 문제제기와는 성격이 다르다고 볼 수 있다. 평민당 의원들은 주로 국군조직법 개정안의 위헌성, 군의 정치개입 우려, 문민통제 침해, 3군 균형발전 저해 등과 같은 다층적인 차원의 문제들이 제기되었으나, 해·공군 출신 민자당 의원들은 주로 3군 균형발전 저해라는 범주에서 해·공군의 입지 약화 문제만을 부각시켰다.

3) 법률안 심사 소위원회 심의 및 국방위 의결

　법안 심사 소위원회에서는 국군조직법 개정안을 두 차례(1990. 3. 10, 12)에 걸쳐 심의하였다. 이날 회의에서 민자당 측은 국방참모총장제를 합참의장제로 명칭을 변경하고 실시 시기도 당초 1990년 7월 1일에서 그 이후로 연기할 수도 있다는 입장을 표명하였다. 하지만 합참의장 또는 국방참모총장이 전시는 물론 평시에도 군령권을 행사하도록 규정된 기본 골격을 변경하는 것은 불가하다는 입장을 견지하였다. 이에 대해 평민당은 통제형 합참의장제를 대안으로 제시하였다. 통제형 합참의장제란, 합참의장이 전시 또는 그에 준하는 상황에서 군령권을 행사하되 3군 총장이 지닌 기존의 군령권은 그대로 인정함으로써 국방참모총장이 권력을 독점하는 것은 견제하는 방식의 제도를 의미하였다. 특히 군령권의 일원화는 전시에 한해서만 인정되어야 한다는 입장을 주장하였다.[66] 법안심사 소위원회에서는 평화민주당이 제안한 통제형 합참의장제에 대해서도 장시간 논의하였으며, 그 결과 정부안을 일부 수정하였다. 수정된 정부안은 다음과 같다.[67]

　첫째, 합참의장이라는 헌법상의 명칭을 법률적으로 개정하는 것이 위헌 여부의 논란을 야기해 온 점을 감안하여, 개정안의 국방참모총장과 국방참모본부라는 명칭을 현행 그대로 합참의장과 합동참모본부로 수정하기로 하였다. 둘째, 3군의 균형발전을 도모하기 위해서 합동참모의장 밑에 군을 달리하는 3인 이내의 합동참모차장을 두도록 수정하였다. 셋째, 개정안이 특정인을 위한 위인설관 식의 개정이라는 일부의 오해를 불식시키기 위해 부칙에서 이 법률안의 시행 일자를 최초 90년 7월 1일에서 10월 1일로 연기하기로 하였다.[68] 넷째, 육군의 수경사와 특전사에 대한 작전지휘를 육군참모

---

66) 『세계일보』1990년 3월 11일.
67) 국회사무처, "148회 국회 임시회 국방위원회 회의록 5호(1990. 3. 12)" (국회사무처, 1990b), p. 1.
68) 국군조직법 개정에 따라 신설되는 국방참모총장직이 특정인을 위한 위인설관이라는 평민당의 비판은 당시 육군참모총장이던 이종구 육군 대장을 겨냥한 문제 제기였다. 이종구 육군참모총장은 노태우 대통령의 경북고 후배로서 군 내부 TK세력의 정점인

총장에 그대로 두도록 대통령령에 반영하기로 하였다. 법안 심사 소위 수정안과 국방부의 원안을 비교하면 〈표 7〉과 같다.

〈표 7〉 국방부 원안과 법안 소위 수정안 비교

구 분	국방부 원안	법안 심사 소위 수정안
명칭	국방참모총장, 국방참모본부	합동참모의장, 합동참모본부
합참차장	2인	3인
시행일자	90. 7. 1	90. 10. 1
작전지휘 제외	·	수경사, 특전사

 법안 소위에서 논의된 수정안은 국방부 원안과 거의 동일하다고 볼 수 있다. 위헌 논란을 피하기 위해 국방참모총장과 국방참모본부를 합동참모의장과 합동참모본부로 명칭을 바꾼 것은 원안과 동일하다고 할 수 있다. 다만, 합동참모의장의 권한을 제한하기 위해 수경사와 특전사를 작전지휘 부대에서 제외한 것은, 평화민주당 측의 군부 쿠데타에 대한 우려를 반영한 것이라고 볼 수 있다.
 그 외 소수의견으로 평민당 측에서 각군 참모총장은 현행과 같이 해당 군에 대한 군정·군령권을 갖고, 합참의장은 전시 작전지휘를 용이하게 하기 위해서 평시 국방장관의 명을 받아 각군의 작전부대를 작전통제하며 합동부대를 작전·지휘·감독하되, 전시에는 전군에 대한 군령권을 행사하는 것을 골자로 하는 합동군제로 하자는 의견도 제시되었으나 수용되지 않았다.
 1990년 3월 12일 국방위에서는 상술한 바와 같은 법안심사 소위의 결과를 평민당 측의 반대에도 불구하고 원안대로 통과시켰다.

동시에 대통령과 각별한 유대관계를 형성하고 있었다. 이를 고려할 때, 이종구 육군참모총장을 임기 종료(1990년 6월 11일)와 동시에 국방참모총장으로 영전시켜 3군의 지휘권을 장악하게 함으로써, 노 대통령의 집권 후반기 국정운영의 안전판 역할을 담당하게 할 것이라는 예측이 일반적이었다. 이러한 우려를 불식시키기 위해 국군조직법 개정안의 시행일을 1990년 7월 1일에서 같은 해 10월 1일로 연기했던 것이다. 『한국일보』1990년 6월 1일.

위원장 유학성: …이 문제에 대해서는 법안심사소위원회에서 충분히 논의를 하였으므로 바로 표결로 들어가고자 합니다. (김덕규 위원 위원장석으로 나오면서-위원장 의사진행발언주세요. 위원장, 위원장, 의사진행발언주세요) 국군조직법 중 개정법률안은 법안심사 소위원회에서 심사보고를 한 바와 같이 수정한 부분은 수정한 대로, 기타부분은 (김덕규 위원 위원장석에서-위원장 의사진행발언주세요) 정부원안대로 가결하고자 하는데 (김덕규 위원 위원장석에서-위원장 의사진행발언주세요. 원만하게 의사진행해야지요. 의사진행발언주세요. 나 의석에 돌아가서 앉겠습니다) 이의 없지요? 이의 없지요? (김덕규 위원 위원장석에서-이의 있습니다. 분명히 이의 있습니다) ('이의 없습니다' 하는 의원 있음) 가결되었음을 선포합니다. (김덕규 위원 위원장석에서-이것이 무슨 토론도 종결안하고 찬반토론도 없이…) 산회를 선언합니다.[69]

위 회의록에 나타난 바와 같이, 1990년 3월 12일 14시 12분에 개의된 국방위는 14시 19분에 산회되었는데, 단지 7분 만에 법안 심사 소위 결과보고를 듣고 토론 없이 국군조직법개정안을 강행처리하였다. 민자당은 이날 심의에서 국방참모총장이란 명칭만을 평민당이 주장한 합참의장으로 양보하였을 뿐, 나머지는 원안대로 통과시켰다.[70] 민자당의 박희태 대변인은, "국회 국방위를 통과한 국군조직법은 정부가 수개월 전부터 야당 수뇌부에게까지 직접 설명을 하였고 국회에서도 소위원회를 구성하여 충분히 심의를 거친 끝에 합법적 절차에 따라 처리된 것"이라는 성명을 발표하였다.[71] 이에 대해 평민당 측에서는 "국군조직법의 국방위 통과는 국회법 제 105조에 규정된 '찬반토론, 토론종결, 표결선포, 표결' 등의 절차를 생략한 것이므로 무효"임을 주장하였다. 민자당이 정치적 부담에도 불구하고 국군조직법 개정안을 강행처리한 배경에는 노태우 대통령의 강력한 의지가 작용한 것이었다. 노태우 대통령은 90년 3월에 참석한 육군사관학교 졸업식에서 "국군조직법 개

---

[69] 국회사무처, "148회 국회 임시회 국방위원회 회의록 5호(1990. 3. 12)" (국회사무처, 1990b), p. 2.
[70] 『경향신문』 1990년 3월 12일.
[71] 『서울신문』 1990년 3월 13일.

정안을 금번 회기에 기필코 통과시키겠다"는 의지를 표력하였고, 이 같은 대통령의 강력한 의지를 민자당 측이 대리한 결과가 곧 국군조직법 개정안의 강행처리였다는 것이다.[72] 민자당의 유학성 국방위원장 주도로 강행 통과된 국군조직법개정안은 국회법에 따른 통과절차상의 문제를 야기하여 언론의 비난[73]을 받게 되었다. 국회법 105조에 따르면 찬반토론과 토론종결 과정을 거친 이후 표결에 들어가야 하는데, 국군조직법 개정안을 국방위에서 통과시키는 과정에서는 이 같은 단계 없이 바로 표결 처리하였으므로 국회법을 위반한 것이라는 문제가 야당측에 의해 제기되었다.[74] 이를 인정한 민자당이 국회 본회의에 상정하지 않고, 다음 회기인 제 150회 임시국회에서 다시 심의하기로 하였다.

4) 국방위 번안(飜案)동의 상정 및 의결

국방부는 국군조직법 개정안 재심의를 앞두고 1990년 5월 10일 '국군조직

---

72) 『한겨레신문』1990년 3월 13일.
73) 민자당이 국국군조직법 개정안을 강행처리한 과정에 대해 언론은 다음과 같이 묘사하였다. "유학성 국방위원장은 하오 2시 전체회의 개최를 선포한 후 약 5분간 이광노 법안심사소위원장에게 심사과정을 설명케 한 뒤 표결에 들어가려는 순간 평민당의 김덕규, 정웅, 권노갑 의원 등이 일제히 일어나 '의사진행발언을 달라', '이럴 수가 있느냐'고 거칠게 항의하였다. 유 위원장은 이에 아랑곳하지 않고 '국방위 수정안에 이의가 없느냐'고 물은 뒤, 의원들의 답변도 나오기 전에 의사봉을 두드리려고 하자 평민당 의원들이 위원장석으로 뛰어나와 의사봉을 탈취하였다. 그러나 유 위원장은 손바닥으로 책상을 세 차례 치며 '국군조직법 개정안 통과'를 선언하자, 권노갑 의원 등 평민당 의원들은 '이것이 3당 통합이냐'고 고함을 질렀고 무소속의 김현 의원은 소위가 제출한 자료를 집어던지며 '사전설명도 없이 이럴 수 있느냐'고 고함을 쳤다." 『한국일보』 1990년 3월 13일.
74) 당시의 국회법(법률 제 4237호: 1990년 6월 29일 제 15차 일부개정)에 따르면, 야당이 제기한 국회법 위반 규정은 105조(표결방법)가 아니라 '101조(질의 또는 토론의 종결)'가 해당된다. 101조의 규정은 다음과 같다. ①질의 또는 토론이 끝났을 때에는 의장은 그 종결을 선포한다. ②각 교섭단체에서 1인 이상의 발언이 있은 후에는 본회의의 의결로 의장은 질의나 토론의 종결을 선포한다. 그러나 질의 또는 토론에 참가한 의원은 질의나 토론의 종결을 동의할 수 없다. ③제2항의 동의는 토론을 하지 아니하고 표결한다.

문제점과 개선방향'이란 주제로 힐튼호텔에서 세미나를 개최하였다. 세미나에는 이승우 경원대 교수, 강경근 숭실대 교수, 유재갑 국방대학원 교수, 차영구 국방연구원, 이석복 합참전략기획국 1차장 등 5명이 주제발표를 했고, 홍사덕 전 국회의원, 안병준 연세대 교수 등이 토론을 벌였다.

주제발표에서 국방연구원 차영구 박사는, 주한미군 감축에 대한 미국의 입장을 소개하였다. 미국은 주한미군감축 계획으로 1단계(91~93년) 7천명 감축, 2단계(94~95년) 미2사단 병력 중 1개 여단만 잔류, 3단계(96~99년) 병력 1만 명 잔류로 추진될 계획이라는 것이다. 이중에서 군사정전위 수석대표에 한국 장성 보임, 한미연합사 지상구성군사령관에 한국 장성 임명, 한미야전사(CFA) 해체 및 95년까지 이뤄질 평시작전통제권 한국군 이양 등의 문제는 한국군지휘 구조와 맞물려 있는 중대현안이다. 특히 작전통제권 인수에 대비하여 전쟁의 주도적 관리능력 체제를 마련하는 일이 시급한데 이는 군구조 개편을 통해 이뤄져야 한다는 것이 국방 관계자들의 일반적 시각이라고 주장하였다.

이석복 준장은 현행 한국군 군제가 3군 병립체제 하의 '자문형 합참의장제'로서 3군 간의 무기획득 경쟁과 투자의 중복・분산 등 국방자원관리에 비효율적인 점이 많다고 보았다. 국방부에서 성안한 군구조 개편안은 국방장관이 군정과 군령을 모두 통할하되, 군정은 각군총장을 통해, 군령은 장관을 보좌하는 합참의장을 통해 행사하는 체제로 되어있다. 국군조직법 개정안의 핵심은 국군조직법 제9조 2항으로 '합참의장은 군령에 관해 국방장관을 보좌하는 동시에 장관의 명을 받아 전투를 주 임무로 하는 각군의 작전부대를 작전지휘・감독하고 합동작전의 수행을 위해 설치된 합동부대를 지휘・감독'하는 것이다. 심의과정에서 보완된 주요내용은 각군 주요 작전 지휘관의 인사는 현행대로 각군총장이 행사하고, 합참본부의 육・해・공군 장교 비율을 2대 1대 1로 하는 것 등이라고 설명하였다.

유재갑 교수에 따르면, 국군조직법 개정안은 합참의장이 각군총장을 직접 지휘하는 것이 아니라, 각군총장의 견제를 받으면서 각군총장 예하의 작전부대 사령관에 대한 작전지휘권만을 행사하게 돼 있다. 이는 종래 3군에 분리돼 있던 작전지휘권을 합참의장에게 일원화하는 동시에 국방장관에게 문민통제의 권한을 집중시키고 각군총장으로 하여금 작전 수단면에서 합참의장을 견제토록 해 민주주의적 문민통제 방법을 제도화한 것이다. 그러나 합참의장의 작전지휘권 행사의 자의성을 방지하기 위해 문민통제의 근간이 되는 국방부장관의 실질적 권한(인사·예산감독 및 검열권)을 현재보다 크게 강화하는 방안이나 합참본부의 주요직책 중 상당 분야를 문민출신으로 임명하는 방안도 강구해 볼 수 있다고 제안하였다.

이영우 교수는 국회에 계류 중인 국군조직법 개정안이 국방참모본부와 국방참모총장을 헌법상의 용어인 합동참모본부와 합동참모의장으로 변경함으로써 명칭의 위헌성여부는 해소됐으나 실질적인 측면에서는 아직도 문제점이 남아 있다고 지적하였다. 특히 수정안이 군정·군령 일원주의와 배치되고 있는데, 3군 상호간의 견제와 협동이 유지되는 선에서 해결책이 모색되어야 할 것이라고 제안하였다. 국군조직법 개정안에는은 명시적이지는 않지만 합참의장에게 군령권을 위임하게 되어 있는데, 만약 포괄적 위임이 이뤄진다면 문민통제원칙을 침해할 가능성이 있다고 보았다. 따라서 합참의장의 군령권 행사가 통제불능의 상태에 빠지지 않도록 주의해야 하며 국방장관의 군령권 위임이 명백한 한계 하에 이루어지도록 해야 한다고 제안하였다.

강경근 교수는, 국군조직법 개정안에 따르면 국방장관이 인사·예산권 및 정보·법규 통제권 등을 직접 행사함으로써 합참의장과 각군총장을 통제하며, 군령권은 합참의장을 통해 보좌받고 그를 통해 작전부대를 지휘하게 되므로, 국방장관이 갖고 있는 군령권의 일부를 이양하는 것이 아니다. 따라서 문민통제에 저해되지 않는다고 보았다. 이 같은 구조는 국토방위라는 헌법적 과제에 합치되며 국방장관이 군정·군령권을 갖기 때문에 위헌이라고 볼 수 없다는 해석을 하였다. 만약 이 법안에 대한 국회심의과정에서 논란이 거듭된다면, 헌법 제72조에 따라 국민투표를 실시하여 국민의 의사에 직접동

의를 구해보는 것이 헌법정신에 맞을 것이라는 견해를 제시하였다.[75]

국군조직법 개정안의 재심의를 앞두고 국방부에서 주관한 세미나는 국군조직법 개정안의 배경과 당위성에 대한 대국민 홍보 차원의 성격이 강했다고 할 수 있다. 중앙 일간지들은 이러한 세미나 내용을 매우 구체적으로 기사화함으로써 군구조 개편의 당위성을 확산시켰다.

평민당 역시 국군조직법 개정안 재심의를 앞두고 1990년 6월 14일 국회의원회관에서 정책토론회를 개최하였다. 정책토론회에서는 국군조직법 개정안 중 합참의장에게 군령권을 부여하는 조항의 문제점에 관해서 집중적으로 토론하였다. 토론회에는 평민당의 정웅 의원, 경원대 이승우 교수, 이선호 시사문제연구소 부소장, 국방부 818계획단장인 이석복 준장 등이 참석하였다.

정웅 의원은 국군조직법 개정안이 장차 예상되는 주한미군 철수에 대비하고 육·해·공 3군의 통합전력을 발휘하여 전투 즉응성을 제고한다는 점은 인정하였다. 하지만 3군의 군령권을 1인에게 집중시킴으로써 군에 대한 문민통제를 약화시킬 위험성과 군의 정치개입을 제도적으로 보장해 주는 결과를 초래할 수 있다는 점에 대해 우려를 표명하였다. 또한 국군조직법 개정안은 기본적으로 군정·군령 일원주의 원칙에 어긋나는 것으로 각군총장에게 군령권을 부여하지 않음으로써 합참의장과 총장들 간의 반목을 야기하고 각군총장 고유의 전문성과 전투 기량을 사장시킬 우려가 있다고 주장하였다. 국군조직법 개정안에 배태된 여러 가지 문제점 중에서도 가장 심각한 것은, 국군조직법 개정이 노태우 정권의 내각제 개헌 및 장기집권 구도와 맞물려 추진되고 있다는 점을 지적하였다. 즉 3군의 군령권이 한사람에게 집중돼 국군통수권을 쉽게 장악함으로써, 이를 통제하는 대통령이 안기부, 감사원과 함께 내각 수반 위에 확실히 군림할 수 있도록 하는 제도적 장치가 곧 국군조직법 개정이라고 주장하였다.

---

[75] 『경향신문』1990년 5월 10일; 『서울신문』1990년 5월 11일; 『한국일보』1990년 5월 11일자에 보도된 내용을 발췌하여 정리하였음.

정응 의원의 주장에 대해 이석복 단장은, 현재 국회에 제출된 국방부 안은 당초 각군의 주요지휘관을 합참의장이 추천토록 하고 각군 사관학교를 통합해 국군사관학교를 신설하며 각군 군수사를 통합해 국군 군수사를 창설한다는 방침에서 크게 후퇴한 것이라고 설명하였다. 또한 문민통제 약화에 대한 우려를 감안하여 합참의장의 임의적인 군령권을 제한하기 위해, 주요 부대 이동 등을 사전에 보고하도록 규정하였고 합동참모회의 기능을 강화하는 한편 국방장관의 인사권, 검열권, 작전 명령시 결재권 등을 강화했다는 것이다. 원래 군정·군령 일원주의 원칙은 대통령과 국방부장관에게까지만 요구되는 것이며, 그 이하 제대는 특성에 따라 군정·군령요소를 자유로이 결합 또는 분리하도록 되어 있으므로, 국군조직법 개정안이 군정·군령 일원주의 원칙을 위배하는 것이 아니라고 주장하였다.

이승우 교수와 이선호 박사의 경우, 국방부에서 주관했던 세미나에서 표명한 견해들과 동일한 맥락의 내용을 언급하였다. 이승우 박사는 군정·군령 일원주의 원칙이 대통령과 국방장관이 군정·군령을 통할하여 행사해야 한다는 데서 출발했음은 인정하지만, 이 원칙이 헌법상의 다른 기본원리들과 마찬가지로 모든 군조직을 규제하는 기본원리로 평가되어야 한다고 주장하였다. 현실적으로 비전문적인 민간인 출신이 국방장관을 맡을 경우 군정·군령권이 사실상 전문적 지식을 갖춘 합참의장에게 대폭 위임돼 문민통제를 보장할 수 없게 된다는 것이다. 이선호 박사는 국방부 안이 기본적으로 문민통제와 민주주의 수호라는 목적 가치와 통합전력 발휘·자원관리 효율성 제고라는 수단 가치를 전도시킨 것이라고 보았다.

한편 이날 토론회에서 정응 의원은 국방부 개정안을 철회 또는 유보할 것을 주장하였고, 이와 함께 합참의장에게 전시에 한해 3군에 대한 군령권을 부여하되 평시에는 합동 및 연합작전 시를 제외하고는 각군총장이 군령권을 행사하도록 하자는 대안을 제시하였다. 이승우 교수는 이와는 달리 '군정권과 군령권이 분리된 상태에서 오히려 통합전력 발휘가 불가능하다'는 전제 아래, 합참의장은 군령계선에 위치하도록 하되 합동참모회의를 활성화해 군령이 걸러지도록 하며 작전부대에 대한 군령권은 각군총장에게 부여해야 한다는 대안을 제시하였다. 하지만 이석복 단장은 이 교수의 대안이 통합전력 발휘를 저해하고 지휘반응 시간을 지연시키며 통합군제와 유사하게 되고 방대한 군정업무를 맡고 있는 각군본부에 과중한 부담을 부과하게 된다는 점을 들어 반대하였다.[76]

국방부에서 주관한 '국군조직 문제점과 개선방향 세미나'가 1990년 5월 10일에 개최되어 국군조직법 개정안의 당위성을 확산시키자, 이에 대한 대응 차원에서 개최된 것이 평민당이 주관한 '국군조직법 개정안 정책토론회'였다고 할 수 있다. 평민당 주관 정책토론회에서는 주로 국군조직법 개정안의 문제점이 논의되었다.

국군조직법 개정안을 재심의하기위한 제 150회 임시국회 국방위는 1990년 7월 6일에 개의되었다. 국방위는 1990년 3월 12일 국방위에서 변칙통과된 국군조직법 개정안을 법사위로부터 회수키로 의결하고 재심의에 착수하였다. 민자당은 '합참의장에게 전·평시 구분 없이 3군의 군령권을 부여'하는 기존 수정안의 골격을 유지하되, 야당 측의 견해를 일부 수용한 부분 수정안을 야당에 제시하였다.[77] 여기에서는 1990년 3월 12일 제 148회 국회 제 5차 국방위에서 수정 의결된 국군조직법개정안 중 합참의장의 권한집중을 방지하는 등 일부 미비점에 대한 번안을, 민자당의 정몽준 의원이 동의(動議)하였다. 번안동의의 주요 내용은 다음과 같다. 첫째, 합참의장의 권한에 있어 평시 독립전투여단급 이상의 부대이동 등 주요 군사사항은 국방부장관의 사전 승인을 얻도록 한다. 둘째, 합참회의가 해병대 등 특전작전부대에 관련된 사항을 심의할 때는 해당 작전사령관을 배석시키도록 한다. 셋째, 합참회의는 월 1회 이상 정례화하도록 한다.[78] 이날 국방위에서는 번안동의에

---

76) 『동아일보』1990년 6월 14일; 『경향신문』1990년 6월 14일; 『세계일보』1990년 6월 15일; 『한겨레신문』1990년 6월 15일자에 보도된 내용을 발췌하여 정리하였음.
77) 『세계일보』1990년 7월 7일.
78) 국회사무처, "150회 국회 임시회 국방위원회 회의록 5호(1990. 7., 6)" (국회사무처, 1990c), pp. 5-6.

대한 제안 설명만을 듣고 심사는 다음 회의에서 하기로 하고 산회하였다. 1990년 7월 11일 제 7차 국방위에서는 위 번안동의를 평민당 측의 반대에도 불구하고 기립 표결을 통해 강행 통과시켰다.

위원장 김영선: 질의와 토론을 생략하고 의결할 것을 선포합니다. (장내 소란)

정 웅 위원: 질의가 있다고 했지 않아요? 이것은 날치기 아니에요? 우리가 질의가 있어요. (장내 소란)

위원장 김영선: 이의가 없습니까? ('이의가 없습니다' 하는 의원 있음) 그러면 표결할 것을 선포합니다. 찬성하시는 분은 기립하여 주시기 바랍니다. (기립표결) (장내 소란) 반대하시는 분 기립하여 주시기 바랍니다. (기립표결) (장내 소란) 찬성 11표, 반대 3표, 통과되었음을 선포합니다. 오늘 회의는 이것으로 산회할 것을 선포합니다.[79]

1990년 7월 11일 국방위에서 김영선 위원장은 전날인 7월 10일에 민자당 단독으로 상정한 국군조직법 개정안에 대해 일체의 질의나 토론 과정 없이 곧 바로 표결에 들어가 수적 우위를 확보한 여당의 힘을 빌어 개의 8분만에 국군조직법 개정안을 강행 통과시켰다.[80] 평민당 의원들은 의사봉을 빼앗고 마이크를 내려놓는 등 법안 통과를 저지하려 했으나, 민자당 의원들이 전격적으로 '기립표결'의 방식을 통해 국군조직법 개정안을 변칙 통과시켰다.[81]

---

79) 국회사무처, "150회 국회 임시회 국방위원회 회의록 7호(1990. 7. 11)" (국회사무처, 1990d), pp. 1-2.
80) 1990년 7월 11일 제 7차 국방위에 참석한 의원들의 명단은 다음과 같다. 여당인 민자당 의원들은 김영선, 김성룡, 김종곤, 김종호, 김진재, 신상식, 옥만호, 이광노, 이자헌, 이한동, 정몽준, 정석모 의원이 참석하였고, 야당인 평화민주당에서는 권노갑, 정대철, 정웅 의원이 참석하였다.
81) 『동아일보』 1990년 7월 11일.

5) 국회 본회의 가결

국방위에서 야당의 반대에도 불구하고 과반수 의석을 확보한 민자당이 수적 우위를 바탕으로 강행 통과시킨 국군조직법개정안은 법사위에 상정되었다. 법사위에서는 평민당이 국군조직법 개정을 저지하기 위해 의사진행을 방해하였고 국회의장은 직권으로 국군조직법 개정안을 본회의에 상정하였다. 결국 1990년 7월 14일 제 150회 11차 국회 본회의에서는 심의나 표결 과정 없이 26건의 법률과 함께 일괄 상정하여 처리하는 방식으로 국군조직법 개정안을 가결하였다.[82] 국회 본회의에서 가결된 국군조직법 개정안의 최종 내용을 국방위에 상정된 원안과 비교하여 정리하면 〈표 8〉과 같다.

〈표 8〉 국군조직법 수정안의 주요 내용

구분	국방위 상정 원안	국회 본회의 통과 수정안
명칭	국방참모총장/국방참모본부	합동참모의장/합동참모본부
권한제한	·	합동참모의장은 평시 독립전투여단급 이상의 부대이동 등 주요 군사사항에 대해 국방부장관의 사전 승인을 요함
참모차장	국방참모본부에 군을 달리하는 국방참모차장 2인	합동참모본부에 군을 달리하는 합동참모차장 3인
회의 배석	·	합동참모회의가 특정 작전부대 관련 사항 심의 시, 당해 작전사령관 배석
회의 정례화	·	합동참모회의 월 1회 이상 정례화

국회 본회의를 통과한 국군조직법 개정안을 국방위에 상정되었던 원안과 비교하면, 원안의 핵심은 그대로 유지된 채 부차적인 일부 내용들만이 수정되었다고 볼 수 있다. 첫째, 위헌논란을 불식시키기 위하여 국방참모총장이라는 명칭을 합동참모의장으로 변경하였다. 둘째, 합동참모의장이 평시에

---

82) 국회사무처, "150회 국회 임시회 본회의 회의록 11호(1990. 7. 14)" (국회사무처, 1990e), pp. 1-3.

독립전투여단급 이상의 부대를 이동시키려고 할 경우 국방부장관의 사전 승인을 얻도록 함으로써 군부쿠데타 가능성을 원천적으로 차단하였다. 셋째, 합동참모차장을 2인에서 3인으로 늘려 해·공군을 배려한 점 등이 부차적인 수정 내용들이라고 할 수 있다. 개정 국군조직법에 따라 개편된 군 지휘구조 계통은 [그림 3]과 같다.

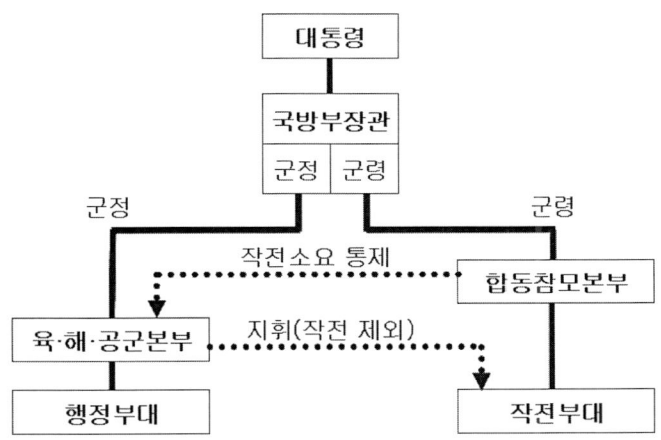

작전부대: 1·2·3군 사령부, 수방사, 특전사, 해·공군 작전사, 해병대사 등.
출처: 국방부, 『1990 국방백서』(대한민국 국방부, 1990b), p. 188.

[그림 3] 군 지휘구조 계통

3. 818계획과 언론 · NGO · 여론 · 학계

노태우 정부에서 군구조 개편의 문제가 제기되고 이후 818계획이 수립되어 이를 법제화하기 위해 국군조직법을 개정하는 과정에 영향을 미친 행위자들은 크게 대통령과 국방부 관계자들을 포괄한 행정부, 그리고 국회 국방위 위원들이라고 할 수 있다. 이들 행위자들은 정부와 의회라는 제도적인 차원의 공적 행위자라고 할 수 있다. 하지만, 818계획의 수립과 국군조직법 개정 과정에 대해 공적인 부문의 행위자들만 영향력을 행사했다고 볼 수는 없다. 학계의 군사전문가나 언론과 같은 비정부 차원의 행위자들 역시 제한적이긴 하지만 818계획의 수립과 국군조직법 개정을 위한 의회 심의과정에 직·간접적으로 영향을 미쳤다고 볼 수 있다. 818계획의 경우, 여론과 NGO는 유의미한 영향력을 미치지 못했다. 군구조 개편이 매우 전문적인 사항이라 일반 대중의 여론이 형성되지 못했고, 군사부문에 관한 전문성을 확보한 NGO 역시 당시에는 존재하지 않았기 때문이다.

군구조 개편과 관련한 언론 보도는, 1989년 10월 국방위 국정감사에서 통합군제 개편 방향이 비공개로 보고된 것을 계기로 하여 언급되기 시작했다. 이후 89년 한해 동안 당시 일간지에서 군구조 개편에 관련된 기사를 약 104회 정도 보도하였는데, 대체로 중도적 입장을 취했다고 할 수 있다. 하지만 국방참모총장의 권한집중, 주한미군의 감축 촉진, 예비역 및 현역의 공감대 미형성, 그리고 군구조 개편으로 인한 북한 자극 등에 대한 쟁점에 대해서는 부정적 입장을 표명하였다. 이에 대해 국방부는 1989년 1월부터 1990년 1월 15일까지 총 65회에 걸쳐 국회, 정당, 언론, 예비역, 현역 등 연인원 12,033명을 대상으로 군구조 개편의 배경과 당위성을 홍보하였고, 그 결과 긍정적 반응을 이끌어낼 수 있었다.[83] 국방부의 대대적인 홍보작업 이후의 언론 보도 내용을 보면, 국방부의 군구조 개편 논리를 그대로 원용하였다는 것을 발견할 수 있다. 또한 군구조 개편계획이 처음 보도된 89년 10월과는 달리, 90년 1월의 군 내부와 정치권의 분위기는 군구조 개편에 대한 공감대가 형성되어 있음을 보도하였다.[84] 또한 주한미군 철수와 작전통제권 환수에 따라 신설되는 국방참모본부가 작전권 행사의 주체가 되어야 한다는 분석기사도 등장했다.[85] 한편 1990년 3월 12일 국방위에서 민자당측이 국군조직법 개정안을 강행처리한 후 여론이 악화되자, 민자당은 제 150회 임시국회에서 국군

---

83) 공보처, 『제 6공화국 실록: 노태우 대통령 정부 5년 - 2권. 외교·통일·국방』(정부간행물제작소, 1992b), p. 572.
84) 『한국일보』1990년 1월 24일.
85) 『한국일보』1990년 2월 1일.

조직법 개정안을 재심의하기로 결정하였다. 재심의를 앞두고 국방부는 1990년 5월 10일 '국군조직 문제점과 개선방향'이란 주제로 힐튼호텔에서 세미나를 개최하였다. 세미나에는 이승우 경원대 교수, 강경근 숭실대 교수, 유재갑 국방대학원 교수, 차영구 국방연구원, 이석복 합참전략기획국 1차장 등 5명이 주제발표를 했고, 홍사덕 전 국회의원, 안병준 연세대 교수 등이 토론을 벌였다. 세미나는 국군조직법 개정안의 배경과 당위성에 대한 대국민 홍보 차원의 성격이 강했다고 할 수 있다. 중앙 일간지들은 이러한 세미나 내용을 매우 구체적으로 기사화[86]함으로써 군구조 개편의 당위성을 확산시켰다. 이처럼 언론은 군구조 개편 문제가 보도된 초기 시점에서 조심스럽게 견지했던 비판적 입장에서 탈피하여 군구조 개편의 배경과 당위성을 옹호하는 입장으로 전환하였으며, 그 결과 군구조 개편정책이 수립되는데 일정 부분 기여했다고 할 수 있다.

818계획에 대한 학계의 논의는 국군조직법 개정안의 위헌 여부와 문민통제 문제를 둘러싸고 대립적인 구도를 형성하고 있었다. 818계획에 따라 국방참모총장 중심의 합동군제로 지휘구조를 개편하기 위해서는 기존의 국군조직법을 개정해야 했는데, 국방참모총장제 신설에 따른 위헌 문제가 제기되었던 것이다. 위헌문제와 함께 군령권을 국방참모총장이 보유하게 되면, 국방부장관의 영향력이 약화되어 문민통제가 어려워지게 된다는 점도 논란의 대상이 되었다.

국군조직법 개정안에 위헌 요소가 있다고 주장한 학자들은 허영(연세대 헌법학), 이승우(경원대 헌법학) 교수 등이었다. 이들에 따르면, 헌법 제89조 '국무회의 심의 사항'에 대한 규정에 '합동참모의장'이 명시돼 있기 때문에, 헌법에 규정된 군 조직의 핵심 수뇌부를 하위법인 국군조직법으로 개폐하는 것이 위헌이라는 것이다. 또한 기존의 합참제도가 국방부장관의 군령권 행사에 대한 자문역할만을 수행한 결과 효과적인 통합전력 발휘를 제한

---

86) 『경향신문』1990년 5월 10일; 『서울신문』1990년 5월 11일; 『한국일보』1990년 5월 11일.

했기 때문에, 국방참모본부를 설치하여 통합작전수행능력을 제고하겠다는 국방부의 의도는, 군령권 중 일부가 국방참모총장에게 이양되는 것을 전제하고 있어서 문민통치에 제한을 초래할 수 있다는 점도 문제로 제기되었다. 한편 군정권과 군령권의 이원화는 권한과 책임을 동시에 부여하는 헌법의 권력분립원칙에도 위배될 뿐 아니라 군정권과 군령권이 양분돼 행사될 경우, 국방참모총장을 통해 행사되는 군령권은 통제가 불가능할 것이며, 책임 소재를 명확히 할 수 없어 입헌민주국가가 추구하는 책임정치의 구현도 어려워질 것이라는 주장도 제기되었다.[87]

반면에 국군조직법 개정안의 합헌론을 주장한 학자들은, 강경근(숭실대) 교수, 임덕규(육군사관학교) 교수, 박윤흔(경희대) 교수, 국방부 등이었다. 합헌의 근거는 다음과 같은 논점으로 제시되었다. 첫째, 헌법 제89조 제16호에서 규정하고 있는 검찰총장, 합동참모의장, 각군참모총장, 국립대학교 총장 및 대사는 동일한 조항에서 규정하고 있는 법률이 정한 공무원 중 중요 직책을 예시적으로 열거한 것에 지나지 않는다는 것이다. 둘째, 위 헌법규정의 기본취지는 고위공직자의 임명은 국무회의의 심의를 거치도록 함으로써 중요직 임명에 대한 내각의 통제와 임명행위의 신중성 및 공정성을 확보하는데 있으므로, 법률에서 직책의 명칭을 달리하더라도 국무회의의 심의를 거치도록 하면 합헌으로 해석할 수 있다는 것이다. 셋째, 합동참모본부나 합동참모총장은 그 존립근거나 편성 및 권한 내용 등을 헌법이 규정하여야 하는 헌법기관이 아니고, '국군의 조직과 편성은 법률로 정한다'는 헌법 제74조 제2항의 규정에 따라 국군조직법에 의하여 창설된 기관이므로 그 구성이나 임무, 명칭 등은 법률로 정할 수 있는 입법사항이라고 보아야 한다는 것이다. 넷째, 헌법상으로 표현된 자구나 명칭 하나라도 소홀히 해서는 안된다는 취지라면 이는 존중되어야 하지만, 헌법 정신과 취지에 전혀 위배되지 않는 자구나 명칭을 고치기 위하여 매번 헌법 개정 절차를 거쳐야 한다면 사실상

---

[87] 『동아일보』 1990년 2월 24일.

의 개정 곤란으로 인하여 '국군은 국가의 안전보장과 국토방위의 신성한 임무를 수행함을 사명으로 한다'(헌법 제 5조 2항)는 취지와 '대통령은 국가의 독립, 영토의 보존, 국가의 계속성과 헌법을 수호할 책무를 진다'(헌법 제 66조)는 정신에 배치될 우려가 있으므로, 헌법 제 89조 16호의 합동참모의장의 명칭을 존치시키되, 국군조직법 개정 시에 헌법 및 다른 법률에서 규정하고 있는 합동참모의장은 국방참모총장으로 본다는 규정을 둔다면, 위와 같은 모순과 규범충돌을 방지할 수 있다는 것이다. 다섯째, 1973년 10월 10일 국군조직법 개정 시 헌법을 개정하지 않고 그 임명에 있어 국무회의의 심의를 거치도록 되어 있던 해병대사령관 제도를 폐지하였다가 1980년 10월 27일 헌법 개정 시에 사후 정리한 사례도 있다는 사실을 들어 합헌론을 주장하였다.[88]

한편 구병삭(고려대 헌법학) 교수와 국방부 측은 국군조직법 개정안이 문민통제원칙에 위배되지 않는다는 반론을 제기하였다. 국방참모총장제도가 실시돼도 국방부장관이 군정권과 군령권 모두를 보유하고 행사하기 때문에 군정·군령 일원주의라는 문민통제원칙에 위배되지 않는다는 것이다.[89]

국군조직법 개정안을 둘러싸고 벌어진 학계의 논쟁은 위헌론 대 합헌론, 그리고 문민통제 위배 여부로 나뉘어져 있었다. 이러한 양측의 주장에는 실증적인 논거가 뒷받침되었기 때문에 어느 일방의 주장이 타방의 주장을 압도할 수 없었다. 위헌론과 문민통제 위배를 주장하는 학계의 입장은 야당인 평화민주당의 노선을 강화하기 위해 동원되었다고 할 수 있다. 반면에 합헌론과 문민통제 준수를 주장하는 학계의 입장은 국방부와 여당인 민자당의 노선을 지원하는 데 인용되었다고 볼 수 있다. 즉, 국군조직법 개정안에 대한 학계의 입장은 여야로부터 독립적인 지점에서 국군조직법 개정안 자체에 대해 영향력을 행사하지 못하고, 국군조직법 개정안에 대한 여당과 야당의

---

88) 전정호, "한국 국방조직 법령 고찰: 818 군구조 개편 법령을 중심으로," 『군사법연구』 10호 (육군본부, 1992), pp. 119-120.
89) 『동아일보』1990년 2월 24일.

노선을 강화하는 수단으로 동원되는 수준에 머물렀다고 할 수 있다.

소결

818계획의 핵심은 군 지휘구조 개편에 있었다. 기존의 지휘구조에서는 합동참모의장이 국방부장관의 군령 보좌기능만을 담당하고 각군총장에게 군정권과 군령권이 모두 부여되어 있었다. 하지만 개편안에서는 신설되는 국방참모총장에게 군령권을 부여하여 국방장관의 명을 받아 각군의 작전부대를 직접 지휘하게 하고, 각군총장에게는 군정권만 부여하는 형태로 상부지휘구조를 개편하고자 하였다.

818계획의 수립에 영향을 미친 요인은 크게 대외적 안보환경 요인과 국내 차원의 요인으로 구분할 수 있다. 대외적 안보환경 요인으로 들 수 있는 것은 탈냉전에 따른 미국의 군사전략 변화이다. 탈냉전 시대를 맞아 미국의 국방예산 삭감과 미군 병력 감축 계획이 검토되었고 그 결과 해외 주둔 미군병력의 감축과 주둔 국가의 안보분담 확대 등과 같은 문제들이 고려되었다. 이 같은 사안들에 대해 행정부 차원에서 검토하고 그 결과를 의회에 보고할 것을 명문화한 것이, 1989년 미 의회를 통과한 '넌-워너 수정안'이었다. 이에 따라 미 국방부에서는 EASI-Ⅰ·Ⅱ를 작성하여 해외 주둔 미군 병력감축의 구체적 계획을 의회에 보고하였다. 탈냉전의 도래와 함께 시작된 미국의 군사전략 변화는 한반도 안보환경에도 영향을 미쳤고, 그에 따라 주한미군병력 중 1단계로 7,000명을 감축한다는 계획이 수립되었으며 작전권 이양 문제도 협의되었다. 이처럼 한반도 안보환경의 변화에 따라 한국군구조 역시 개편되어야 할 필요성이 대두되었던 것이다.[90]

---

[90] 국군조직법 개정안의 의회심의과정에서 국방부 측의 답변내용을 보면 이 같은 인식이 잘 드러나 있다. 국방부 측에서는 국군조직법 개정의 배경을, "한반도 주변 안보상황

군구조 개편에 있어 미국의 군사전략 변화 못지않게 중요한 요인은 노태우 대통령의 인식과 의지라고 할 수 있다. 노태우 대통령은 탈냉전에 따른 한반도 안보환경의 변화를 인식하고 주도적으로 군구조 개편문제를 검토하도록 지시하였던 것이다.91) 대외적 안보환경의 변화로서 미국의 군사전략 변화에 따른 주한미군병력의 일부 철수 계획과 한국군으로의 작전권 이양 계획과 같은 외부환경요인이 군구조 개편문제를 대두시킨 '압박요인'(stressors)이라면, 이 같은 안보환경의 변화를 인식한 대통령이 군구조 개편문제에 대한 지침을 제시하여 계획 수립을 지시한 것은 군구조 개편을 가능하게 한 '가능요인'(enablers)이라고 할 수 있다. 노태우 대통령과 국방부의 초기 구상은 통합군제92) 개편에 있었다. 하지만 국방부 검토 단계에서 해·공군의 반대로 합동군제93)로 변경하였다. 군 지휘구조가 합동군제로 결정되긴 했지만, 세부 사항에 있어서는 3군 간 이견이 표출되었으며 이를 정리한 것이 〈표 9〉이다.

〈표 9〉에 나타난 바와 같이 국군조직법 개정안의 핵심인 지휘구조 개편문제를 놓고 표출된 3군 간의 이견은, 곧 각군의 이해관계에 결부된 문제라고 할 수 있었다. 해·공군은 국군조직법 개정을 계기로 기존의 육군 중심의 군구조를 개선하여 3군 균형발전을 추구하려고 했던 반면, 육군의 경우에는 원칙론을 내세워 원안의 내용을 고수하였고, 그 결과 소군(小軍)인 해·공군의 입장은 반영되지 못했다.

변화와 주한미군 정책 변화에 대비하여 한국군의 작전지휘체제를 개편함으로써 합동 및 연합작전능력을 향상하고 육·해·공군의 작전부대에 대한 작전지휘의 효율성을 제고하기 위해서"라고 하였다. 국회사무처, "147회 국회 정기회 국방위원회 회의록 10호(1989. 12. 4)" (국회사무처, 1989b), p. 2.
91) 1988년 7월 14일 노태우 대통령은 '자주국방을 위한 전략개념 정립'과 '작전권 환수에 대비한 3군 합동 차원의 작전운용 및 군사력 건설 계획을 수립'하라는 지침을 직접 전달하였다. 조갑제, op. cit., pp. 333-335.
92) 기존의 육·해·공 3군 병립제형의 군구조를 변경하여, 신설되는 국방참모총장에게 육·해·공 3군에 대한 군정권과 군령권 모두를 부여하는 군제를 말한다.
93) 국방참모총장과 각군총장이 각각 군령권과 군정권을 분리 행사하는 형태의 군제를 말한다.

〈표 9〉 지휘구조 개편에 대한 육·해·공군의 입장

쟁점	해·공군	육군
국방참모총장의 3군 간 윤번제 임명	지지	반대
국방참모본부의 구성비율을 2:1:1(육:해:공)로 명시	지지	반대
주요 작전지휘관의 임명동의권을 국방참모총장에게 부여	반대	지지

    국방부에서 기초한 국군조직법 개정안은 1989년 11월 23일 국방위원회에 회부되었고, 동년 12월 4일 국방위 상정을 시도하였으나 과반의석을 확보한 야 3당(평화민주당, 통일민주당, 신민주공화당)의 반대로 실패하였다.[94] 이듬해인 1990년 1월 22일 거대 여당인 민주자유당[95]이 창당됨으로써 의회구도는 여대야소로 전환되었고, 1990년 3월 8일에는 국군조직법 개정안이 국방위에 재상정되어 심의과정을 거치게 되었다.[96] 국군조직법 개정안의 심의과정에서 평민당의 권노갑 의원과 정웅 의원이 주도적으로 국군조직법 개정안에 반대하였고, 여당인 민주자유당과 국방부가 이를 지지하는 형태의 대립구도가 형성되었다. 양자 대립구도의 주요 쟁점과 입장을 정리하면 〈표 10〉과 같다.

    한편 국방위 소속 위원들 중에는 해군과 공군참모총장 출신[97]의 여당 의원들이 있었는데, 이들은 의회심의과정에서 국군조직법 개정안이 해·공군의 입지를 약화시킬 우려가 있다는 단편적인 차원의 문제만을 제기하였을 뿐, 국군조직법 개정안에 대해서는 지지노선을 견지하였다. 13대 국회의 국

---

94) 당시 야 3당이 국군조직법 개정에 반대했던 논리는, 국방참모총장이 군령권을 독점 행사하게 됨으로써 군의 문민통제를 저해할 수 있고 육군으로의 편중도를 심화시켜 3군 균형발전을 저해할 수 있으며 군의 상부조직만 비대해 질 것이라는 점이었다.
95) 여당인 민주정의당과 야당인 통일민주당과 신민주공화당 3당이 합당하여 창당되었다.
96) 이날 재상정된 국군조직법 개정안은 해·공군의 입장을 일부 반영하여 국방참모총장의 임명동의권을 삭제하고 국방참모본부의 구성 비율(2:1:1=육:해:공)을 반영한 부분 수정안이었다.
97) 해군참모총장 출신의 김종곤 의원과 공군참모총장 출신의 옥만호, 김성룡의원이 여당인 민주자유당 의원들로서 국방위 소속이었다.

방위 위원은 여대야소의 구도에서 여당의원이 12명인 반면 야당의원들은 4명에 불과하였다. 따라서 법안심사소위를 거친 후 국방위 전체회의에서 표결에 가게 되면 예외 없이 여당이 압승하는 구도가 반복되었다. 이는 국회본회의 표결에서도 마찬가지였다. 결국 국군조직법 개정안은 야당의 견해를 부분적으로 수용[98]하되 원안의 정신을 유지하는 범위에서 부분 수정되어, 1990년 7월 14일 국회본회의에서 최종 가결되었다.

〈표 10〉 지휘구조 개편의 쟁점과 여야 입장(국군조직법 개정안 의회심의과정)

쟁점	야당	여당, 국방부
군의 정치개입	국방참모총장의 권한 집중으로 군의 정치개입 가능성 증대	시민문화의 발전과 군 간부들의 의식변화로 정치개입 불능
문민통제	군령권 장악한 국방참모총장에 대한 국방부장관의 통제력 약화	국방참모총장이 국방부장관의 명을 받아 군령권 행사하므로 문민통제 유지
3군 균형발전	육군 중심의 군구조 심화	국방참모본부의 육·해·공군 편성비율을 2:1:1로 대폭 개선하므로 3군 균형발전 증진
위헌 여부[99]	국방참모총장제 신설은 위헌	헌법해석의 차이이므로 합헌

---

98) 국회 본회의를 통과한 국군조직법 개정안을 국방위에 상정되었던 원안과 비교하면, 원안의 핵심은 그대로 유지된 채 부차적인 일부 내용들만이 수정되었다고 볼 수 있다. 즉, 국방참모총장이라는 명칭을 합동참모의장으로 변경한 점, 합동참모의장이 평시에 독립전투여단급 이상의 부대를 이동시키려고 할 경우 국방부장관의 사전 승인을 얻도록 한 점, 그리고 합동참모차장을 2인에서 3인으로 늘려 해·공군을 배려한 점 등이 부차적인 수정 내용들이라고 할 수 있다.

99) 국방참모총장직 신설이 위헌이라고 본 야당의 주장은 다음과 같다. 헌법 89조에는 군사에 관한 사항과 합동참모본부의장 및 각군 참모총장의 임명은 국무회의 심의를 거쳐 임명하게 되어 있는데, 헌법의 사전 개정 없이 합동참모본부의장을 국방참모총장으로만 개편하여 군령권을 부여한다는 것은 위헌적 요소가 있다는 것이다. 반면에 여당과 국방부 측 주장에 따르면, 합동참모의장은 법률이 정한 공무원 중 중요 직책을 예시한 것이므로, 임명과정에서 국무회의 심의를 거치면 합헌이라고 해석할 수 있고, 합동참모본부나 합동참모의장은 헌법이 규정하는 헌법기관이 아니라 국군조직법에 의해 창설된 제도이므로 위헌이라고 볼 수 없다는 것이다.

818계획에 따른 국군조직법개정안이 행정부 차원에서 수립되어 의회심의과정을 거쳐 국회본회의에서 최종 가결되기까지 영향을 미친 요인들은, 행정부와 의회 차원의 공식적 행위자들만은 아니었다. 힐즈먼이 정치과정 모델에서 제시한 언론, 학계 등과 같은 비공식 행위자들 역시 직·간접적인 영향력을 행사했던 것으로 보인다. 특히 학계의 경우, 국군조직법 개정안의 핵심이라고 할 수 있는 국방참모총장제 신설 조항에 대한 해석의 차이에 따라 '위헌 대 합헌'의 대립구도로 양분되어 있었다.[100] 야당은 학계의 위헌 해석을 인용하여 국군조직법 개정에 반대하는 주장을 펼친 반면, 여당과 국방부는 학계의 합헌 해석을 원용하여 야당의 주장을 반박하였다. 언론의 경우 지휘구조 개편안이 외부에 알려진 1989년에는 중앙일간지 대부분이 문민통제 저해, 군의 정치개입 우려, 육군 편중도 심화 등과 같은 문제들을 거론하며 국군조직법 개정안에 대해 비우호적인 입장을 표명하였다. 하지만, 1990년 들어 국방부에서는 지휘구조 개편의 배경과 당위성을 대대적으로 홍보하였고 그 결과 대다수 언론에서는 지휘구조 개편에 대해 지지 혹은 중립 노선을 견지하게 되었다. 학계나 언론의 경우 나름대로 국군조직법 개정안에 대한 입장을 명시적으로 표출했으나, 이에 대한 일반 대중의 여론이 형성되거나 NGO의 노선이 구체화되었다고는 볼 수 없었다. 국군조직법개정안의 내용이 군 지휘구조 개편문제와 같은 매우 전문적인 군사문제를 담고 있었기 때문에, 일반 대중이 유의미한 수준의 여론을 형성하기에는 어려운 사례였다고 볼 수 있다. 또한 노태우 정부 시기에는 NGO의 활동이 활성화되어 있지 않았으며, 국방 부문을 감시하고 대안을 제시하는 NGO의 존재가 전무한 수준이었다고 할 수 있다. 따라서 818계획의 경우 군 지휘구조 개편문제를 다룬 국군조직법개정안의 수립과 의회심의과정에서 학계와 언론의 경우 일정한 영향력을 행사한 반면, 여론과 NGO는 유의미한 수준의 영향력을 발휘

---

100) 국군조직법 개정안의 합헌론을 주장한 학자들은, 강경근(숭실대) 교수, 임덕규(육군사관학교) 교수, 박윤흔(경희대) 교수 등이었다. 반면에 위헌론을 주장한 학자들은 허영(연세대 헌법학), 이승우(경원대 헌법학) 교수 등이었다.

하지 못했다고 할 수 있다.

　상술한 논의를 바탕으로 군 지휘구조 개편정책의 결정과정을 정리하면 다음과 같다. 군 지휘구조 개편문제를 핵심으로 했던 818계획의 경우, 정책결정(혹은 변동)의 요인들이 비교적 명확하게 드러났다고 할 수 있다. 미국의 군사전략 변화와 이에 대한 대통령의 인식과 의지라는 외부요인에 의해, 기존의 3군 병립제라는 정책레짐에 외부의 충격이 가해지게 되었다고 볼 수 있다. 이후 국방부 차원의 정책수립과정에서 군 지휘구조 개편에 대한 육·해·공 3군의 견해 차이가 표출되었고, 이를 조정하는 과정에서 3군의 상대적 권력의 격차가 그대로 반영되었다고 할 수 있다. 국방부의 정책수립 단계 이후 진행된 의회심의과정에서는 군구조 개편정책에 대한 지지 여부에 따라 '국방부와 여당' 대 '야당'의 양자 대립구도가 형성되었다. 이 같은 구도 하에서 진행된 의회심의결과, 상대적 권력의 우위를 확보한 지지연합의 선호가 큰 변화 없이 반영되었다고 볼 수 있다. 지휘구조 개편정책의 결정과정을 보면, 국방부 차원에서는 3군의 권력격차 요인이, 그리고 의회심의 단계에서는 양대 정책연합의 상대적 권력 분포 요인만이 영향을 미친 비교적 단순한 구도였다고 할 수 있다.

2장 노무현 정부의 국방개혁 2020과 병력구조 개편

　본 장에서는 군 병력구조 개편문제를 핵심으로 하였던 국방개혁2020의 결정과정을 분석하되, 먼저 병력구조의 역사적 기원을 정리하고자 한다. 한국군 병력구조가 형성된 기원을 탐색하게 되면 초기 형성조건을 발견할 수 있을 것이며, 이는 병력구조 개편정책의 결정과정 분석과 결정요인 추론에 중요한 토대가 될 수 있을 것이다. 다음으로는 국방개혁2020이 대두된 대외적 안보환경의 변화 요인을 규명하고, 행정부와 의회 차원에서 이루어지는 일련의 정책결정과정을 정치과정적 특성에 착목하여 분석할 것이다.

병력구조의 기원과 변천

　현재의 한국군 병력구조는 휴전 이후 1954년 7월 30일 미국과 합의한 '한미합의 의사록'(Agreed Minute of Understanding)에 그 기원을 두고 있다 (서진태 2004).[101] '한미합의의사록 부칙B'[102]에는 한국군 병력구조에 관한

---

[101] 서진태, "참여정부 국방정책의 선결과제: 미국의 GPR 및 한국군의 편제조정과 연관하여"(제7회 공군력 학술회의 발표 논문, 2004)의 연구는 한국군 병력구조의 기원을 규명한 선구적인 연구라고 할 수 있다. 여기에서 정리하고 있는 내용 역시 서진태(2004)의 연구 성과에 기반하고 있음을 밝혀둔다.

구체적인 내용이 규정되어 있다.103) 1955년 회계연도 중 한국군의 최대 병력규모는 72만 명을 초과하지 않는 선에서, 육군 66만 천 명, 해군 만 5천 명, 해병대 2만 7천 5백 명, 공군 만 6천 5백 명 수준을 유지하기로 합의한 것이다.104) 이후 1957년 미국은 한국군의 감축과 현대화를 위하여 1954년에 합의한 '한미합의의사록 부칙B'의 수정을 요구하였고 교섭결과 수정된 합의의사록이 1958년에 채택되게 된다. '한미합의의사록 수정 부칙B'105)에서는 한국군의 감군 규모를 규정하고 있다. 육군 56만 5천 명, 해군 만 6천 6백 명, 공군 2만 2천 4백 명, 해병대 2만 6천 명으로 총 병력은 63만 명 수준을 넘지 않는 것으로 합의하였다. 이 같은 병력규모의 감축은 미국정부의 요구에 의해 촉발된 것이었다. 1957년에 아이젠하워 대통령이 이승만 대통령에게 보낸 서한에는 미국의 구상이 잘 나타나 있다.106)

> …한국의 안보를 유지하기 위해서는 미국의 보복력(retaliatory power)이 가장 중요한 요소이기 때문에, 신무기를 활용하기 위해 주한 미군의 장비를 재무장(re-equip)함으로써 능력을 신장시켜야 한다. 이러한 목적을 달성하기 위하여 다음과 같은 조치가 결정되었다. ① 주한 미군은 위에서 언급하였듯이 보다 현대적 설계의 신형 무기로 무장한다. ② 한국 공군의 전력은 또 하나의 전투 폭격 비행단의 설립에 필요한 제트 비행기의 공급을 통하여 향상될 것이다. 한국 육군의 능력은 현대적 통신 장비뿐만 아니라 추가적인 수송 장비의 공급에 의해 향상될 것이다. 한국 공군에게 공급될 추가적인 전력과 한국 육군을 위한 개선책과 더불어 취해진 주한 미군에 대한 현대적 무기의 공급은 방어 전투 능력을 높이고, 화력을 증대시키더, 모든 분야에 있어

---

102) Appendix B to the Agreed Minute Between the Governments of the United States and Korea: Measures for an Effective Military Program
103) 한국전쟁의 휴전과 함께 한국군의 적정규모에 관한 논의가 시작되었고, 최종 합의는 1954년 7월 27일부터 30일까지 워싱턴에서 아이젠하워 대통령과 이승만 대통령에 의해 이루어졌다. *FRUS* 1952-1954 Volume XV Part 2, p. 1876.
104) *FRUS* 1952-1954 Volume XV Part 2, p. 1878.
105) Revised Appendix B to the Agreed Minute of November 17, 1954 Between the Governments of the Republic of Korea and the United States of America.
106) 김정렬, 『김정렬 회고록』(서울: 을유문화사, 1993), pp. 457, 204-206.

서 효율성을 증대시킴으로써 유엔군의 전쟁 억지력을 향상시켜 줄 것이 분명하다.

이러한 목적을 달성하기 위해 한국 육군의 병력 감축이 필요하다. 현재 한국군의 수준은 엄청난 비용 소모를 부가하고, 한국 경제에 짐을 지워주고 있으며, 또한 인력 감축은 경제적 자생을 향한 보다 나은 진전을 이룩할 경제 개발에 더 큰 중점을 둘 수 있게 하기 위해서도 요구된다. 유엔 사령부 하에 있는 군대의 능력 향상과 함께 취해질, 지금 제안된 감군의 결과로서 생기는 한국 경제에서의 이득이, 모든 분야에 있어서 한국의 지위를 강화해 줄 것이라고 미국 정부는 확신하고 있다. 궁극적인 한국군 감축은 1954년 11월 17일 자로 양국 정부 간에 조인된 합의의사록에 미리 예시되어 있다는 것이 상기될 수 있을 것이다.

김정렬에 따르면, 1954년에 한미 합의의사록에 규정된 한국군 병력 규모(72만 명)를 감축하려는 미국의 계획이 1955년부터 입안되어 왔으며, 초기 계획은 1955년 당시 20개 사단이었던 육군 병력을 1956년에 14개 사단으로, 1957년에 12개 사단으로, 1958년에 8개 사단으로 감축하는 것을 목표로 하고 있었다는 것이다. 1955년 2월 승인된 NSC5514에 따르면, "ⓐ한국이 태평양 지역에서 실질적으로 자유세계의 영향력을 높이는 데 기여할 수 있도록 지원하는 것, ⓑ한국이 더 이상 전복이나 침략에 의해 공산세력에 지배당하지 않도록 하는 것, ⓒ국내 안보와 강대국의 공격으로부터 영토를 방어할 수 있도록 한국군을 발전시키는 것"을 대한정책의 노선으로 하고 있었다.[107] 하지만 대폭적인 육군 병력 감축 계획에 맞선 협상의 결과, 1958년 11월 26일 미국 측이 양보하여 육군 2개 사단 9만 명의 병력만을 감축하는 선에서 협상이 타결되었다는 것이다.[108] 이에 따라 국방부는 육군 93,460명, 해병대

---

107) Donald Stone MacDonald, *U.S.-Korean Relations from Liberation to Self-Reliance: The Twenty-Year Record* (Westview Press, 1992), 한국역사연구회 1950년대반 역, 『한미관계 20년사(1945~1965): 해방에서 자립까지』(서울: 도서출판 한울, 2001), pp. 50-51.
108) 협상결과 체결된 문서의 정식 명칭은 "1958 Revision of 1954 Agreed Minutes Appendix B"였다. 김정렬, op. cit., p. 210.

1,500명을 감축하는 대신, 해군 1,600명, 공군 3,360명을 증원하였다.[109]

미국 정부가 한국군의 감축을 계획한 것은, 미국의 군사전략 변화에 따른 것이었다. 1950년대 후반 미국은 '대량 보복 전략'(mass retaliation strategy)이라는 신 방위전략을 수립하였다. 이 전략은, 적의 침공에 대해 핵무기를 비롯한 현대 무기를 사용하여 강력한 보복 공격을 가함으로써 적을 압도한다는 것이었다. 이처럼 적의 공격을 격퇴할 수 있는 대량 보복력을 바탕으로 하여 전쟁을 억지하는 것이 곧 '대량 보복 전략'이었다. 미국은 이러한 새로운 전략 개념을 바탕으로 비용 부담이 큰 대규모 병력과 재래식 무기를 점차 감축함으로써, 경제적 부담을 줄이면서 군사력을 강화하는 정책을 추진하였고 주한 미군 역시 이러한 전략에 부합한 체제로 개편하고 동시에 한국군의 감축도 추진하였던 것이다.[110]

〈표 11〉 한미 합의의사록에 따른 한국군 병력규모 조정

구 분	한미 합의의사록		비고 (2007년 병력규모)
	1954년	1958년	
육 군	661,000	565,000	548,000
해 군	15,000	16,600	68,000
해병대	27,500	26,000	
공 군	16,500	22,400	65,000
총 병력	720,000	630,000	681,000

〈표 11〉에 나타난 것처럼 1958년에 한미 간에 합의된 육·해·공군의 병력구조는 최근에 이르기까지 큰 변화 없이 유지되고 있다. 방대한 규모의 육군 병력은 1958년 한미합의의사록에 의해 단 한번 9만 명이 감축되었을 뿐, 이후에는 1958년에 합의된 병력규모를 거의 그대로 유지해 왔다. 반면에, 해·공군의 경우 육군 대비 병력규모로 보면 소폭 증원되었음을 알 수 있다.

109) 국방군사연구소, 『건군 50년사』(국방군사연구소, 1998), p. 162.
110) 김정렬, op. cit., pp. 207-210.

군구조 개편의 대외적 안보환경

여기에서는 국방개혁2020이 대두하게 된 대외적 안보환경 요인을 미국의 군사전략 변화와 북한의 군사적 위협에 대한 인식 변화라는 차원에서 규명하고자 한다. 국방개혁2020이 국방부에서 입안되어 발표된 시점이 2005년 9월이므로, 대외적 안보환경 요인에 대한 분석은 대략 이 시기까지로 한정하되, 이후의 변화 추이는 국회심의과정 분석에서 다루고자 한다.

1. 9·11테러와 미국의 군사변환

1) 능력 기반형 전략과 미군의 신속기동군화

2001년 9월 11일에 발생한 미 본토에 대한 동시다발적 대규모 테러는 미국의 안보전략에 대한 본질적인 검토를 가져왔고, 그러한 맥락의 연장선상에서 새로운 패러다임이 내재된 보고서들이 순차적으로 발표되었다. 처음 발표된 것이 '4개년 국방 검토보고서'(QDR: Quadrennial Defense Review Report)이며 QDR의 서문에는 미국의 안보전략 수정 방향을 예측하는데 토대가 될 만한 내용으로 9·11테러의 충격과 테러의 성격이 언급되어 있다.

> 2001년 9월 11일 미국은 사악(vicious)하고 잔인한(bloody) 공격을 받았다. 미국인들은 그들의 일터에서 죽어갔다. 본토에서 죽어간 것이다. 그들은 전투원이 아닌 순결한 제물로 죽었던 것이다. 군인으로서 전통적인 전장의 전투에서 사망한 것이 아니라, 정체불명의 야만적인 테러에 의해 죽임을 당한 것이다. 오늘날 미국이 수행해야 할 전쟁은 미국이 선택한 것이 아니라 사악한 테러 집단이 미국을 향하여 발발한 야만적인 전쟁이다. 그러한 전쟁은 미국민과 미국의 생활양식에 대한 전쟁이며, 미국이 숭고하게 여기는 자유에 대한 전쟁이다.

9·11 테러에 대한 이 같은 인식을 토대로 미 국방부는 QDR의 기본전략을

네 가지 목표로 구분하여 공포하였다. 첫째, 미국의 확고한 결의와 안보 공약 수행 능력을 동맹국과 우방국들에게 확신시킨다. 둘째, 적들로 하여금 미국과 미국의 동맹국 및 우방국들의 이익을 위협할 수도 있는 계획이나 군사행동을 감행하지 못하도록 단념시킨다. 셋째, 미군을 전진 배치하여 공격을 신속하게 격퇴시키고 침략에 대한 가혹한 대가를 적들의 군사력과 군사지원 기간시설에 부과함으로써 적들의 침략과 위압(威壓)을 억지(抑止)한다. 넷째, 억지 실패 시 어떤 적이라도 완전히 궤멸시킨다. QDR에서도 언급하고 있지만 위와 같은 네 가지 기본전략은 방위기획(defense planning)에 있어 냉전 시기의 '위협 기반형 모델'(threat-based model)에서, '능력 기반형 모델'(capabilities-based model)로 전환함을 의미한다. '능력기반형 모델'은 적이 누가 될 것이며 어디에서 전쟁이 발발할 것이냐에 대한 관심보다는, 적의 공격 방법에 초점을 맞춘 모델로서 9·11 테러와 같은 비대칭 전쟁(asymmetric warfare)에 대응하기 위한 전략 개념이라고 할 수 있으며, 이를 수행하기 위해서는 미군의 구조 변환 - 원거리 탐지능력의 향상(advanced remote sensing), 장거리 정밀 타격 능력(long-range precision strike), 변형된 기동과 원정군(transformed maneuver and expeditionary forces) - 이 필수적임을 주장하였다.[111]

QDR에 이어 2001년 12월 31일에 미의회에 제출된 '핵 태세 검토보고서'(NPR: Nuclear Posture Review Report)는 QDR에서 제시한 '능력기반형 모델'을 그 기조로 삼고 있다. 즉, 냉전시기의 핵무기는 전략폭격기, 대륙간 탄도 미사일, 잠수함 발사 탄도 미사일 이라는 '3원전략(triad strategy)'을 통해 억지(deterrence)를 위한 전략핵으로 기능하였으나, 9·11 이후 변화된 환경에서는 냉전기의 '3원전략'이 적실성을 담보할 수 없어서, '신 3원전략'(A New Triad Strategy)으로 대체한다는 것이다. '신 3원전략'은, 첫째, 핵무기와 비핵무기를 포함한 공세적인 타격 시스템, 둘째, 능동적이고 수동적

---

[111] Department of Defense, *Quadrennial Defense Review Report* (Sep. 2001), pp. 3-14.

인 방어, 셋째, 새롭게 출현하는 위협에 대해 적시에 대응할 수 있는 군사력 건설을 위한 방위산업기반의 부흥이라는 세 축으로 구성되어 있다.[112] '신 3원전략'에서는 '핵 선제공격' 가능성을 상정하고 있는데 이는 기존의 미국의 군사전략과 접근방향에 있어 본질적인 차이가 있음을 보여준다.

이어서 2002년 9월 발표된 '미국의 국가안보전략'(NSS: The National Security Strategy of the United States of America)에는, 9·11 이후 발표된 일련의 보고서들의 내용을 집대성하여 안보정책의 근본적인 변화의 배경과 내용을 잘 정리하고 있으며 특히 미 육군사관학교에서의 부시(George W. Bush) 대통령의 연설에는 이러한 인식이 함축되어 있다.

> 급진주의 세력이 진보된 과학기술을 보유하게 됨으로써, 자유를 위협하게 되었다. 화생방 무기들이 탄도 미사일 기술과 같이 확산되면서 약소국이나 소규모 테러 단체들도 강대국을 타격할 수 있는 힘을 확보할 수 있게 되었다. 우리의 적들은 이러한 의도를 분명히 해왔고 대량살상무기를 확보하려는 시도를 계속해 왔다. 적들은 우리와 우리의 동맹국 및 우방국들을 협박하고 위해를 가할 수 있는 능력을 보유하려고 한다. 우리는 전력을 다해 그들에 대항할 것이다.[113]

---

112) NPR의 내용이 세부적인 군사전략 및 전술에 관한 것이므로 전문은 공개되어 있지 않다. 따라서 본문의 내용은 인터넷에 게재되어 있는 발췌(excerpts)본을 참고해서 정리한 것임을 밝혀둔다. www.globalsecurity.org/wmd/library/policy/dod/npr.htm 참조. 원문의 내용을 발췌하면 다음과 같다. ①offensive strike systems: both nuclear and non-nuclear ②defenses: both active and passive ③A revitalized defense infrastructure that will provide new capabilities in a timely fashion to meet emerging threats. Department of Defense, *Nuclear Posture Review Report* (Dec. 2001). http://www.defenselink.mil/news/Jan2002/d20020109npr.pdf (검색일: 2008년 2월 4일).

113) 연설문의 원문은 다음과 같다. "The gravest danger to freedom lies at the crossroads of radicalism and technology. When the spread of chemical and biological and nuclear weapons, along with ballistic missile technology - when that occurs, even weak states and small groups could attain a catastrophic power to strike great nations. Our enemies have declared this very intention, and have been caught seeking these terrible weapons. They want the capability to blackmail us, or to harm us, or to harm our friends - and we will oppose them with all our power."

부시의 이와 같은 인식은 국가 안보 전략에 체계적으로 잘 구현되어 있다. 냉전기에는 '무자비한 상호확증파괴 전략'(a grim strategy of mutual assured destruction)을 통해 '억지'(deterrence)를 추구하였으나, 구소련의 몰락으로 냉전체제가 붕괴된 이후에는 '대결'에서 '협조'로 그 구도가 변화하였다. 하지만 최근에 들어 '불량국가'와 '테러리스트'들이 출현하여 대량살상무기(WMD: weapons of mass destruction)를 이용하여 미국을 공격하려고 한다는 점을 들어 현재의 안보환경을 더욱 복잡하고 위험한 것으로 파악하고 있다. 이러한 상황에서 미국은 자국의 안보를 지키기 위해 동맹을 강화하고, 군사력을 혁신적으로 활용하며, 미사일 방어체제와 정보 수집 및 분석 능력의 발전을 이루어야 한다고 강조하고 있다. 국가 안보 전략의 핵심이라고 할 수 있는 'WMD에 대한 포괄적 전략'(comprehensive strategy to combat WMD)으로는 첫째, '반확산'(反擴散: counterproliferation) 전략으로서 WMD로 무장한 적들과의 어떤 전투에서라도 압도할 수 있도록, 미군의 교리·훈련·장비를 갖추어 위협이 현실화되기 전에 억지하고 방어하는 것을 말한다. 둘째, '비확산'(非擴散: nonproliferation) 전략으로 불량국가와 테러리스트들이 WMD의 재료가 되는 물질과 전문적 기술을 확보하지 못하도록 해야 한다는 것이다. 셋째, 적대국가나 테러리스트에 의해 WMD가 사용될 경우, 미군과 동맹국들을 보호하기 위해 효과적인 사후 처리 전략을 마련함으로써, WMD 사용 의지를 단념시켜야 한다는 것이다. 9·11 이후 미국은 이러한 포괄적 전략을 바탕으로, WMD 사용을 하나의 옵션으로 간주하여 테러리스트나 불량국가에 대한 '선제공격의 정당성'(legitimacy of preemption)을 주장하고 있다. 또한 미국은 이와 같은 선제공격 개념을 현실에 적용하기 위하여, 통합된 첩보능력을 증강하여 위협의 진원지에 관계없이 위협에 대한 정확한 정보를 적시에 제공하고, 동맹국과 긴밀한 관계를 유지하여 위협에 대한 평가에 있어 공통의 견해를 형성하며, 신속하고 정밀한 작전수행 능

The White House, *The National Security Strategy of the United States of America* (Sep. 20, 2002), p. 13.

력을 담보함으로써 결정적인 성과를 얻을 수 있도록 군사력을 변환(transform our military forces)할 것임을 천명하고 있다.[114]

9·11 이후 발표된 일련의 안보전략들(QDR, NPR, NSS)의 공통된 맥락은 다음과 같이 정리할 수 있다. 안보전략의 변화는 위협세력(불량국가, 테러리스트)의 성격 변화에 대한 새로운 인식에서 출발하고 있다. WMD가 냉전기에 억지(deterrence)력으로 작용했다면, 9·11 이후에는 위협세력이 미국과 미국의 우방국들을 공격하기 위한 무기의 옵션으로 WMD를 간주한다는 것이다. 이러한 상황에서 미국이, 자국과 우방국들에 대한 위협세력의 구체적이고도 확실한 위협을 포착했을 때, 선제공격을 할 수 있고 이때 사용되는 무기의 옵션에는 핵무기도 포함될 수 있다는 것이며, 이러한 전략 변화에 부합하게 군사력의 구조를 변환해야 한다는 것이다.

2) 해외주둔 미군기지의 재배치와 주한미군 감축 계획

9·11을 기점으로 미국의 변화된 안보전략들(QDR, NPR, NSS)은, 전략변화에 부합하는 군사력 구조의 변환과 해외 주둔 미군기지의 전반적인 조정을 목표로 하고 있다. 이 같은 맥락에서 2003년 11월 25일 발표된 계획이 '해외주둔 미군 재배치 계획'(GPR: Global Defense Posture Review)이다.

미국은 9·11테러의 경험을 통해 미국의 안보를 위협하는 세력은, WMD를 보유한 초국가적인 테러집단과 불량국가(적대국가)임을 인식하게 되었고, 이들을 상대로 선제공격이 가능하도록 군사력의 구조를 변환하는 계획이 2002년의 NSS라고 할 수 있다. 그리고 NSS에 따라 해외주둔 미군 재배치

---

114) 포괄전략의 하위 범주인 개별 전략에 대한 원문의 내용은 다음과 같다. ①Proactive counterproliferation efforts. ②Strengthened nonproliferation efforts to prevent rogue states and terrorists from acquiring the materials, technologies, and expertise necessary for weapons of mass destruction. ③Effective consequence management to respond to the effects of WMD use, whether by terrorists or hostile states. The White House, *The National Security Strategy of the United States of America* (Sep. 20, 2002), pp. 14-16.

계획을 구체적으로 수립한 것이 바로 GPR이다. 미국은 해외주둔 미군 기지를 '전력투사근거지'(PPH: Power Projection Hub), '주요작전기지'(MOB: Main Operating Base), '전진작전거점'(FOS: Forward Operating Site), 그리고 '협력안보지역'(CSL: Cooperative Security Location)으로 구분하였다.[115] 이들 기지가 수행하는 역할을 정리하면 〈표 12〉와 같다.

〈표 12〉 해외주둔 미군 기지의 분류 및 역할

기지 분류	역할
전력투사중추기지(PPH)	대규모 미군 주둔, 전략적 중추기지
주작전기지(MOB)	미군 상시주둔, 증원전력 수용기지
전진작전기지(FOS)	소규모 병력주둔, 기지 유지
협력안보지역(CSL)	기지사용 협정 체결, 주기적 군사훈련

출처: 국방부 기획조정관실, 『국방정책자료집』(대한민국국방부, 2006), p. 69의 내용을 토대로 필자가 작성한 것임.

GPR에 따라 해외주둔 미군 기지를 재배치하는 과정에서 주한미군 기지 역시 〈표 12〉의 분류에 따라 범주화되었다. 주한미군 기지가 〈표 12〉의 네 가지 분류 가운데 하나로 명확하게 그 성격이 규정된 것은 아니지만, 대략 MOB 또는 PPH와 MOB의 중간 단계가 될 것으로 예측되었다.[116]

9·11을 기점으로 변화하고 있는 미국의 군사전략에 조응하기 위해 한국과 미국 간에도 한미안보협의회의(SCM: Security Consultative Meeting)와 미래 한미동맹 정책구상회의(FOTA: Future ROK-US Alliance Policy Initiatives)을 통해 구체적인 사항들이 협의되었다. 여기에서는 주한미군의 구조변환, 임무이전, 미군 재배치, 용산기지 이전, 지휘계통에 대한 문제 등

---

115) 이근, "해외주둔 미군 재배치 계획과 한미동맹의 미래," 『국가전략』제 11권 2호 (세종연구소, 2005), p. 19.
116) 이상현, "미국의 동아시아 군사안보전략: 대 테러전을 중심으로." 『한일군사문화연구』제 4집 (2006), pp. 51-52.

이 논의되었다. 특히 2002년 12월 제 34차 SCM[117)]에서는 주한미군이 담당했던 10대 군사임무 가운데, 주야탐색구조 임무를 제외한 공동경비구역(JSA) 경비임무, 후방지역 제독작전임무, 신속지뢰설치, 공지사격장 관리, 대 화력전 수행본부임무, 주보급로 통제임무, 해상 대 특작부대 작전임무, 근접항공지원 통제임무, 기상예보 임무 등은 한국군이 수행하기로 합의하였다. 주한미군의 군사임무전환은 한국군의 능력 증대에 따른 임무확대와 함께 한국 방위에서 한국의 주도적 역할을 제고한다는 의미가 있다는 것이다. 군사임무 전환뿐만 아니라, GPR에 따라 주한미군 병력을 2008년까지 3단계에 걸쳐 12,500명을 감축하기로 합의하였다. 합의가 이행되면, 주한미군의 병력규모는 2003년의 37,500명에서 2008년 말에는 25,000명 수준으로 감축될 것이다.[118)] 한미 양국이 합의한 단계별 감축 계획은 〈표 13〉과 같다.

〈표 13〉 2004년~2008년간 주한미군 감축 계획

단계	연도	감축 인원	주둔 인원
1단계	2004	5,000명	32,500명
2단계	2005~2006	5,000명	27,500명
3단계	2007~2008	2,500명	25,000명

출처: 국방부, 『국방백서 2006』(대한민국 국방부, 2006), p. 88.

이처럼 미국의 군사전략 변화에 따른 주한미군의 재배치와 병력 감축, 주

---

117) 여기에서 합의된 내용 중 중요한 의미를 갖는 것은 '한미동맹의 성격을 세계안보환경의 변화에 부합하게 발전시켜 나간다'는 항목이다. 34차 SCM공동성명서 9항에는, "이준 장관과 럼스펠드 장관은 한반도에서 미군의 주둔을 지속 유지해 나갈 필요성에 합의하고, 한·미 동맹이 동북아 및 아·태지역 전체의 평화와 안정증진에 기여할 것이라는 데 견해를 같이 하였다. 양 장관은 한·미 동맹을 세계 안보환경의 변화에 적응시켜 나가는 것이 중요하다는 데 합의하고, 미래 한·미 동맹 정책구상을 추진해 나가기로 하였다. 이에 따라, 양국 국방부는 동맹관계를 현대화하고 강화하기 위한 방안들을 발전시키기 위해 정책차원의 협의를 실시할 것이다."라고 규정되어 있는데, 이 조항에 따라 구성된 것이 FOTA이다. "제 34차 SCM 공동성명서"(2002. 12. 5).
118) 국방부, 『국방백서 2006』(대한민국 국방부, 2006), pp. 87-88.

한미군의 전략적 유연성 보장, 그리고 주한미군이 담당하던 일부 군사임무를 한국군으로 전환하는 문제 등이 9·11 이후부터 부각되어 한미 양국 간에 논의되어왔다.[119] 이후, 2004년 10월 제 36차 SCM에서는 이 같은 논의들을 정리하여 공동성명서에 명시하였는데, 중요한 조항들만 발췌하면 다음과 같다.

⑤ 양 장관은 변화하는 세계안보환경에 대한 한미동맹의 적응이 중요하다는 데 동의하였다. 럼스펠드 장관은 한국 방위에 직결되는 전력증강사업에 110억불을 투자하고자 하는 미국의 공약을 재확인하였다. 윤광웅 장관은 한미연합사의 연합 작전능력을 향상시킬 수 있도록 한국의 협력적 자주국방계획을 미국의 군사변혁과 조화되도록 추진한다는 한국 측의 의지를 표명하였다.

⑥ 양 장관은 주한미군의 임무전환 및 재조정의 이행을 통한 연합 방위태세 유지의 중요성을 강조하였다. 양 장관은 한국군으로 전환되는 10개 군사임무의 현황을 검토하였으며, 성공적인 군사임무전환을 통해 연합대비태세를 강화시킨다는 공약을 재확인하였다.

⑧ 양 장관은 주한미군 12,500명의 감축 계획에 대하여 장시간 논의하였으며, 감축결정까지의 긴밀한 협의과정을 높이 평가하였다. 럼스펠드 장관은 미국의 세계방위태세 변화와 군사력 변혁노력이 어떻게 주한미군 감축에 주요 요인이 되었는지에 관해 설명하였다. 럼스펠드 장관은 또한 지난 18개월간 추진되어 온 FOTA 회의의 성과 뿐 아니라, 한국군을 현대적 군대로 만들기 위한 지난 10여 년간의 한국 측의 투자를 통해 그러한 재조정이 가능해진 것으로 평가하였다. 마지막으로, 럼스펠드 장관은 일부 한국민이 표시

---

119) 미국 군사전략의 변화에 따른 동맹 조정 문제는 김대중 정부 시절부터 추진되어왔다고 할 수 있다. 2002년 11월 방한한 페이스 미 국방차관은 9·11 이후 진행된 미국의 군사전략 조정에 대해 설명하면서 한국과 한미동맹에 대한 공동연구를 하자는 제안을 했으며, 이와 함께 주한미군 재배치 등 동맹의 조정문제에 대한 본격적인 논의가 시작되었다. 김대중 정부는 이와 같은 미국의 제안을 받아들이고 이를 2002년 12월에 열린 제 35차 SCM에서 공동성명으로 발표하였다. 그리고 이 합의는 노무현 정부 출범 직후 바로 이행에 들어갔던 것이다(국정홍보처 2008, 180). 국정홍보처 편,『참여정부 국정운영백서』(국정홍보처, 2008), p. 180.

한 우려에 관해 이해를 표하고, 한반도의 특수한 안보상황이 충분히 고려되고 있다는 점을 확인하였다. 양 장관은 주한미군의 감축이 동맹의 연합억지 및 방위능력 약화를 초래하지 않도록 한다는 공동의지를 표명하면서, 그 누구든 동맹이 약화될 것으로 보는 견해는 잘못된 것이라는 점을 경고하였다.[120]

2004년 10월의 제 36차 SCM에는 9 · 11 이후 변화된 미국의 군사전략과 그에 따른 주한미군의 변화 방향이 축약되어 있다. 안보환경의 변화에 따라 미국의 군사전략 역시 변화하였으며, 이를 반영한 GPR을 주한미군에 적용한 결과로 추진될 주한미군의 병력감축 및 한국군으로의 군사임무전환 문제

---

[120] "제 36차 SCM 공동성명서"(2004. 10. 22). 공동성명서의 영어 원문을 소개하면 다음과 같다. ⑤ The Minister and the Secretary agreed on the importance of adapting the alliance to the changes in the global security environment. Secretary Rumsfeld reiterated the US' commitment to an $11 Billion program of enhancements directly contributing to the defense of the ROK. Minister Yoon expressed ROK's commitment to coordinate ROK's 'Cooperative Self-reliant Defense Plan' with the US transformation efforts, ensuring enhanced combined operational capabilities for the ROK-US Combined Forces Command. ⑥ The Secretary and the Minister emphasized the importance of maintaining readiness while implementing mission transfers and realigning U.S. forces in the Republic of Korea. They reviewed the status of the transfer of ten mission areas to ROK forces, and reiterated their commitment to ensuring that the successful transfer of missions increases the readiness of the combined force. ⑧ The Secretary and the Minister discussed at length plans to redeploy 12,500 US troops from the peninsula. They highly evaluated the close consultation process through which the decision was made. The Secretary described how changes in U.S. global defense posture and U.S. efforts to transform its forces were the primary factors for the redeployment. The Secretary further noted that Korea's investment over the last decade in building a modernized military, as well as the achievements of the FOTA process over the last 18 months, had made this redeployment possible. Finally, the Secretary acknowledged the concern expressed by some Koreans and offered assurances that the unique security situation of the Korean Peninsula is being taken into full account. The Secretary and the Minister expressed their shared commitment to ensure that the redeployment would not weaken the combined deterrent and defensive capabilities of the Alliance and warned that for anyone to perceive a weakening would be mistake. **JOINT COMMUNIQUE:** THIRTY-SIXTH ANNUAL US-ROK SECURITY CONSULTATIVE MEETING. OCTOBER 22, 2002. WASHINGTON D.C.

를 한국 측에 설명하고 합의를 도출해 냈던 것이다. 더불어 한국 측에서는 협력적 자주국방계획을 미군의 군사변혁과 조화시켜 추진할 것임을 표명하였다. 한편 미국 측에서는 2008년까지 12,500명의 주한미군을 감축하기로 함에 따라, 한국 내에서 제기되는 안보불안 문제를 해소하기 위해, 병력감축을 상쇄할 전력증강 예산으로 110억 달러를 투자할 것임을 약속하였다.

미국의 군사전략 변화가 한국의 안보정책에 미치는 영향은 노무현 정부의 안보정책 구상에도 언급되어 있다. 국가안전보장회의에서 2004년 3월에 발간한 『참여정부의 안보정책 구상: 평화번영과 국가안보』에는 주한미군 재배치에 따른 한국군의 대응 방향이 다음과 같이 서술되어 있다.

> 미국의 세계전략 변화와 이에 따른 주한미군의 재조정이라는 새로운 안보상황에 능동적으로 대응할 필요가 있다. 특히 우리는 한·미동맹을 미래지향적으로 발전시켜 나가는 한편, 미국과의 긴밀한 협력 아래 주한미군의 재조정을 한국 방위에서 우리 군이 주도적 역할을 담당하는 자주국방의 계기로 삼아야 한다.[121]

상술한 바와 같이 9·11이후 진행된 미국의 군사전략 변화 및 주한미군의 재배치는 한국군의 구조적 변화를 추동한 주요 요인 가운데 하나였다고 할 수 있다.

2. 북한의 군사적 위협에 대한 인식변화

1) 김대중 정부의 대북화해협력정책과 남북 간 군사적 긴장 완화

노무현 정부의 대북정책은 기본적으로 김대중 정부의 대북정책에 그 연원을 두고 있다.[122] 김대중 정부의 대북정책은 '대북화해협력정책'이라는 명명

---

121) 국가안전보장회의, 『평화번영과 국가안보』(국가안전보장회의 사무처, 2004), p. 15.
122) 김대중 정부 시기 대북정책을 주도했던 통일부에서는 정권 교체 시점인 2003년 2월에 『국민의 정부 5년 평화와 협력의 실천』이라는 책자를 발간하여 5년간의 대북정책 성과를 정리하였다. 김대중 정부 시기의 대북 군사관계에 대한 내용은 본 책자의 내

하에 평화를 파괴하는 일체의 무력도발 불용, 일방적 흡수통일 배제, 남북 간 화해·협력의 적극 추진이라는 3대 원칙을 중심으로 추진되었다. 김대중 정부에서 대북화해협력정책을 추진한 결과, 2000년 6월 분단사상 최초로 남북 정상회담을 개최하여 '6·15 남북공동선언'을 채택하였다. 여기에서 합의된 사항들을 실천하기 위해 남북 장관급 회담을 중심으로 다양한 분야의 남북대화가 개최되어 2003년 1월까지 총 60차례의 회담이 열렸으며, 각 분야별 회담 내용을 정리하면 〈표 14〉와 같다.

〈표 14〉 김대중 정부 시기 남북 회담 현황(6·15선언~2003년 1월)

회담 분야	회담 횟수
장관급 회담, 특사 회담 등 정치·총괄 분야 회담	13
국방장관 회담, 군사실무 회담 등 군사 분야 회담	17
경제협력추진위원회, 실무협의회 등 경제 분야 회담	21
적십자 회담, 아시아 경기대회 참가 등 사회 분야 회담	9

출처: 통일부, 『국민의 정부 5년 평화와 협력의 실천』(통일부, 2003a), p. 8.

6·15선언 이후 2000년 9월에는 분단사상 최초로 남북 국방장관회담이 개최되어, 남북 간 긴장을 완화하고 한반도에서 항구적이고 공고한 평화를 이룩하여 전쟁 위험을 제거하는 데 남북이 함께 노력하기로 합의하였다. 경의선 철도·도로 연결 등과 관련하여 비무장지대 일부의 철책과 지뢰를 제거했고 남북군사실무자 간 직통전화도 설치하였으며, 이를 바탕으로 군사적 신뢰구축의 계기를 마련하였다고 할 수 있다. 특히 2000년 9월 25일부터 26일까지 제주도에서 남북 국방장관 회담을 개최하여 5개항의 공동보도문을 채택한 것은 남북 간 군사적 긴장완화를 위한 의미 있는 시도였다고 할 수 있다. 남북 국방장관 회담 공동 보도문 요지는 다음과 같다. 첫째, 6·15 남북공동선언 이행에 최선을 다하고 민간인들의 왕래·교류 보장에 따르는 군사

용을 토대로 정리하였다.

적 문제 해결을 위해 적극 협력한다. 둘째, 군사적 긴장완화와 한반도의 항구적이고 공고한 평화 구축을 이룩하여 전쟁위협 제거를 위해 공동 노력한다. 셋째, 남북 연결 철도·도로 공사와 관련하여 비무장지대 각 측 인원·차량·기재의 왕래 허가와 안전을 보장한다. 넷째, 철도·도로 주변의 군사분계선과 비무장지대를 개방하여 남북관할 지역을 설정하는 문제는 정전협정에 기초하여 처리한다.[123] 이처럼 김대중 정부의 대북화해협력정책은 남북 간 군사적 긴장을 상당 정도 완화시켰다고 볼 수 있다.

2) 노무현 정부의 평화번영정책과 북한의 군사적 위협 감소

노무현 정부에서도 역시 김대중 정부의 대북 정책을 계승하였다고 볼 수 있다. 노무현 정부의 대북정책은 '평화번영정책'으로 명명되었다. 평화번영정책이란, "한반도에 평화를 증진시키고, 남북 공동번영을 추구함으로써, 평화통일의 기반조성과 동북아 경제중심으로의 발전 토대를 마련하고자 하는 노무현 대통령의 국가발전 전략으로서, 통일·외교·안보정책 전반을 포괄하는 한반도 평화발전 기본 구상"이라는 것이다. 평화번영정책은 김대중 정부의 대북화해협력정책(포용정책, 햇볕정책)을 내용과 형식면에서 보완·발전시켰다는 것이다. 이러한 평화번영정책이 나오게 된 배경은, 남북관계 개선과 냉전구조 해체의 토대를 마련한 기존 대북정책의 성과를 바탕으로 남북관계의 심화·발전을 담은 한 단계 진전된 정책이 필요했기 때문이라는 것이다. 평화번영정책의 목표는 한반도 평화 증진과 공동번영 추구이며, 추진원칙은 대화를 통한 문제 해결, 상호 신뢰 우선과 호혜주의, 남북 당사자 원칙에 기초한 국제협력, 국민과 함께하는 정책이었다.[124]

국방개혁2020이 국방부에서 수립된 시점이 2005년 9월이고 국회 심의를 거쳐 법률로 공포된 시점이 2006년 12월이므로, 노무현 정부의 평화번영정

---

123) 통일부, 『국민의 정부 5년 평화와 협력의 실천』(통일부, 2003a), pp. 2-35.
124) 통일부, 『참여정부의 평화번영정책』(통일부, 2003b), pp. 2-10.

책과 그로 인한 남북 간 군사적 긴장 완화 양상은 2005년 또는 2006년까지로 한정하여 살펴보려 한다. 2006년의 통일부 자료에 의하면, 노무현 정부가 출범한 지 4년 동안 총 113회 남북회담이 개최되었고 74건의 합의문이 채택됨으로써, 김대중 정부[125]에 비해 회담 개최 횟수가 28% 증가하였음을 알 수 있다. 노무현 정부 출범 후 4년 간 남북회담 개최 및 합의서 채택 현황을 정리하면 〈표 15〉와 같다.

〈표 15〉 노무현 정부의 남북회담 개최 및 합의서 채택 현황(2003년~2006년)

구 분	정치분야	군사분야	경제분야	사회문화분야	계
회담 개최 수	20	21	47	25	113
합의 수	13	4	46	11	74

출처: 통일부, 『평화를 향한 질주 4년』(통일부, 2006), pp. 6-7.

노무현 정부에서 취해진 남북 간 군사적 긴장완화 조치는 다음과 같다. 남북 장성급 군사회담이 2004년 5월 개최된 이래 2006년까지 4차례 열렸으며, 산하 수석대표 접촉 등을 포함하여 총 32회의 군사관련 회담이 이루어졌다. 주목할 만한 조치들로는 남북 함정 간 공용통신망 운용(2004년 6월), 과거 서해교전과 같은 우발적 무력충돌 발생을 방지하기 위해 남북 해군 당국 간 긴급 연락체계 구축(2005년 8월), 군사분계선 선전활동 중지(2004년 6월), 선전수단 제거(2005년 8월) 등이다. 또한 북측 해역에서 우리 선박이 조난당할 경우 우리 구조함정과 초계기의 진입을 허용(2005년 6회, 2006년 1회)하였고, 비무장 지대 산불발생 시 소방헬기 진입 역시 허용(2005년 2회, 2006년 1회)하였다. 개성공단 개발과 금강산 관광사업 등 경협 사업의 원만한 진행을 위하여 출입과 통행을 보장하는 등 군사 당국 간 협조도 활발히 진행되었다. 이 같은 조치들을 통해 남북 군사 당국자 간 신뢰가 제고되었으며 남북

---

[125] 김대중 정부에서는 집권 기간 동안 총 88회 남북회담이 개최되었고 합의서 건수도 55건 정도에 그쳤다고 적고 있다. 통일부, 『평화를 향한 질주 4년』(통일부, 2006), pp. 6-7.

간 경협 진전에도 긍정적 영향을 주었다는 것이 통일부의 평가였다.[126]

〈표 16〉 역대 정부의 대북정책 및 남북관계 흐름 비교

역대 정부	대북정책 및 남북관계
김대중 정부 이전(~1998)	• 담론 차원의 통일 논의 전개 • 분단이후 최초의 당국간 공식문서인 '7·4남북공동성명' 채택(1972) • 남북관계의 기본 장전이 되는 '남북기본합의서' 채택(1992)
김대중 정부	• 남북관계를 화해와 협력의 관계로 발전 • 남북정상회담(2000)을 통해 한반도 평화정착에 대한 공감대 형성 • 남북 장관급회담 및 분야별회담을 통해 경제협력 등 교류와 협력의 활성화 기반 마련
노무현 정부	• 김대중 정부의 대북화해협력정책 계승·발전 • 북핵문제 해결과 남북관계 발전 병행 추진 • '남북관계발전에관한법률' 제정(2005)을 통해 국민적 합의에 기반한 대북정책 추진을 위한 법적 토대 마련

출처: 통일부, 『평화를 향한 질주 4년』(통일부, 2006), pp. 26-27.

김대중 정부의 대북화해협력정책을 계승한 노무현 정부는 평화번영정책을 일관되게 추진함으로써, 남북 간 군사적 긴장완화를 이끌어냈다고 할 수 있다. 통일부 자료인 〈표 16〉에 따르면, 김대중 정부 이전의 대북정책은 담론 차원의 논의에 머물러 있었으나, 김대중 정부에서는 분단 이후 최초로 남북정상회담을 개최하여 경제협력과 교류를 통한 평화정착의 기반을 마련하였고, 노무현 정부에서 이를 계승·발전시켜 실질적인 성과들을 거두었다는 것이다. 물론 이 같은 평가는 노무현 정부 당국의 견해이다. 하지만 국방개혁2020이 행정부 차원에서 주도적으로 추진되었기 때문에, 정부 당국의 대북정책 평가와 북한의 군사적 위협에 대한 정부의 인식이 의미를 갖는다고 할 수 있다.

북한의 군사력에 대한 통일부의 평가에 따르면, 군사력에서는 북한이 여전히 양적인 우위에 있는 것으로 평가되지만 주한미군을 포함한 연합전력은

---

126) Ibid., pp. 11-12.

북한의 도발을 억제하기에 충분한 능력을 갖추고 있다고 보았다. 통일부는 한미연합전력의 우위를 바탕으로 남북관계를 개선하게 되면 북한의 대남 적대감을 해소하고 평화를 증진시킬 수 있으므로, 안보위협을 근원적으로 해소하는데 기여할 수 있다고 보았다. 북한의 군사적 요충지인 금강산 지역에서 관광이 이루어지고 동·서 군사분계선 지역을 왕래하며 철도와 도로의 연결이 추진되는 것 등은 남북 간 화해협력과 평화를 증진시켜 안보위협을 줄여나가는 적극적 의미의 안보라는 것이다. 또한 북한의 미래에 대해서는, 체제유지와 경제난 극복을 위하여 개혁·개방을 선택할 것으로 예측하였다.[127]

3. 대외적 안보환경변화에 따른 군구조 개편문제 대두

9·11 이후 발표된 일련의 미국 안보전략들(QDR, NPR, NSS, GPR)에는 일정한 맥락이 존재한다. 2001년 9월 발표된 QDR에서는 미군의 구조를 냉전 시기의 '위협 기반형 모델'에서 '능력 기반형 모델'로 전환할 것임을 천명하였다. 능력기반형 모델은 9·11 테러와 같은 비대칭 전쟁에 대응하기 위한 전략 개념으로, 이를 수행하기 위해 미군의 구조 변환[128]이 필수적이라는 것이다. QDR에 이어 2001년 12월에 발표된 NPR에서는 핵무기를 이용한 선

---

[127] 통일부 자료에 따르면, "북한은 심각한 경제난 속에서도 세계 5위의 군사력을 보유하고 있으며, 평양·원산선 이남 지역에 육군 전력의 70% 이상을 집중 배치하여 언제든지 기습공격을 할 수 있는 능력을 유지하고 있다. 그러나 북한의 군사력은 경제침체와 정밀기술 과학의 후진성으로 인해 전투장비 노후화 및 성능의 열세, 에너지난으로 인한 훈련부족 등으로 전투능력 향상에 장애요인을 안고 있다. 북한은 심각한 경제난으로 장기전을 수행하기에는 경제적 한계를 가지고 있으므로, 이러한 한계를 극복하기 위해 방대한 군사력을 전진배치하고 있으며, 대량살상무기 보유와 핵무기 개발을 시도하고 있다"고 보았다. 통일부, 『2004 통일교육 기본 지침서』(통일부, 2004), p. 31, 60, 64, 78.

[128] 미군의 구조변환은 원거리 탐지능력의 향상(advanced remote sensing), 장거리 정밀 타격 능력(long-range precision strike), 변형된 기동과 원정군(transformed maneuver and expeditionary forces)을 지향하고 있다.

제공격 가능성까지 담고 있었다. 2002년 9월의 NSS에서는 QDR과 NPR의 내용을 종합하여, WMD를 보유한 적대국가나 테러집단에 대해 선제공격을 가하는 것의 정당성을 주장하였으며, 이러한 능력을 구비하여 원거리 신속 기동작전이 가능하도록 미군의 군사변환이 필요함을 주장하였다. 2003년 11월의 GPR은 바로 NSS의 구체적인 실행전략이라고 할 수 있다. GPR에 따라 주한미군기지의 재배치와 그에 따른 한국군으로의 일부 군사임무 전환 및 주한미군의 병력감축 계획이 구체화되었던 것이다.

이와 같은 미국의 군사전략 변화에 따라 한미동맹 역시 조정이 필요하다는 것이 미국 측의 견해였으며, 이에 대한 논의가 2002년 12월 제 34차 SCM에서 이루어졌다. 당시 이준 국방장관과 럼스펠드 국방장관은 한미동맹을 세계 안보환경의 변화에 적응시켜 나가는 것이 중요하다는 데 합의하였고, '미래 한미동맹 정책구상'(FOTA)을 추진하여 정책 협의를 진행하기로 합의하였다.[129] 이듬해인 2003년 11월 제 35차 SCM에서는 더 진전된 논의들이 이루어졌으며, 그 구체적인 내용은 다음과 같다. 기존에 주한미군이 담당하던 10개의 군사임무를 한국군으로 전환하고, 주한미군을 한강이남 2개 권역으로 2단계에 걸쳐 재배치하여 통합한다는 원칙에 합의하였다.[130] 또한 2004년 10월에 개최된 제 36차 SCM에서는 주한미군의 병력을 2008년까지 단계적으로 12,500명 감축할 것임을 합의하였다.[131]

상술한 바와 같이 미국의 군사전략 변화와 그에 따른 주한미군기지의 재배치 및 병력감축, 그리고 한국군으로의 일부 군사임무 전환 등과 같은 안보환경의 변화는 한국군구조의 변화 문제를 대두시킨 주요한 요인으로 작용하였다고 볼 수 있다. 또한 김대중 정부의 대북화해협력정책과 노무현 정부의 평화번영정책은, 북한의 군사적 위협에 대한 인식을 변화시켰으며 상당 정도 남북 간에 군사적 긴장을 완화시켰다고 할 수 있다. 물론 이 같은 평가는

---

129) "제 34차 SCM 공동성명서"(2002년 12월 5일).
130) "제 35차 SCM 공동성명서"(2003년 11월 17일).
131) "제 36차 SCM 공동성명서"(2004년 10월 22일).

국방개혁2020이 입안된 2005년 9월까지라는 한시성을 갖지만 군구조 개편, 특히 병력구조 개편을 전향적으로 검토할 수 있게 한 주요한 요인이라고 볼 수 있다.

군구조 개편의 국내 정치과정

미국의 군사전략 변화와 북한의 군사적 위협에 대한 인식의 변화는 한국 군구조 개편문제를 대두시키고 가능하게 했다고 볼 수 있다. 이러한 외적인 안보환경의 변화에 의해서 촉발된 군구조 개편문제가, 국내적 차원에서 어떤 과정을 거쳐 실질적인 정책변동을 만들어내는지를 규명하는 것이 여기에서 다룰 내용이다. 이 문제는 크게 행정부와 의회라는 제도적 차원과 언론·NGO·학계라는 비제도적 차원으로 구분하여 분석하고자 한다. 먼저 국방개혁2020을 도출한 행정부(대통령, 국방부 포괄) 차원과 개혁안의 법제화를 위한 의회심의과정을 분석하고, 이후에 언론·NGO·여론·학계가 국방개혁안의 수립과정과 의회심의과정에 미친 영향력의 정도를 규명하고자 한다.

1. 행정부의 군구조 개편계획

1) 노무현 대통령의 구상

국가안보 문제와 같이 고도로 전문화되어 관련 행위자들이 소수로 제한된 영역의 경우, 일반 정책 과정과 비교할 때 상대적으로 외부와 차단된 상태에서 독점적으로 정책결정이 이루어진다. 따라서 안보문제와 관련된 정책결정 과정은 일반 대중의 감시가 미치지 않는 지점에서 소수의 행위자들에 의해서만 진행된다는 것이 일반적 분석이다.[132)] 하지만 노무현 정부의 경우 국방개혁을 추진하면서 공식·비공식 경로를 모두 활용한 것으로 볼 수 있다. 국방개혁정책의 결과물에 대한 정당성과 국민적 지지를 확보하기 위해 이를 공식화했음은 물론, 개혁정책을 입안하는 과정에서도 다양한 인사들로 구성된 국방발전자문위원회를 구성하는 등 공식·비공식 경로를 거친 것으로 보인다.133) 군구조 개편에 대한 대통령의 구상을 탐색하는 작업은 주로 공식적인 행사에서의 연설, 국무회의에서의 발언과 같은 자료를 검토함으로써 규명해보려고 한다.

(1) 안보환경의 변화와 노무현 대통령의 자주국방 구상134)

미국 정부는 참여정부 출범 직후인 2003년 2월 27일 롤리스 국방차관보를 한국 정부에 보내 동맹 조정에 대한 미국의 요구를 전달했는데, 2003년 10월부터 주한미군 기지 재배치와 용산기지 이전을 시작하자는 미국의 급진적 요구를 둘러싸고 한미 간에 협상이 시작되었다. 미국의 요구에 대해 NSC 사

---

132) Sam C. Sarkesian, ed., *Defense Policy and the Presidency* (Westview Press, 1979), p. 18.

133) "국방개혁 기본 법안 정부제출 검토보고서"(2005. 12. 2)에는 노무현 정부에서 추진된 국방개혁의 경과가 요약되어 있다. 2003년 5월에 대통령 지시로 '자주국방 비전'을 보고했으며, 7월에는 '자주국방 추진계획'을 보고하였고, 2004년 5월에는 자주국방 조기구축 지시에 따라 협력적 자주국방 추진계획을 수립하여 11월에 대통령 재가를 받았다. 이후의 과정은 이 책에서 분석하고 있으나, '자주국방 비전'과 '자주국방 추진계획' 자료는 군사자료에 대한 접근성의 제한으로 인해 분석할 수 없었다. 하지만 노무현 정부의 국방개혁은 2005년 9월 15일에 발표된 '국방개혁2020'에 집약되어 있기 때문에, 이후 진행된 법제화 추진 과정을 분석하는 작업이 더 중요하다고 볼 수 있다.

134) 노무현 대통령의 자주국방과 국방개혁에 대한 구상이 대통령 자신만의 사유의 결과물은 아닐 것이다. 대통령이 이 같은 구상을 갖게 된 이면에는 국방관련 보좌진들의 영향력이 일정 부분 작용했을 것이다. 16대 대통령직 인수위원회에서 외교통일안보분과 위원을 지냈던 서주석 국방연구원 박사를 인터뷰한 결과 필자가 내린 판단은, 인수위 시절 서주석 박사가 작성하여 보고했던 '국방개혁 문서'가 대통령의 구상에 상당한 영향을 미친 것으로 보인다. 이 보고서에는 자주국방과 국방개혁이 동전의 양면과 같은 관계에 있으며 군의 포괄적 균형발전 방향에 대한 개념계획을 담고 있었다. 서주석 박사는 이후 노무현 정부에서 NSC 전략기획실장과 외교안보정책수석을 역임하며 국방개혁에 비중 있는 역할을 담당하였다. 서주석 16대 대통령직 인수위원회 외교통일안보분과 위원, NSC 전략기획실장, 외교안보정책수석 인터뷰(일시: 2008년 11월 28일 14:00~16:00 / 장소: 국방연구원 서주석 박사 연구실).

무처는 비용을 극소화하여 한국의 국익을 고려해야한다는 유보적 입장을 취한 반면, 국방부는 수용적 입장을 표명하는 등, 이 문제를 둘러싸고 이견이 표출되었다. 이에 노무현 대통령은 2003년 4월에 열린 대통령 주재 안보 관계 장관 및 보좌관 간담회에서 미국의 전략변화에서 비롯된 한미동맹 조정 요구를 수용하면서 이를 자주국방 기반 확립의 기회로 삼자는 취지의 지시를 했다. 한편 2003년 3월 15일 국방부에서 열린 연두 업무보고에서 노무현 대통령은 다음과 같은 지시를 하였다. 첫째, 남북한 전력 비교와 관련하여, "국민들에게 믿음을 주기 위해서 정확한 전력 평가의 보고와 군과 국민의 자신감이 함께 결합될 수 있도록 보고체계를 그렇게 만들라"고 지시하였다. 둘째, 전시작전통제권 전환 및 자주국방 역량 문제 등과 관련하여, "자주국방의 전략과 일정표를 검토하여 보고"할 것을 지시하였다. 셋째, 국방개혁과 관련하여, "한국의 국방개혁을 위한 시도가 그동안에 어떻게 있어왔으며 얼마만한 성과를 거두었는가, 어떤 계획이 어떤 계기로 언제쯤 중단됐는가 하는 점에 대해 보고하고 이를 바탕으로 임기 5년 동안 실현 가능한 국방개혁의 추진 전략을 짜도록 지시"하였다. 또한 노무현 대통령은 2003년 6월 21일 계룡대를 방문하여 군 지휘부와 대화하는 과정에서 자주국방의 필요성과 방향을 강조하였다. 대통령은 "그 나라 국방은 우선 자주적 역량으로 먼저하고 그 다음에 집단안보라든지 안보동맹이라든지 이런 것은 보조적인 것이어야 한다"고 강조하고, "한국이 세계에서 대우받는 그리고 당당하게 자기 목소리를 낼 수 있는 국가가 되기 위해서 자주국방해야 된다"고 역설하였다.

 자주국방에 대한 대통령의 의지는 이후 2003년 6월에 개최된 제 2차 FOTA에서, 미국이 이라크 전쟁 수행에 따른 병력부족 현상을 타개하기 위해 2004년부터 2006년까지 총 1만 2,500명을 단계적으로 감축할 계획임을 통보하고 이를 위해 한미 간에 구체적 협의를 갖자고 제안하게 됨으로써 더 강화되었다고 볼 수 있다. 2003년 7월 31일 국방부는 NSC 사무처와 함께 동맹조정과 자주국방 추진에 대한 종합계획을 대통령에게 보고하였다. 이 계획에 따르면, 대북 억제전력과 감시정찰전력 등의 핵심전력이 2010년경이면 확보된다는 판단 하에 2010년이면 한국군 주도의 작전수행체제가 가능하다는 것이다. 이후 9월 19일 국방부는, 위 계획을 구체화시켜 종합추진계획을 다시 보고하였고, 노무현 대통령은 이 같은 배경을 토대로 2003년 10월 1일 국군의 날 치사에서 자주국방의 추진 방향에 대한 분명한 입장을 표명하게 되었다는 것이다.135)

(2) 노무현 대통령의 육·해·공군에 대한 인식

노무현 대통령의 3군에 대한 인식이 공식적인 자리에서 처음 표출된 것은, 취임 첫 해에 참석했던 각군 사관학교 졸업식 치사라고 할 수 있다. 육·해·공군 사관학교 졸업 및 임관식에 참석한 대통령의 연설136)을 비교하면 〈표 17〉과 같다.

치사를 통해 본 노 대통령의 각군에 대한 인식은 다음과 같다. 육사 임관식 치사에서 노 대통령은 "미래의 안보환경이 '디지털 육군'의 건설을 요구하고 있으며, 그 핵심과제는 인력의 정예화와 전력의 첨단화"임을 언급하였다. '인력의 정예화'와 '병력감축'은 인과관계가 성립하는 말이다. 노 대통령의 육군에 대한 구상은 병력감축을 통해 인력을 정예화하고 전력을 첨단화하는 것에 있다고 유추해 볼 수 있다. 해사에서는 "육·해·공 3군의 균형발전, 과학군·정보군으로의 도약, 선진해군 건설 적극 지원, 입체전력을 구비한 기동함대 건설, 대양해군 시대 개막"을 약속하였다.

육사에서 인력의 정예화를 주장한 반면, 해사에서 3군의 균형발전과 해군 전력 강화를 약속한 것은 대통령의 육군과 해군에 대한 인식의 대비점을 잘 보여준다고 할 수 있다. 또한 공사에서는 "현대 안보상황에서 가장 강력한 억지력을 지닌 공군의 정체성, 전력강화를 통한 전략공군 건설과 항공우주군 기반 구축, 항공우주산업에 대한 공군의 기여"등을 언급하였다. 종합해보면 노 대통령은 육군의 병력감축과 전력의 첨단화, 그리고 해·공군의 역할

---

135) 국정홍보처 편, op. cit., pp. 180-183.
136) 대통령 비서실,『노무현 대통령 연설문집 1권』(국정홍보처, 2004), pp. 70-71.

확대 및 전력 강화를 통한 3군 균형발전이라는 목표를 취임 초부터 구상한 것으로 보인다. 사관학교 졸업식에서의 대통령 연설이 각군에 대해 의례적(儀禮的)으로 언급한 것에 지나지 않는다고 폄훼(貶毁)할 수도 있으나, 군구조 개편에 대한 노 대통령의 의식은 시간이 흐름에 따라 점진적으로 구체화되었다.

〈표 17〉 사관학교 졸업식 치사에 나타난 대통령의 3군 인식 비교[137]

사관학교	육·해·공군에 대한 인식
육사 (2003.3.11)	…육군은 국가안보에 대한 최후 보루입니다. 육군의 역할과 책무는 앞으로도 더욱 막중해질 것입니다. 미래의 안보환경은 '디지털 육군'의 건설을 요구하고 있습니다. 그 핵심과제는 '인력의 정예화'와 전력의 첨단화입니다.…
해사 (2003.3.13)	…육·해·공 3군이 균형있게 발전해 나가고, 과학군·정보군으로 한 차원 높게 도약해야 합니다.…참여정부는 '선진해군'의 건설을 적극 지원해 나갈 것입니다. 현재 추진 중인 7천톤급 구축함과 대형수송함, 차기잠수함, 대잠항공기 등을 확보해 수상과 수중, 항공의 입체전력을 갖춘 기동함대를 구비해 나갈 것입니다. 나아가 5대양 6대주를 누비며 세계 평화에 이바지하는 대양해군 시대를 힘차게 열어 가겠습니다.…
공사 (2003.3.18)	…현대의 안보상황에서 공군력은 가장 강력한 전쟁 억지력입니다.… 공군이 가야할 길은 분명합니다. 과학군·기술군을 육성하는 데 더욱 주력해야 합니다. 전력을 지속적으로 첨단화하여 자주적 방위역량을 강화해야 합니다. 조기경보기와 공중급유기를 비롯한 첨단의 정보역량과 전략임무 수행능력을 갖추어 나가야 합니다. 100년을 내다보는 거시적 안목으로 전략형 공군력을 건설하고, 나아가 '항공우주군'으로 발전할 수 있는 기반을 확실히 구축해야 합니다. 공군력과 과학기술력, 그리고 항공우주산업은 서로가 매우 밀접한 관계에 있습니다. 공군은 특히 항공우주산업 발전에 크게 공헌해 온 만큼, 앞으로 그 역할이 더욱 중요해질 것입니다.…

(3) 군구조 개편 구상

노무현 대통령이 군구조 개편에 대해, 대중을 상대로 포괄적인 언급을 한 것은 2003년 8월 15일 '제58주년 광복절 경축사'가 처음인 것으로 보인다.

---

137) 육·해·공군 사관학교 졸업식의 치사 내용 중 3군에 대한 인식이 표명된 부분만을 발췌하여 정리하였음.

…저는 저의 임기동안, 앞으로 10년 이내에 우리 군이 자주국방의 역량을 갖출 수 있는 토대를 마련하고자 합니다. 이를 위해 정보와 작전기획 능력을 보강하고, 군비와 국방체계도 그에 맞게 재편해 나갈 것입니다.

상기 발언은 소위 '자주국방' 발언으로 널리 알려진 내용이다. 자주국방에 대한 언급이 주를 이루지만, 자주국방을 실현하는 방법론적 차원에서 제기된 '군비와 국방체계 재편'발언이, 군구조 개편에 대한 포괄적인 언급이라고 필자는 분석한다. 대통령은 같은 해 10월 1일 55주년 국군의 날 기념사[138])에서도 동일한 맥락의 언급을 한다.

군구조 개편에 대한 대통령의 의식은 이듬해인 2004년 사관학교 졸업 및 임관식 치사에서 보다 구체화된다. 2004년 3월 9일 육사 60기 졸업 및 임관식 치사에서 대통령은 "협력적 자주국방을 실현할 기반으로 자주적 정예군사력을 건설하고, 군구조 개편과 국방개혁을 적극 추진해 나갈 것"임을 천명하였다. 이어 3월12일에는 해사 58기 졸업식 및 임관식 치사에서 "협력적 자주국방을 적극 실현해 나갈 것이며, 이를 위해 육·해·공 3군의 균형발전, 군구조 개편, 국방개혁을 통해 정예 정보·기술군으로 육성할 계획"임을 밝히고 있다.[139]) 대통령의 치사 내용 중 주목할 부분은 '군구조 개편'에 대한 명시적 언급이다. 취임 후 약 1년 만에 처음으로 '군구조 개편'이라는 화두를 공식화한 것이다. 이후 2004년 7월 29일 대통령은 윤광웅 국방보좌관을 국방부 장관으로 임명하여 국방개혁을 일임한다. 윤 장관은, 3군 균형발전에 대한 대통령의 의지가 확고하기에, 자신은 이를 달성할 수 있는 방향으로 국방개혁을 추진할 것임을 밝혔다.[140])

2004년 10월 1일 국군의 날 기념사에는 국방개혁에 대한 대통령의 체계화된 논리가 잘 제시되어 있다. 대통령은 "국방개혁이 일관되고 강력하게 추진되어야 하며, '근본적인 구조의 개혁'이 이루어져야 함"을 명시하고 있다. 군

---

138) 대통령 비서실, 『노무현 대통령 연설문집 1권』(국정홍보처, 2004), pp. 350, 404-405.
139) 대통령 비서실, 『노무현 대통령 연설문집 2권』(국정홍보처, 2005), p. 121, 131.
140) 『경향신문』2004년 7월 31일.

스스로의 강력한 혁신의지를 바탕으로 국방조직의 전문화와 문민화를 통해 정보화·과학화된 기술집약적 전력구조를 구축하여 미래전에 대비해야 한다는 것이다. 또한 국방개혁은 각계각층의 의견을 수렴해서 국방장관을 중심으로 근본적이고 지속적인 개혁을 추진해 줄 것을 당부하고 있다.[141] 노무현 정부의 국방개혁은 대통령 취임 이후 3군 균형발전과 전력 증강이라는 화두에서 출발하였다. 2003년 8월 15일 광복절 기념사에서 대통령이 자주국방을 언급한 이후, 2004년에 접어들면서 '협력적 자주국방'의 형태로 구체화되어 3군의 균형발전과 군구조 개편을 지향하며 진행되었다. 이 시기에 NSC 전략기획실장을 지냈던 국방연구원의 서주석 박사에 따르면, 윤광웅 비상기획위원장이 2004년 1월에 김희상 국방보좌관 후임으로 청와대 국방보좌관에 임명되면서 국방개혁 작업이 진전되었다고 하였다. 이후 2004년 8월에 안보관계 장관회의에서 국방부와 NSC는 공동으로 국방개혁에 대한 개념계획을 보고하였으며, 이를 토대로 국방부에서 협력적 자주국방계획을 입안하게 되었다.[142] 국방부는 11월 6일에 '협력적 자주국방 추진계획'[143]을 완성하여 대통령의 재가를 받았다. 상술한 내용을 토대로 노무현 대통령의 군구조 개편에 대한 구상을 정리하면, 육군병력 감축과 전력 현대화, 해·공군 전력 증강을 통한 3군 균형발전이라고 할 수 있을 것이다.

---

141) 대통령 비서실, 『노무현 대통령 연설문집 2권』(국정홍보처, 2005), p. 353.
142) 서주석 16대 대통령직 인수위원회 외교통일안보분과 위원, NSC 전략기획실장, 외교안보정책수석 인터뷰 (일시: 2008년 11월 28일 14:00~16:00 / 장소: 국방연구원 서주석 박사 연구실).
143) 협력적 자주국방 추진 계획은 한·미동맹 변화의 안정적 관리, 전쟁억제 능력 조기 확충, 군구조 개편 및 국방개혁을 핵심 내용으로 한다. 이 계획은 2008년을 목표 연도로 하는 과도기적이고 한시적인 계획으로서 군구조의 하위 범주 중 지휘구조 개선에 해당하는 합참 중심의 전쟁수행체계 구축과 민간관료와 현역군인의 전문성이 조화된 인력구조로의 재편을 목표로 한 국방부 문민화 등을 중점으로 하고 있다. 자세한 내용은 이석종, "협력적 자주국방 계획 확정," 『국방저널』통권 372호 (국방홍보원, 2004), pp. 6-9.

(4) 군구조 개편(국방개혁)의 법제화 구상

노무현 정부의 국방개혁이 한시적인 성격을 갖는 정책에서 지속성과 안정성을 담보할 법제화라는 방향으로 전환하게 된 것은 노무현 대통령의 지시에 의한 것이다. 국방개혁에 대한 대통령의 구상이 국방개혁의 법제화를 통한 법적 안정성 확보라는 측면으로 전환한 시점은 정확히 알 수 없으나, 프랑스 방문 시 프랑스 국방장관으로부터 프랑스군 개혁이 법제화를 통해 추진되고 있다는 설명을 듣고 나서부터인 것으로 추측된다.[144] 대통령은 2004년 12월 14일 제55회 국무회의에서 "프랑스는 국방개혁에 관한 사항을 법제화하여 추진하고 있다. 국방개혁의 지속성이 현실적으로 어려운 만큼 법적 토대를 마련하는 것이 중요하다"[145]면서, 윤광웅 국방부장관에게 "국방개혁을 지속적으로 수행하기 위한 법적 토대를 마련해 연두 국방부 업무보고 때 구체적으로 보고하라"고 지시하였다.[146] 국방개혁의 법제화 방향은 2005년 3월 8일 공사 53기 졸업 및 임관식 치사에서도 분명하게 언급된다. 대통령은 "국방개혁이 지속성을 갖도록 법제화할 것"을 당부하고 있다.[147]

2005년 3월 14일에는 대통령 직속 '국방발전자문위원회'[148]를 신설하여 협력적 자주국방 계획의 추진방향, 국방개혁 과제의 법제화, 군사외교 전략 등을 심도 있게 연구하여 국방개혁의 추진 동력으로 삼고자 하였다.[149] 하

---

144) 『서울신문』2005년 2월 7일.
145) 국방부, 『국방개혁2020 이렇게 추진합니다』(대한민국 국방부, 2005a), p. 23.
146) 『한국일보』2005년 1월 13일.
147) 대통령 비서실, 『노무현 대통령 연설문집 3권』(국정홍보처, 2006), p. 81.
148) 국방발전자문위원회의 주임무는 대통령을 자문하고 국방부가 만드는 개혁안을 검증하고 국민적 합의를 도출하는 방안을 모색하는 것이었다. 이정훈, "참여정부 안보정책의 보이지 않는 손, 황병무 교수 인터뷰," 『신동아』 2008년 7월호, 통권 586호 (서울: 동아일보사, 2008), pp. 232-253.
149) 위원장에는 황병무 국방대 명예교수가 위촉되었으며, 위원들로는 김충배(예비역 육군 중장) 국방연구원장, 백종천(예비역 육군 준장) 세종연구소장, 박춘택(예비역 공군 대장) 전 공군참모총장, 최명상(예비역 공군 준장) 항공우주진흥협회 상무, 장정길(예비역 해군 대장) 전 해군참모총장, 정국본(예비역 해병 소장) 해병대 전략연구소 부소장, 문정인 동북아시대 위원장, 노훈 국방연구원 책임연구위원, 심경욱(女) 국방연구원 책임연구위원, 양병기 청주대 교수, 이철기 동국대 교수, 함택영 경남대

지만, 국방발전자문위원회의 위원을 3군 간의 산술적 균형을 맞추어 구성한 결과, 육군 출신 위원들은 국방개혁의 큰 방향에 이견을 표명하였고 해·공군 출신 위원들은 자군 이기주의적 입장을 견지하게 됨으로써 국방개혁안의 입안 과정에서 실제적인 영향력을 행사하는 데는 한계가 있었다.[150]

국방부는 2005년 4월 28일 대통령에게 국방부 업무보고를 하면서, 국방개혁 법제화 추진을 위한 구체적 계획을 보고하였다. 추진 계획의 세부 내용을 보면, 주요 입법 내용으로 국방부본부 문민화 및 합참 조직기능 강화, 군구조 개선 및 적정 병력 규모, 3군 균형 발전을 통한 통합전투력 극대화, 개혁 소요 재원 안정적 확보 제도화 등이다. 추진 일정으로는 개혁 법안을 작성하여 보고(2005년 8월)하고 정부안을 확정하여(9월) 국회에 제출(10월)하는 것으로 계획하였다. 아울러 이 모든 과정을 '국방발전 자문위원회'와 긴밀히 협의하면서 추진할 것임을 밝히고 있다.[151] 국방부 업무보고를 받고 노 대통령은 군구조와 관련하여 양적 구조에서 질적 구조로 개편할 것을 주문하였으며, 국방개혁의 경우 프랑스의 사례를 참고하여 국민적 합의를 바탕으로 법제화하여 중장기적으로 추진할 필요가 있음을 강조하였다.[152]

노무현 대통령이 국방개혁을 법제화하려는 목적은, 첫째, 국방개혁이 지속적이고 안정적으로 추진될 수 있도록 법적 구속성을 부여하려는 것이고, 둘째, 입법과정을 통해 국민의 대표인 국회 동의를 확보함으로써 국민적 합의와 지원을 유도해내려는 것으로 보인다.

교수, 황동준 국방경영연구원장, 한용섭 국방대 안보문제연구소장, 이현숙(女) 대한적십자사 부총재 등이었다. 『동아일보』2005년 3월 15일.
150) 서주석 16대 대통령직 인수위원회 외교통일안보분과 위원, NSC 전략기획실장, 외교안보정책수석 인터뷰(일시: 2008년 11월 28일 14:00~16:00 / 장소: 국방연구원 서주석 박사 연구실).
151) 국방부, 『국방개혁2020 이렇게 추진합니다』(대한민국 국방부, 2005a), p. 25.
152) 국방부 업무보고에 대한 대통령의 언급은 청와대브리핑-정책자료-부처업무보고 게시판에 정보 공개된 내용에서 군구조와 국방개혁 법제화에 대한 평가만을 정리한 것이다. 국방부, "2005년 대통령 업무보고 자료"(국방부, 2005c), http://www.president.go.kr/cwd/kr/archive/ (검색일: 2007년 11월 2일).

(5) 권력중추인 대통령의 정책 목표

힐즈먼의 정치과정 모델에 의하면, 외교정책이나 국방정책의 경우에도 다양한 행위자들이 정책결정에 관여하며, 이들 사이에는 상대적 권력의 분포에 따라 정책결정에 미치는 영향력의 격차가 발생한다. 하지만 특정 정책 영역에서 상대적 권력이 약한 권력중추들이라 할지라도, '권력중추연합'을 통해 지배적 권력을 행사하는 권력중추를 압도할 수도 있다고 본다.

힐즈먼의 논리를 따르자면, 노무현 대통령 역시 다양한 권력중추들 중의 하나로서, 상대적 권력의 크기가 강한 권력중추들의 분포선인 '권력의 중심환'에 위치한 행위자가 된다. 권력중추로서 노무현 대통령의 목표는 크게 두 가지로 요약된다. 첫째, 군구조 개편 방향으로 육군병력 감축과 전력 현대화, 해·공군 전력 증강을 통한 3군 균형발전이다. 둘째, 국방개혁정책의 법제화를 통해 국방개혁에 법적 구속성을 부여하는 것과, 국민의 대의기관인 국회의 동의를 받음으로써 국민적 지원을 확보하는 것이다. 힐즈먼의 정치과정 모델에 따르면, 이 같은 목표는 국방개혁정책과 관련된 다른 권력중추들의 목표와 충돌할 수도 있다. 특수한 정책영역인 국방정책의 경우 대통령의 상대적 권력이 여타 권력중추들을 압도하기 때문에, 지배적 권력중추인 대통령의 목표가 국방개혁정책으로 그대로 반영될 수도 있고, 아니면 여타 권력중추들의 목표와 충돌하여 절충과 합의로 이어질 수도 있다. 그것도 아니라면 권력의 상대적 크기가 미약한 여러 권력중추들이 '권력중추연합'을 통해 자신들의 목표를 정책으로 산출해 낼 수도 있다. 이러한 정치과정들은 다른 권력중추들과의 관계를 통해 그 지형이 드러날 것이다.

2) 국방부의 초기 구상과 국방개혁2020 수립

노무현 대통령 취임과 함께 시작된 국방개혁이 2005년 9월 13일 '국방개혁2020案'으로 발표되었고, 이후 국회 국방위원회 심의를 거쳐 2006년 12월 28일 국회에서 승인되어 '국방개혁에 관한 법률'로 공포되기까지, 국방부의 수장은 조영길 장관, 윤광웅 장관, 김장수 장관이었다.[153] 위 세 명의 국방장관 중 노무현 정부의 '국방개혁2020'을 기초하고 완성한 장관은 윤광웅 장관이다. 조영길 장관의 경우 참여정부 출범 초기 국방개혁안을 기초하였으나 대통령이 구상하는 정도까지는 나아가지 못했다. 김장수 장관의 경우 국방개혁2020이 '국방개혁 기본법안'으로 국회에 제출된 이후, 국방위 '5차 법률안 심사 소위원회'부터 국회 승인 과정까지를 관리했다.

(1) 국방부의 국방개혁 초기 구상

국방개혁에 대한 국방부의 초기 구상을 분석하는 것은 매우 중요한 작업이다. 힐즈먼의 분석을 적용하자면, 국방부의 초기 국방개혁 구상은 권력중추로서 국방부가 갖는 목표의 원형에 해당하기 때문이다. 이 초기 구상이 대통령이라는 권력중추와의 상대적 권력의 분포 관계에 따라 어떻게 변이해 가는지를 관찰하는 것이 정치과정모델의 적실성을 잘 보여줄 수 있을 것이다.

국방부의 초기 국방개혁 구상은, 대통령 취임 초에 있었던 '국방부 업무보고'에 집약되어 있다. 군구조 개편 관련 내용을 중심으로 주요 내용을 정리하면 다음과 같다. 우선 국방정책 목표로 한반도 평화체제 구축을 뒷받침할 수 있는 '자주적 선진 정예국방' 건설을 제시하고 있으며, 중점 추진 사항으로 '확고한 평화보장을 위한 국방태세 확립'(자주적 방위역량 확충, 한·미 군사관계 발전, 남북 군사적 신뢰구축 추진)과 '군의 전면적 개혁을 통한 본연의 위상 정립'을 들고 있다. 여기서 군구조 개편과 관련된 중요한 내용은 '자주적 방위역량 확충'에 있다. 이를 위한 세부 사항으로 국방부가 제시하고 있는 것은, 자주적인 전쟁억제 및 작전수행 능력을 향상시키고 기술집약형 미래 전력구조를 발전시킨다는 기본개념 하에, 공중 조기경보 통제기, 대형 상륙함, 중(重)잠수함 등 주요전력의 확보를 추진키로 한다는 것이다. 이 외에 국방개혁이라는 범주로 제시한 것이 인사개혁, 국방조직 정비, 제도개선, 군

---

153) 각 장관의 임기는 다음과 같았다. 조영길 장관(2003. 2. 27~2004. 7. 29), 윤광웅 장관(2004. 7. 29~2006. 11. 24), 김장수 장관(2006. 11. 24~2008. 2. 24).

사력 건설의 효율성과 투명성 제고, 사기 및 복지 증진 등이었다.[154]

이후 2004년 11월에 국방부가 대통령에게 보고한 '협력적 자주국방 추진계획'에도 병력감축 문제는 언급되지 않았다. 당시 국방부 정책기획국장인 방효복 육군소장은 "협력적 자주국방 추진계획에는 병력 감축은 물론 육·해·공군의 예산배분 조정 방안이 전혀 포함돼 있지 않다. 병력 감축은 남북관계의 진전 상황에 따라 고려해야 할 사항"이라고 언급하였다. 국방부의 이런 방침은 노무현 대통령이 2004년 8월 23일 지시한 '협력적 자주국방 지침' 가운데 "군구조 개편 및 국방개혁으로 군을 정예화하고 군 운영을 효율화할 것"이라는 내용과 상반된다고 할 수 있다.[155]

국방부의 초기 국방개혁 구상은 노무현 대통령이 구상한 군구조 개편 혹은 국방개혁과는 괴리가 큰 것으로 보인다. 반면에 '자주적 방위역량 확충'을 위한 시행 과제들은, 육군 전력 현대화와 해·공군 전력 강화라는 대통령의 구상과 동일선 상에 있는 것으로 보인다. 하지만, 노무현 대통령이 구상하는 군구조 개편의 핵심인 병력감축 문제는 아예 언급조차 되어 있지 않은 점을 고려할 때, 권력중추로서 국방부의 초기 목표는, 병력은 유지하되 전력을 현대화하고 강화하는 것에 있다고 할 것이다. 따라서 국방부와 대통령이라는 양대 권력중추 사이에 목표의 충돌이 형성되었다고 볼 수 있다. 여기서 권력중추 사이에 목표의 충돌이 형성되었다는 것이, 국방개혁 구상을 놓고 대통령과 국방부가 전선을 형성했다는 의미는 아니다. 단지 국방부의 초기 구상에는, 병력감축을 포함한 군구조 개편은 고려되지 않았다는 사실이, 정치과정모델을 통한 분석에 중요한 단서가 되기 때문에 강조하는 것이다.

(2) 국방개혁2020 수립 과정

노무현 대통령이 윤광웅 국방보좌관을 국방부장관으로 임명한 이후, 대

---

154) 국방부 업무보고 자료는 청와대브리핑-정책자료-부처업무보고 게시판에 정보 공개된 내용에서 발췌한 것이다. 국방부, "2003년 대통령 업무보고 자료" (국방부, 2003a), http://www.president.go.kr/cwd/kr/archive/ (검색일: 2007년 11월 10일).
155) 『한겨레신문』 2004년 11월 24일.

통령의 구상은 국방부의 국방개혁정책 입안 과정에 그대로 수용되게 된다. 2004년 12월 14일 노무현 대통령은 프랑스를 비롯한 유럽 순방을 마친 후 가진 제 55회 국무회의에서 "프랑스는 국방개혁 관련사항을 법제화하여 추진하고 있다. 국방개혁의 일관된 추진을 위한 법적 토대를 마련하는 조치가 중요하다"고 강조함으로써 국방개혁의 법제화 추진 의지를 표명하였다. 이에 따라 국방부는 2005년 1월부터 기획관리실을 중심으로 '국방개혁 법제화'를 추진하였고, 4월 19일 국방개혁법 1차 시안을 국방부 장관에게 보고하였다. 2005년 4월 28일 국방부는 국방부 대회의실에서 가진 국방업무보고 자리에서 프랑스식 국방개혁의 절차와 방법을 벤치마킹하여 2005년 11월 중 국방개혁 법안을 국회에 상정하겠다고 대통령께 보고하였다.[156]

군구조 개편을 포함한 국방개혁 추진 계획의 내용을 정리하면 다음과 같다. 업무보고에는 협력적 자주국방을 구현하여 국가를 보위하고 세계평화에 기여한다는 국방비전을 중심으로, 확고한 국방태세 확립, 미래지향적 방위역량 강화, 선진국방 운영체계 구축, 신뢰받는 국군상 확립이라는 4대 정책목표 추진을 기본 골격으로 하고 있다. 4대 정책목표 중 군구조 개편 관련 정책목표는 '미래지향적 방위역량 강화'와 '선진국방 운영체계 구축'이다. 미래지향적 방위역량 강화를 위한 이행 과제 가운데 관련 내용을 발췌하면, 자주적 방위역량 구축을 위한 핵심전력 확보, 적정국방비 확보 및 합리적 배분이 해당된다. 또한 선진국방 운영체계 구축의 이행 과제에서는 국방부 본부 현역 편제조정(문민화), 군 효율화·정예화를 위한 군구조 개선, 국방개혁 법제화 추진 등이 해당된다. 세부 이행 과제인 군구조 개선 추진 계획을 살펴보면, 중·장기 군 전력구조 발전안을 2005년 말까지 정립한다는 것이 핵심이라 할 수 있다. 국방개혁 법제화에 대해서는 업무보고 내용 중 '역점 추진 혁신과제'라는 별개의 장으로 구분하여 그 중요도를 강조하고 있다.[157]

---

156) 국정홍보처 편, 『참여정부 국정운영백서』(국정홍보처, 2008), p. 185.
157) 국방부, "2005년 대통령 업무보고 자료" (국방부, 2005c), http://www.president.go.kr/cwd/kr/archive/ (검색일: 2007년 11월 2일), pp. 11-25.

'2005년 국방부 업무보고' 내용을 보면, 노무현 대통령이 취임 이후 구상한 군구조 개편이나 국방개혁의 내용, 그리고 추진 방법 등이 구체화되어 반영되어 있다. 전술한 국방부의 초기 구상과는 그 내용에 있어 차원이 다른 것이라 평가할 수 있다. 윤광웅 국방보좌관이 국방부장관으로 임명된 이후, 국방부의 국방개혁 방향은 대통령의 정책선호와 부합하게 전환된 것으로 볼 수 있다.

국방부 업무보고를 받고 난 후 노무현 대통령은 다음과 같은 내용을 강조하였다. "국방개혁의 핵심은 군구조를 양적 구조에서 미래지향적 질적 구조(정보화·과학화·경량화)로 전환하는 것이며, 군이 스스로 민주주의 모습을 담은 장기적 국방개혁의 목표와 비전을 명확히 제시하고 성찰과 예측을 바탕으로 국방개혁안을 마련하여 국민적 공감 하에 법제화함으로써 일관된 개혁을 추진해야 한다. 그리고 국방개혁을 위한 국방예산은 적극 지원할 것이다"고 강조하면서 국방개혁안의 수립과 법제화 추진을 독려하였다. 2005년 6월 1일 국방차관을 위원장으로 하는 국방개혁위원회가 구성되었고, 국방개혁 업무를 실질적으로 추진하기 위해 국방개혁위원회 예하에 국방개혁실무위원회가 발족되어 국방개혁안이 수립되었다. 이후 2005년 9월 1일 군수뇌부는 청와대에서 대통령에게 '국방개혁2020안'을 보고하였고, 보고를 받은 대통령은 몇 가지 사항을 당부하였다. 첫째, 개혁안이 전체적으로 매우 잘되었다고 평가하면서 군이 어려운 작업을 추진하고 있으며 역사적 과업으로 자리매김할 것이라고 의미를 부여하였다. 또한 보고된 내용은 큰 변경 없이 결정될 것이며 최종결정까지 개혁추진에 장애가 없도록 홍보 및 내용 측면에서 보완해야 할 것임을 강조하였다. 둘째, 국방개혁은 단순히 군을 감량하는 것이 아니라 군사력을 질적으로 정예화하는 데 근본적인 목적이 있음을 국민들에게 명확히 제시하여야 하며 전력강화 내용을 보다 부각하여 제시할 필요가 있다고 강조하였다. 셋째, 국방개혁의 실행을 위해서 중요한 국방예산 확보를 위해 주변국과의 전력비교 등도 당당히 제시하고 정부 차원에서 함께 노력할 것을 약속하였다. 넷째, 안보상황이 현저히 변화할 경우,

국방개혁안을 조정할 수 있도록 주기적인 검토와 수정을 한다는 내용을 명시하도록 지시하였다. 국방부는 이 같은 대통령의 지시사항을 반영하여 '국방개혁2020'을 확정하였고, 2005년 9월 13일 기자회견을 통해 공개하였다.[158]

(3) 국방개혁2020

2005년 9월 13일 발표된 '국방개혁2020안'의 핵심은 병력구조 개편, 즉 육군병력 감축과 전력 현대화에 있다. 역대 어느 정부도 시도하지 못했던 대규모 육군병력 감축 계획을 마련한 것이다. 개혁안의 내용 중 군구조 개편과 관련된 부분을 정리하면 다음과 같다.[159]

군구조 개편의 당위성으로 국방부가 제시한 논리는 다음과 같다. 기존의 군구조가 제한된 국방재원 하에서, 첨단전력보다는 병력 위주의 구조로 유지되었고, 그 결과 규모 대비 실질 전투력이 약화된 상태로 정체되어 있다. 따라서 현대전 양상에 부합하게 전력을 첨단화하고, 이를 효과적으로 운용할 수 있는 정예화된 구조로 개편해야 한다는 것이다.

병력구조의 경우 현재 68만 여명의 병력을 첨단 무기체계 확보와 연계하여 2020년까지 50만 명 수준으로 감축하여 정예화 한다는 것이다. 각군의 병력 감축 규모는, 육군의 경우 54만 8천 명에서 37만 천명으로, 해군은 6만 8천 명에서 6만 4천 명으로, 공군은 현재 6만 5천 명 수준을 그대로 유지하는 선에서 조정되었다. 예비군의 경우 현재 운용 중인 300여만 명을 2020년 까지 150만 명 수준으로 감축하여 유사시 상비군과 함께 완벽히 작전을 수행할 수 있도록 정예화하고 예비군 훈련 기간을 8년에서 5년으로 단축할 계획이다.

전력구조는 정보·감시 및 지휘통제 능력 강화, 기동·정밀 타격능력 향상을 목표로 전력을 현대화하고, 지휘구조는 합동참모본부 중심의 작전수행체제(정보, 작전기획·수행, 합동전장관리 기능 강화)를 구축하고 각군본

---

158) 국정홍보처 편, op. cit., pp. 185-186.
159) 국방부, 『국방개혁2020 이렇게 추진합니다』(대한민국 국방부, 2005a), pp. 12-29.

부는 전투지원 및 동원 등 군정과 관련된 임무수행 능력을 보강하며, 부대구조는 부대 숫자를 축소 조정하고 중간지휘제대를 폐지하여 지휘계선을 단축하는 것을 목표로 하고 있다.160) 이 같은 과정은 크게 3단계에 걸쳐 추진하는 것으로 계획되었는데, 1단계는 2010년까지 상부 및 중간사 개편을 우선 추진하고 군단 및 사단 편성안에 대한 시험 평가를 완료하며 군구조 개편 착수 본격화에 들어가는 것이었다. 또한 2008년까지 비전투분야 육군병력 4만명을 감축하기로 계획되었다. 2단계는 2015년까지 작전사 개편과 1개 군단 조정, 그리고 하부구조 개편 및 배비 조정을 시험하는 것으로 계획되었다. 특히 2010년까지는 육군 지작사 및 후작사 창설, 군단·사단 대폭 감축 시작, 예비군 감축 시작이 들어가는 것으로 계획되었다. 3단계는 2020년을 종료시점으로 하여 감군을 완료하고 하부구조 전력화 및 개편, 그리고 부대 배비 조정을 완료하는 것으로 계획되었다.161)

국방개혁의 법제화는 '국방개혁 기본법'을 제정하여 개혁의 일관성·지속성·법적 구속성을 확보할 수 있도록 하되, 기본법에 규정할 내용은 국방개혁을 통해 달성해야 할 목표와 기본방향 그리고 반드시 구속력을 부여하여 일관되게 추진해야 할 과제만을 포함하고, 나머지는 대통령령과 기본계획인 '국방개혁2020'에 포함시키는 방향으로 추진한다는 것이다.

---

160) 당시 언론에 보도된 부대구조 개편계획의 방향은 다음과 같다. 육군 3개 군사령부가 2개로 줄어들고, 10개 군단은 6개 군단으로 감소되며, 47개 사단도 20여개로 축소된다. 군단은 차기 무인정찰기, 차기 다연장로켓, 차기전차, 한국형 헬기 등으로 중무장해 작전지역이 100km×150km로 현재의 3배로 확장된다. 사단 작전지역도 30km×60km로 2배 늘어난다. 북부전투사령부를 새로 창설하는 공군은 정밀타격 능력을 현재의 평양~원산 이남 지역에서 한반도 전역으로 확대한다. 잠수함사령부와 항공사령부, 기동전단이 창설되는 해군도 수상·수중·공중 입체전력 구조로 개편돼 한반도 전 해역을 감시하고 타격하게 된다. 『한겨레신문』 2005년 9월 14일. 부대구조 개편과 전력 현대화로 병력은 감축되지만 전력지수는 기존 대비 1.7배 증가되는 것으로 국방부는 전망하였다. 국방부 계획예산관실, 『국방개혁2020과 소요재원』 (대한민국 국방부, 2006a), p.,8.
161) 박진, "국정감사 국방위 정책자료집-국방개혁, 국민적 합의가 우선이다: 국방개혁안의 7대 문제점과 대책" (박진 의원실, 2005), p. 9.

국방개혁2020은 병력감축과 연계되어 병력감축을 상쇄할 전력증강계획이 동시에 추진되기 때문에, 예산확보 문제가 매우 중요하다. 국방부가 제시한 국방개혁 기간 중 주요 지표 예상치는 〈표 18〉과 같다.

〈표 18〉 국방개혁 기간 중 주요지표

(조원, %)

구 분	계('06~ '20)	'06~'10	'11~'15	'16~'20
GDP (경상성장율)	22,422 (7.1)	5,085 (7.4)	7,215 (7.2)	10,122 (6.7)
정부재정 (증가율)	3,701 (7.1)	835 (6.9)	1,185 (7.4)	1,681 (6.9)
국방비 (증가율) (GDP대비) (정부재정대비)	621 (6.2) (2.8) (16.8)	139 (9.9) (2.7) (16.7)	216 (7.8) (3.0) (18.2)	266 (1.0) (2.6) (15.8)

출처: 국방부, "국방개혁 기본법안"(의안번호 3513: 2005. 12. 2)

국방부에 따르면, 국방개혁2020이 시행되는 2006년부터 2020년까지의 국방비 총 소요는 국방부와 기획예산처 등이 합동으로 검토한 결과 621조원(전력투자비 272조원, 경상운영비 349조원)으로 추정되었으며, 이 중 국방개혁 소요는 약 67조원으로 예측되었다. 이에 필요한 재원조달 방법으로 국방부가 제시한 방안은 다음과 같다. 2006년부터 2010년까지에 해당하는 국방개혁 초기 5년 동안의 국방예산 증가율을 9%대로 유지하고, 이후에는 점진적으로 하향 책정하게 되면 소요재원의 조달이 가능하다는 것이다. 이 시기의 거시경제지표(경상성장률: 평균 7.1%) 및 재정규모(경상성장률 수준 증가)에 대한 전망을 고려할 때, 국방개혁 기간 중 총 정부재정 규모는 3,700조원 정도로 예상되므로, 매년 수립하는 5년 단위 국가재정운용계획에 국방예산을 반영하면 안정적인 재정지원이 가능하다고 보았다.[162] 국방개혁

---

162) 국방부, "국방개혁 기본법안"(의안번호 3513: 2005. 12. 2)

2020 기간 동안 소요되는 국방예산의 구체적 내역을 정리한 것이 〈표 19〉이다.

〈표 19〉 국방개혁 기간 중 국방비 총 소요 내역

(단위: 조원)

구 분	계	'06~'10	'11~'15	'16~'20
계	621	139	216	266
방위력 개선비	272	50	100	122
주전력	175	31	67	77
지상전력	67	8	28	31
해상전력	37	9	12	16
공중전력	35	9	14	12
공통전력	36	5	13	18
지원전력	52	10	17	25
연구개발	35	7	12	16
부대개편/기타	10	2	4	4
경상운영비	349	89	116	144
병력운영비	242	60	79	103
전력유지비	107	29	37	41

출처: 국방부 계획예산관실, 『국방개혁2020과 국방비』(대한민국 국방부, 2006b), p. 34.

국방부가 국방개혁2020안을 처음 발표했던 2005년 9월 13일에는, 국방개혁에 소요되는 비용이 2020년까지 683조원이라고 하였다. 전력투자비가 289조원이며 부대운영비 등 경상비가 394조원이라는 것이다. 2005년의 국방비가 20조 8천억이었는데, 이를 기준으로 매년 11% 수준의 국방비 증액이 이루어지면, 700조원 이상이 확보돼 국방개혁을 위한 재원조달이 가능하다는 것이, 국방부의 입장이었다.[163]

국방부에서는 국방개혁에 소요되는 국방예산에 대한 비판과 국방개혁2020안의 대통령 보고 시 '소요재원에 대해서는 기획예산처 등 예산당국과 전문연구기관의 검토'를 거치라는 대통령의 지시를 고려하여, 2005년 9월부터 10월까지 국방부, 기획예산처, 국방연구원 합동으로 국방개혁 사업별 재

---

[163] 『한국일보』 2005년 9월 14일; 『한겨레신문』 2005년 9월 14일.

원소요를 검토하였다. 검토 결과 개혁기간 중 총 국방비는 621조원으로 추산되었으며, 그 중에 순수하게 국방개혁에만 소요되는 재원은 67조원으로 분석되었다. 67조원 중에 64조원은 방위력 개선비로, 나머지 3조원은 경상운영비로 책정된 것이었다. 개혁기간 중 경제(경상)성장률은 실질성장률 4.8%과 물가상승률 2.3%를 합산하여 평균 7.1% 수준으로 예측하였고, 정부재정 증가율 역시 경상성장률과 동일한 7.1%로, 그리고 국방비 평균 증가율은 6.2%로 추산하였다. 기간별 국방비 증가율은 2006년부터 2010년까지는 평균 9.9%, 2010년부터 2015년까지는 평균 7.8%, 2015년부터 2020년까지는 평균 1% 증가하는 것으로 계획하였다.[164]

국방개혁2020은 병력감축이 핵심이었으며, 병력감축을 상쇄할 전력강화책으로 첨단무기체계를 확보하여 전력지수를 기존 대비 1.7배로 강화시킨다는 계획이었다. 따라서 개혁 소요재원이 계획대로 확보되지 않으면, 개혁정책의 실행이 불투명해질 수도 있는 한계를 갖고 있었다. 이처럼 국방개혁2020은 육군병력감축과 첨단무기도입을 통한 전력강화를 상보적인 관점에서 접근하였기 때문에, 개혁 소요재원이 계획한 수준대로 확보되지 않을 경우, 병력구조 개편정책이 계획대로 실행되기 어려운 한계를 처음부터 내재하고 있었다고 할 수 있다.

3) 국방개혁 기본법안

국방개혁2020의 법제화는, 자주국방을 달성하기 위해서는 국방개혁이 노무현 정부뿐만 아니라, 이후의 정부에서도 일관성을 가지고 계속되어야 한다는 인식에서 비롯된 것이다. 정부는 국방개혁2020이 확정된 이후 2005년 10월 12일부터 21일까지 정부 유관부처의 의견수렴과 10월 24일 당정협의[165]를 거쳐 10월 25일부터 11월 14일까지 입법예고를 실시하였다. 이후

---

164) 국방부 계획예산관실, 『국방개혁2020과 국방비』(대한민국 국방부, 2006b), pp. 31-39.
165) 정부와 열린우리당은 2005년 10월 24일 당정협의에서 국방개혁기본법안을 국방부

2005년 11월 30일 대통령 재가를 얻고 12월 2일 '국방개혁 기본법안'(의안번호 3513)을 국회에 제출하였다.[166]

국방개혁에 대한 대통령과 국방부의 최종 구상 가운데, 법적 구속성을 가지고 중·장기적으로 반드시 추진되어야 할 사항들을 규정한 것이 '국방개혁 기본법안'이다. 이 법안은 권력중추인 대통령의 목표가 대부분 반영된 것으로서, 대통령과 국방부를 포괄한 행정부의 목표라고 할 수 있다.[167] 권력중추인 행정부의 목표가 또 하나의 대등한 권력중추인 입법부의 심사와 승인을 앞에 두고 있는 것이다. 국방부는 "국방개혁의 주요 내용을 국민에게 공개하여 국방정책에 대한 국민의 참여를 확보하고, 국방개혁을 일관성 있게 지속적으로 추진하기 위한 제도적 근거를 마련하기 위해서 이 법안을 제안하게 되었다"고 밝히고 있다. 국방개혁 기본법안의 내용 중 '병력구조 개편'에 관한 핵심 사항들만을 정리하면 〈표 20〉과 같다.

〈표 20〉 국방개혁 기본법안의 병력구조 개편 주요 내용

구분		주요 내용
기본계획 수립		【제6조③항】 국방부장관은 국방개혁 기본계획을 추진하기 위하여 5년 단위로 국방개혁 추진계획을 '수립하고 시행'하여야 한다.
병력구조 개편	상비병력	【제30조①항】 국군의 상비병력 규모는 군구조의 개편에 연계하여 2020년까지 연차적으로 50만 명 수준으로 '조정'한다.
	예비전력	【제32조①항】 예비전력규모는 2020년까지 연차적으로 150만 명의 수준으로 '개편·조정'한다.

안대로 추진하기로 합의하였다. 『한국일보』 2005년 10월 25일.
166) 국정홍보처 편, op. cit., p. 187.
167) 대통령의 국방개혁 구상은 전술한 바와 같이 군구조 개편과 이의 법제화에 있다고 할 수 있다. 군구조 개편은 병력감축과 전력의 현대화에 목표를 두었으며, 이의 지속적 추진을 위해 법제화를 목표로 하였는데, 이제 법제화를 목전에 두고 있는 것이다. 국방개혁안이 국방부에 의해 완성된 이후, 대통령은 육·해·공 3군본부가 있는 계룡대에서 군 수뇌부와의 골프회동을 통해 "군 스스로 국방개혁안을 만든 데 대해 각별한 격려"를 하였다고 한다. 『한겨레신문』 2005년 10월 24일.

국방부가 국회에 제출한 '국방개혁 기본법안'의 원안은, 권력중추로서 행정부의 초기 목표에 해당하기 때문에 이를 살펴보는 작업이 매우 중요하다. 국방개혁기본법안의 병력 구조 관련 핵심 내용들은, 상기 표에 나타난 바와 같이 '확정적'인 문구로 규정되어 있다. 예를 들어, 국방개혁 기본계획을 추진하기 위해 5년 단위의 국방개혁 추진계획을 '수립'하고 '시행'해야 한다는 규정, 병력 감축에 있어 상비병력 규모를 50만 명 수준으로 '조정'하고 예비전력 규모 역시 150만 명 수준으로 '개편·조정'한다는 규정이 그러하다.

4) 국방개혁2020에 대한 3군의 입장

노무현 대통령의 지시에 의해 추진된 국방개혁2020에 대한 3군의 입장은, 개혁안의 실행이 각군에 미칠 영향에 따라 조금씩 달랐다. 육군에서는, 육군 병력을 급격하게 감축할 경우 전력약화가 불가피하다는 점을 지적하였다. 육군의 한 관계자에 따르면, 북한은 100여만 명의 육군에 9개 군단, 4개 기계화군단, 2개의 전차군단과 포병군단 등 막대한 병력을 보유하고 있는데, 한국군만 감축 위주의 군구조 개편을 하는 것은 매우 우려스러운 일이므로 병력감축과 군구조 개편은 신중하게 이루어져야 한다는 입장이었다. 해군과 공군 측에서는 조금 더 과감한 군구조 개편이 이루어져야 하며, 지나치게 육군 위주로 되어있던 군과 전력구조 등도 개선될 필요가 있다고 하였다.[168] 특히 육군의 경우 노무현 정부의 국방개혁 정책에 대한 반발이 상당했던 것으로 보인다. 윤광웅 국방부장관이 취임한 이후 진행된 국방부 문민화, 획득청 설치, 군 검찰 독립 및 수사지휘권 부여 등과 같은 일련의 국방개혁 정책에 대해 당시 육군참모총장이었던 남재준 육군대장(육사 25기)은 불편한 심기를 표출했던 것으로 보인다. 당시의 언론 보도에 따르면 남재준 육군참모총장은 육군본부 일반참모부장회의에 참석한 육본 인사참모, 군수참모, 기획참모를 비롯한 소장급 부장들과 중령 이상 실무부서 책임자들에게 윤광웅

---

168) 『서울신문』 2005년 9월 6일.

국방부장관이 주도하는 국방개혁 정책을 저지하기 위해 국방위 의원들과 예비역 장성 모임인 성우회의 도움을 요청하라고 지시했다는 것이다. 이 같은 발언내용은 회의 참석자로부터 전해졌는데, 이를 확인하기 위해 남재준 육군총장과 인터뷰한 결과, 사실이 와전되었다는 해명 기사가 함께 실렸다.169) 이후로도 윤광웅 국방부장관과 남재준 육군참모총장 사이에는 갈등이 계속되었다. 육군진급심사 문제, 휴전선 지역 선전물 제거, 3군 균형발전 등에서 이들의 갈등이 노출되었다는 것이다. 인사문제의 경우 2004년 10월에 있었던 육군 장성 진급심사과정에서 갈등이 표출되었다. 52명의 준장 진급자 가운데 합참 근무자는 5명, 국방부 근무자는 2명에 불과했지만, 육군본부 근무자는 14명이나 되었고, 이에 윤광웅 국방부장관이 남재준 육군참모

---

169) 2004년 9월 3일자 내일신문에 소개된 남재준 육군참모총장의 발언 내용을 소개하면 다음과 같다. "나는 어차피 문제가 되면 사표 쓰고 아무 때나 나갈 각오가 돼 있는 사람이다. 이거 너무한 거 아니냐. 무슨 문민화냐. 옛날 정중부의 난이 왜 일어났는지 아느냐. 뭘 모르는 문신들이 (무신들을) 무시하고 홀대하니까 반란이 일어난 것이다. 군 검찰 독립은 무슨 황당한 얘기냐. 이는 인민무력부 안에 정치보위부를 두자는 것으로 북한식과 똑 같다. 난 이거 용납 못한다. (한 참석 간부에게) 내일부터 출근하지 말고 이걸 막아라. 관련 의원을 따라다니며 로비를 해라. 못 막으면 이번에 진급은 없다. 만일 제도개선이 이뤄지면 법무병과는 폐지해야 한다. (또 다른 참석 간부에게) 성우회를 찾아가 로비를 해라. 선배들에게 도움을 청해서 그들의 힘으로 막아야 한다." 이 같은 발언의 진위 여부를 확인하기 위해 내일신문 기자는 남재준 육군참모총장을 인터뷰 했으며, 남총장은 다음과 같이 해명하였다. "내가 뭐라고 얘기했냐하면 문민화는 가야될 방향이다. 그건 맞는데 지금 육군의 경우 정책특기라고 해서 지능분야가 있다. 그것만 전공으로 하고 쭉 커온 장교들이 있다. 그런데 그게 갑자기 없어지면 그 장교들 전체가 문제가 된다. 그래서 국방부에서 (문민화 계획을) 토의를 한다고 하니 심층 분석해서 피해를 최소화해서 합리적으로 나갈 수 있도록 육군의 의견을 제기해야 한다. 국방부에서 토의 날짜를 결정한다니 그 자료를 준비하라고 얘기했다.…거기서 정중부 얘기가 왜 나오겠나. 전혀 연관이 안 되는 얘기 아니냐. 내가 나이 60인데 혼자 술 먹고 실수를 한 것도 아니고, 간부회의 때 참모들이 쭉 앉아있는 자리에서 상식적으로 그런 발언을 했겠느냐. (장교) 개개인의 피해를 줄여줄 수 있게 합리적인 토의자료를 만들라고 지시한 것이다.…군에 법무병과를 특별히 둔 것은 군 조직의 특수성 때문이다. 그런데 검찰권이 지휘권으로부터 완전히 독립됐을 때 문제가 있을 수도 있기에 광범위하게 여론을 수집해 육군의 안과 의제를 낼 때는 분명한 논리를 제시하라. 관련자들을 설득시킬 수 있는 논리를 개발해야 한다고 했다.…개인적으로 아는 정치인들이 전혀 없다. 육군의 명확한 논리를 세워 필요하다면 관련자들을 설득시키라고 한 것뿐이다."『내일신문』2004년 9월 3일.

총장에게 재고를 요청했으나 이를 거절하였다는 것이다. 이후 장성진급 과정의 비리를 고발하는 투서가 살포된 것을 계기로 군 검찰이 육군본부 인사참모부를 압수수색하였고 이에 반발한 남재준 육군참모총장이 사의를 표명하자 대통령이 반려하는 사건이 발생하였다. 이는 단순히 인사문제에 대해 국방부장관과 육군참모총장이 갈등을 빚은 것이 아니라, 노무현 정부의 국방개혁 정책에 대한 육군의 반발로 해석하는 분위기가 지배적이었다.[170] 노무현 대통령은 2005년 3월 22일 대장급 군 수뇌부 7명에 대한 인사를 단행함으로써 국방개혁에 대한 동력을 확보하게 된다. 당시 대장급 인사는 이전의 군 수뇌부에 비해 2~3기가 낮은 후배 기수를 발탁함으로써 파격적이고 개혁적이라는 평가를 받았다. 기존의 군 수뇌부인 남재준 육군참모총장이 육사 25기이고 해군참모총장은 해사 23기인데 비하여, 새롭게 발탁된 김장수 육군참모총장은 육사 27기이며 남해일 해군참모총장은 26기에 불과했기 때문이다. 또한 합참의장으로는 육사 26기인 이상희 장군이 발탁되었다. 파격적인 군 수뇌부 인사는 노무현 정부가 추진하고 있는 국방개혁에 비우호적인 기존 수뇌부를 개혁적 인사로 교체하여 개혁정책 추진의 동력을 강화하고자 하는 의도가 배태되어 있다고 할 수 있다.[171] 실제로 개혁적 성향의 군 수뇌부가 들어선 이후, 그동안 지지부진했던 노무현 정부의 국방개혁 정책은 탄력을 받아, 육군병력의 대규모 감축과 3군 균형발전과 같은 혁신적인 개혁안들이 포함된 국방개혁2020을 도출해내게 되었다.

2. 국회심의과정: '국방개혁에 관한 법률' 제정

행정부의 원안이 국회의 심의를 거치면서 어떻게 변화되어 가는지, 그리고 변화를 추동하는 권력중추는 누구인지를 규명하는 작업은, 힐즈먼의 정치과정모델에서 정책결정과정의 목표가 충돌할 경우, 이를 절충하고 합의

---

[170] 『한겨레신문』 2004년 11월 27일.
[171] 『세계일보』 2005년 3월 23일.

를 도출하는 일련의 과정을 분석하는 작업에서 매우 중요한 지점에 해당한다. 따라서 이러한 관점에서 국회 심의 과정을 분석할 것이다. 또한 국방개혁안에 대한 각 정당의 입장(표 21)[172]은 국회심의과정을 이해하기 위한 지표가 될 수 있기 때문에 역시 중요하다. 국방위원회 소위 심의과정에서 표출된 의원들의 견해가, 국방개혁에 대한 각 정당의 입장으로부터 자유로울 수 없기 때문이다.

국방부에서 기초된 '국방개혁 기본법안'이 2005년 12월 2일 국회에 제출된 이후, 약 1년이라는 장기간의 심의를 거쳐 2006년 12월 28일 국회 본회의에서 가결되어 '국방개혁에 관한 법률'로 공포되기까지의 심의 일정을 정리하면 〈표 22〉와 같다.

〈표 21〉 국방개혁안에 대한 각 정당의 입장

정당	논평	입장
열린우리당	• 국방개혁을 통한 군 조직의 일대혁신으로 정예화 · 기동화 · 첨단화를 완수해야 함	지지
민주노동당	• 평화군축을 포함한 국방개혁을 여야가 차질 없이 추진할 것을 촉구 • 국방개혁은 더 이상 미룰 수 없는 과제	지지
민주당	• 21세기 새로운 시대에 걸맞은 첨단 군으로 거듭나야 함	간접적 지지
자민련	• 군의 동의도 얻지 못한 국방개혁 • 국가안보가 좌파적 이념에 떠밀려가서는 안됨	반대
한나라당	• 실질적 전력증강과 군의 선진복지는 지원 • 설익은 국방개혁안들이 난무하는 소용돌이 속에서도 국군의 사명을 다해 온 것을 높이 치하	전력증강 지지 병력감축 반대

국방개혁 기본법안의 심사 및 의결과정을 분석함에 있어서, 국방위 소위

---

[172] 국방개혁안에 대한 각 정당의 입장은, 2005년 9월 13일 국방개혁안이 발표된 이후 그 후속작업으로 법제화가 추진되고 있는 시점인 10월 1일 국군의 날에, 각 정당이 대변인을 통해 국방개혁에 대한 공식 논평을 하였으며 그 내용을 중심으로 정리한 것이다. 자세한 내용은, 『문화일보』 2005년 10월 1일자를 참고할 것.

심의과정의 최대 쟁점은 무엇이었는지, 그 쟁점이 국방개혁, 특히 '군(병력) 구조 개편'이라는 개혁정책에 대해 가지는 함의는 무엇인지, 그리고 쟁점이 논쟁의 당사자(권력중추) 사이에서 어떤 방향으로 변이되어 가는지를 추적하는 작업은 매우 중요하다. 왜냐하면, 행정부의 원안인 '국방개혁 기본법'이 최종적으로 국회 본회의를 통과할 때는 '국방개혁에 관한 법률'로 명칭이 수정되었을 뿐만 아니라, 법률안의 핵심적인 내용 역시 변경되었기 때문이다. 힐즈먼의 개념어로 부연하면, 권력중추인 행정부의 목표가 대등한 권력중추인 입법부의 목표와 충돌하여 절충과정을 거쳐 합의에 이르렀으나, 초기 목표의 중요 부분이 심각한 수준으로 퇴색되어버렸다는 것이다.

그렇다면, 위 사안에 있어서는 입법부의 상대적 권력이 행정부보다 강력

〈표 22〉 '국방개혁 기본법안'의 의회심의 경과

내 용		일 자
'국방개혁 기본법안' 국회 제출		2005. 12. 2
국방위원회 상정 및 토론		2006. 2. 16
국방위원회 '국방개혁 기본법안' 심사 특별 소위원회 / 공청회	1차 특별 소위	2006. 4. 7
	2차 특별 소위	2006. 4. 12
	3차 특별 소위	2006. 4. 14
	1차 공청회	2006. 4. 18
	4차 특별 소위	2006. 4. 20
	2차 공청회	2006. 4. 26
	5차 특별 소위	2006. 4. 28
국방위원회 법률안 심사 소위원회	1차 법률안 심사 소위	2006. 11. 21
	2차 법률안 심사 소위	2006. 11. 22
	3차 법률안 심사 소위	2006. 11. 29
국방위원회 수정 의결		2006. 11. 30
법제사법위원회 체계 자구 심사		2006. 12. 1
국회 본회의 수정 가결		2006. 12. 28
'국방개혁에 관한 법률' 공포		2006. 12. 28
'국방개혁에 관한 법률 시행령' 공포		2007. 3. 27

했다고 볼 수 있다. 따라서 위 과정을 분석함에 있어, 입법부 내부, 즉, 국방위원회 내부의 권력 지형이 단순하게 '여당 대 야당'의 구도로 형성되었는지, 아니면 초당적 형태로서 '의원 대 의원'의 정책지향 구도로 구축되었는지, 그리고 행위자들 간의 '상대적 권력의 분포'는 어떠했는지를 규명해보려고 한다.

1) 17대 국회와 국방위의 여야 의석 분포

2004년 4월 15일에 실시된 17대 총선 결과, 열린우리당 152석, 한나라당 121석, 새천년민주당 9석, 민주노동당 10석, 자유민주연합 4석, 국민통합21 1석, 무소속 2석으로 분포되었다.[173] 집권여당인 열린우리당이 단독 과반수 의석을 확보하였고, 상대적으로 진보적인 정치성향을 지향하는 민주당과 민주노동당까지 고려하면 안정적인 국정운영이 가능한 구도였다고 할 수 있다. 17대 총선 결과 형성된 여대야소의 의회구도는 2005년 4월 30일에 실시된 재·보궐선거 이후 여소야대 구도로 전환된다. 재·보궐선거 결과, 열린우리당 146석, 한나라당 125석, 민주노동당 10석, 민주당 9석, 자민련 3석, 무소속 6석으로 의회구도가 재편되었다.[174] 하지만 이 같은 여소야대의 의

〈표 23〉 17대 국방위 위원의 분포

정당	의원	군 경력 의원
열린우리당 (9명)	김성곤, 안영근, 김명자 김진표, 박찬석, 원혜영 유재건, 이근식, 조성태	조성태(육군대장)[175]
한나라당 (7명)	고조흥, 공성진, 김학송 송영선, 이상득, 이성구 황진하	황진하(육군중장)[176]
민주당	김송자	
국민중심당	이인제	

---

173) 국회의원 총선거 결과는 국회 홈페이지 www.assembly.go.kr/index.jsp(검색일: 2008. 4. 10)의 자료를 참고하였음.
174) 『동아일보』 2005년 5월 2일.

석분포 하에서도 국방개혁2020이 지향하는 병력감축문제에 대해서는 열린 우리당·민주노동당·민주당이 지지노선을 견지하고 있었기 때문에, 국방부가 입안한 '국방개혁기본법'은 의회심의를 통과할 수 있는 구도였다. 17대 국방위의 경우 위원장은 열린우리당의 김성곤 의원이었으며, 구성 위원의 분포는 〈표 23〉과 같다.

2) 국방위 상정

국방부가 입안한 '국방개혁 기본법안'이 2005년 11월 30일 국무회의 의결[177]을 거쳐 국방위에 상정된 것은 2006년 2월 16일이다. 윤광웅 국방장관은 국방개혁 기본법안이 "우리 국방의 미래 비전과 목표를 구현하기 위하여 추진하는 국방개혁의 주요 내용을 국민에게 공개하여 국방정책에 대한 국민의 참여를 보장하고, 국방개혁을 일관성 있게 지속적으로 추진하기 위한 제도적 근거를 마련하기 위한 것"이라고 하였다. 윤광웅 국방장관의 제안 설명에는 이 법안의 주요 내용이 잘 나타나 있다.

> 첫째, 국방개혁의 효율적인 추진을 위하여 국방개혁 기본계획을 수립하고 이를 추진하기 위해 5년 단위로 국방개혁 추진계획을 수립·시행하도록 하며, 둘째, 지속적이고 일관된 국방개혁을 위한 범정부적 추진기구로 국방개혁위원회와 대통령 소속으로 국방개혁자문위원회를 두고, 셋째, 국방부의 문민기반 확대를 위하여 공무원의 비율을 국방부 정원의 70% 이상이 되도록 하며, 국방인력 운용구조의 발전을 위해 유급지원병제와 군 책임운영기관제도 등을 도입하고, 여군 인력을 2020년까지 장교 정원의 7%, 부사관 정원의 5%까지 확대하며, 넷째, 군구조 개편은 각군의 중간지휘체계 단계를

---

[175] 열린우리당 17대 비례대표 초선의원으로 육군사관학교를 졸업하였고, 국방부 정책기획국장, 1군단장, 국방부 정책실장, 2군 사령관, 국방부장관을 지냈다.
[176] 한나라당 17대 비례대표 초선의원으로 육군사관학교를 졸업하였고, 합참전략본부 군사협력과장, 국방부 정책기획차장, 5군단 포병여단장, 합참 작전본부 C4I부장, 키프로스 UN평화유지군 사령관을 지냈다.
[177] 『서울신문』 2005년 11월 30일.

축소·조정하고 병력 위주의 양적인 군사력 구조를 질적인 기술 집약형 군사력 구조로 개선 발전시키며, 합동참모본부는 육·해·공군의 비율을 2:1:1로 편성하고 국방부 직할부대 등은 3:1:1로 편성하여 3군 균형 발전을 도모하고, 다섯째, 상비병력 규모는 2020년까지 50만 명 수준으로 조정하고, 예비전력 규모는 150만 명 수준으로 감축하도록 하며, 끝으로, 병영문화의 개선을 위하여 장병들의 기본권을 보장하고 군 복무에 대한 자긍심을 가지고 임무를 충실히 수행할 수 있도록 복무와 관련된 제반 환경을 개선·발전시키도록 하려는 내용입니다. 이를 심의 의결하여 주시기 바랍니다.[178]

윤광웅 국방장관의 제안 설명에는 국방개혁 기본법안의 주요 내용이 여섯 가지 범주로 정리되어 있지만, 핵심적인 내용만을 요약한다면, '병력위주의 양적인 군사력 구조를 질적인 기술 집약형 군사력 구조로 개선하여 상비병력 규모를 50만 명 수준으로 조정'하는 것이라고 할 수 있다. 이에 대한 구체적인 내용은 국방부 기획조정관실에서 발간한 『국방정책자료집』에 잘 나타나 있다. 육군병력은 17만 7천명이 감축되며, 10개 군단은 6개 군단으로, 47개 사단은 20여개로 축소된다는 것이다. 이 같은 감축에도 불구하고 단위 부대의 작전지역은 정보감시능력·기동력·화력의 보강으로 2~3배 확장된다는 것이다.[179]

국방부장관의 제안 설명에 이어 진행된 권태하 수석전문위원의 검토보고에는 이 법안의 의의와 이견 등이 언급되어 있다. 첫째, 국방개혁의 법제화 필요성에 대한 논의를 보면, "한반도 내부 및 외부의 급격한 안보상황의 변화에 능동적으로 대처할 수 있는 안보역량을 확보하고, 주한미군의 감군·이동에 따른 약화 부분을 보완하기 위한 자체적인 개혁 및 보완 노력이 필요하며, 첨단·정예화로 미래의 안보역량에 대비하자는 점에서 공감대가 형성"되어 있으나, "국방개혁을, 법제화를 통해 추진할 경우 가변성과 환경 대응성이 필수적인 국방개혁이 오히려 경직화될 수 있으므로 신중을 기해야

---

178) 국회사무처, "258회 국회 임시회 국방위원회 회의록 10호(2006. 2. 16)" (국회사무처, 2006a), p. 20.
179) 국방부 기획조정관실, 『국방정책자료집』(대한민국국방부, 2006), p. 41.

한다는 일부 의견도 제시되고 있다"는 것이다. 둘째, 안보환경 평가에 대해서는, "북한이 지난 수년간 병력배치에 대한 변화가 없는 가운데 경제적인 어려움 속에서도 꾸준히 재래식 군사력을 증강시키고 있고, 특히 남북한 군사력 비교에서 가장 핵심적인 요소인 핵과 화학무기, 생물학 무기 등을 비롯한 비대칭 전력의 격차가 계속 벌어지고 있다는 점을 들어 북한의 군사위협이 점진적으로 감소할 것이라는 국방개혁안의 안보환경 평가에 문제점이 있음을 지적"하는 견해가 제시되고 있다는 것이다. 셋째, 재정소요의 확보 가능성 문제에 대해서는, 국방부의 계획을 보면, "2020년까지의 국가 재정증가율 추정치를 감안하여 초기 5년간은 9.9%의 증액 수준을 유지하고 그 이후는 점차 하향 조정한다는 방침이며, 2020년까지의 경상성장률을 7.1%로 전망하고 국방비를 정부재정의 17% 점유율로 계상할 경우 추가로 소요되는 순증예산 67.1조 원의 안정적 재원 확보가 가능할 것으로 전망하고 있으나, 이러한 정부 추계가 지나치게 낙관적인 전망에 기초하고 있어 예산 확보에 어려움이 있을 것으로 보는 견해"도 있다는 것이다. 넷째, 병력감축 규모의 적정성 문제에 대하여 국방부에서는 "50만 명의 병력규모가 2020년도 안보환경과 전략환경 하에서 한반도 전쟁 억제력 및 방위충분성 개념을 적용하여 면밀하게 전력소요를 설계 분석한 결과"라고 밝히고 있지만, 이러한 병력감축 조치에 대해 "우리의 일방적인 병력감축에 북한이 상응하는 조치를 취하면 별 문제가 없으나 북한이 상응하는 조치를 취하지 않거나 사술적인 조치를 취하는 경우에는 장비의 현대화·첨단화에도 불구하고 병력감축 조치가 허상적 평화 분위기를 조성하여 북한의 치명적인 오판을 가져올 수 있다는 우려가 일부에서 제기되고 있다"는 것이다. 국방개혁이 부분적인 측면에서 보완이 필요하기도 하지만, 미래 안보 위협에 대한 군의 대응능력 향상, 전통적인 북한의 침략위협에 대한 대응 방안과 미래 한국군의 능력 증대 방안에 대한 고찰이 반영되어 있다는 것이 대체적인 평가이며, 육·해·공군이 합의를 통해 3군 균형발전이나 합참기능 강화 같은 대 원칙을 도출해 낸 것은 의미 있는 진전이라는 평가를 내리고 있다.[180]

국방부장관의 제안 설명과 수석전문위원의 검토보고 이후, 국방위 소속 위원들 간 토론의 자리에서 주된 논쟁의 대상은, 국방개혁 기본법 제 30조 (상비병력 규모의 조정) ①항에 규정된 "국군의 상비병력 규모는 군구조의 개편에 연계하여 2020년까지 연차적으로 50만 명 수준으로 조정한다."와, 제 32조(예비전력 규모의 조정 및 정예화) ①항의 "예비전력 규모는 2020년까지 연차적으로 150만 명 수준으로 개편·조정한다."라는 내용이었다. 두 조항 중에서도 '30조 ①항'의 '상비병력 감축'[181] 문제는 격렬한 논쟁을 유발하였다.

열린우리당의 조성태 의원과 한나라당의 황진하 의원 및 한나라당 소속 위원들이 병력감축에 반대하고, 국방부와 여당소속 의원들은 찬성하는 논쟁구도가, 약 1년여에 걸쳐 진행되었던 국방개혁 기본법안 심의과정에서 지속적으로 그리고 반복해서 등장하는 핵심적인 사항이기 때문에, 이를 세밀하게 분석할 필요가 있다. 병력감축 논쟁 중심으로 회의록의 내용을 발췌하여 직접 인용하면 다음과 같다.[182]

> **조성태 위원**: 이 법안 어디에도 이것이 북한의 군사력, 남북관계의 군사적 긴장도 또는 군사적 상호 신뢰구축의 진전, 그런 사항과 전혀 연계되어 있지 않다는 거예요.…지금 예비역들이 가장 우려하는 것이 북한은 그대로 대남 적화전략을 유지하고 현재의 군비체계를 증강하면서 다 남 침략위협을 그대로 가지고 있는데도 우리 혼자 50만으로 무조건 가겠다라고 하는 것…남북 간의 군사적 위협이 현저히 감소되고 군사적 신뢰가 구축되는 상황 속에서, 그것이 가능하다는 전제하에 이런 계획을 추진한다, 실제로 그렇지 못하다면 50만으로는 못 가지 않겠습니까?

---

180) 국회사무처, "258회 국회 임시회 국방위원회 회의록 10호(2006. 2. 16)" (국회사무처, 2006a), pp. 23-24.
181) 각군의 병력 감축 규모는, 육군의 경우 54만 8천 명에서 37만 천명으로, 해군은 6만 8천 명에서 6만 4천 명으로, 공군은 현재 6만 5천 명 수준을 그대로 유지하는 것이고, 예비군의 경우 현재 운용 중인 300여만 명을 150만 명 수준으로 감축하는 것이다.
182) 국회사무처, "258회 국회 임시회 국방위원회 회의록 10호(2006. 2. 16)" (국회사무처, 2006a), pp. 31-34.

국방부장관 윤광웅: 도대체 북한은 그대로 있는데 왜 남한은 이러느냐 하는 말씀 같은데…50만을 해도 우리가 북한을 제압할 수 있는 충분한 전력이 된다는 것을 전제로 하고 있습니다. 결국은 과학화·첨단장비화 함으로써 우리의 전투능력지수는 올라가기 때문에, 병력이 68만에서 50만으로 떨어지지만 전력지수는 올라갑니다.[183]

조성태 위원: 한반도의 전장 특성은 현대적 무기만 가지고 하는 현대전과는 상당히 거리가 있을 수 있다는 점이 특징입니다. 그렇기 때문에 결국 줄이면 전부 육군에서 다 줄여야 되는데,[184] 해·공군을 줄일 수는 없잖아요? 그렇기 때문에 그런 부분에 대한 우려를 하는 사람들이, 지금 윤 장관께서 말씀하시는 '전력을 첨단화하는 것으로 전부 커버할 수 있다' 그것 가지고는 절대로 그 우려를 불식시킬 수 없습니다.…국방개혁기본법을 만드는데 한미동맹에 관한 사항이 전혀, 앞에서 끝까지 어디에도 없어요.…만일 한미동맹이 변화된다면, 유지되지 않는다면 이 기본계획은 근본적으로 달라지지 않겠습니까?

국방부장관 윤광웅: 소위 자주국방을 향한 국방개혁을 하면서 동맹관계를 표시하는 것이 이론적으로 어떨까 하는 것을 생각해 보겠습니다.

조성태 위원: 제가 사실은 93년도에 50만 규모로의 군비축소안을 기획해서 그것을 2급 비밀로 계속 유지해 왔는데 그때의 전제는 두 가지입니다. 남북 간의 군사적 신뢰구축을 포함해서 군축의 공감대가 형성됐을 때의 우리의 대안이 첫 번째였고, 두 번째는 그럼에도 불구하고 북한의 동원체제와 남쪽의 동원체제가 전혀 다른 체제이기 때문에 한미동맹은 계속 유지된다는 전제였습니다.

황진하 위원: 지금 현재 북한의 위협은 상존하고 있다는 것이 군사당국에서의 여러 가지 판단입니다.…한미동맹관계에 있어서 근본적인 변화

---

[183] 병력감축의 타당성에 대한 논의는, 송문홍·황일도, "국방개혁 칼 뽑은 윤광웅 국방부장관 독점 인터뷰," 『신동아』2005년 10월호 (서울: 동아일보사, 2005), pp. 96-107를 참조.

[184] 대규모 육군병력 감축은 노무현 정부의 국방개혁에서 핵심을 차지한다. 2006년도에 육군본부에서 발간된 정책보고서에서도, '국방개혁2020은 곧 육군개혁'임을 명시하였다. 육군본부,『육군정책보고서: 강한 친구 대한민국 육군』(육군본부, 2006), p. 19.

를 예고하는 것을 우리가 자초하고 있으면서 한미연합방위체제가 튼튼한 것처럼 상정을 하고 50만으로 줄이겠다, 이것이 되는 말이냐…막대한 예산이 들어가는 사업을 어떻게 사전에 예산이 확보되었다고 담보를 하고서 법제화하느냐…한반도 작전환경은 현대화 무기만 가지고 이루어지는 것이 아니라 분명히 북한군의 특성을 고려했을 때도 그들은 수많은 비정규전 병력을 가지고 있고 한반도의 산악지형은 엄청난 병력을 소요하는 전쟁환경입니다. 그런데 무기만 현대화시키면 전부 다 북한을 이길 수 있다고 하는 그런 꿈과 같은 생각은 잘못된 판단이다.…지금 한반도가 어떻게 변할지 모르는 상당히 유동적인 상황, 북한 핵문제도 해결이 안 되어 있지 또 어려움에 처해 있는 북한 정권이 얼마를 갈지도 모르는 상황 속에서 병력부터 먼저 줄이고, 군대 사기를 떨어뜨리고, 한미연합방위체제를 엄청나게 흔들거리게 만들 수 있는 병력감축을 추진한다는 것은 맞지가 않다. 그래서 법제화는 안 된다. 융통성을 제한하는 문제가 있다.

회의록에는 병력감축과 관련하여 대립적인 논쟁이 극명하게 드러나 있다. 북한과의 신뢰구축 및 한미동맹 유지라는 전제조건이 충족되었을 때, 그 사후적인 과정으로서 병력감축이 가능하다는 조성태 위원의 입장과, 전제조건이 충족되지 않았기 때문에 병력감축과 법제화는 불가하다는 황진하 위원의 입장은 논리적으로 동일선상에 있었다. 여기에 대해 병력감축이 곧 전력약화로 이어지는 것이 아니며 전력을 현대화하여 전투능력지수를 높이기 때문에, 북한의 군사위협에 대응 가능하다는 국방부의 입장이 대척점을 형성하고 있었다. 또한 한반도 전장(戰場) 환경의 특수성으로 인해 전력의 현대화가 북한과의 전쟁에서 승리를 보장해줄 수 없다는 반론이 조성태 위원과 황진하 위원으로부터 제기되었다.

국방개혁기본법의 국방위 상정 과정에서 위원들 간에 논의된 내용을 보면, 주로 열린우리당의 조성태 의원과 한나라당의 황진하 의원이 법제화에 대한 반대 견해를 제시하고, 이에 대해 윤광웅 장관이 방어하는 형식으로 구성되어 있다. 국방개혁 기본법안이 국방위 상정단계에서부터, 근본적인 부분인 병력감축 문제에 대해 평행선을 달리자, 법률안 심사 소위로 넘기지 않고 특별 소위를 구성하여 이를 심층적으로 검토하자는 방향으로 귀결되었다.

3) 특별 소위원회 심사

특별 소위원회는 열린우리당의 김명자, 김성곤, 홍재형 의원과 한나라당의 권경석, 황진하, 송영선 의원으로 구성되었으며, 소위원장에는 김성곤 의원이 선임되었다. 특별 소위는 총 5차례 개최되었으나, 병력감축 문제에 대한 합의점을 찾기는 어려웠다.

1차 특별소위에서는 국방개혁기본법안 심사 특별소위원회 운영과 공청회 개최 계획에 관한 사항을 논의하였다.[185] 2차 소위에서는 개의와 함께 1차 소위에서 논의한 공청회 진술인 선정을 확정하였다.[186] 추가 공청회 실시 문제와 내용에 대해서 논의한 결과 1차 공청회에서는 국방안보환경평가와 국방개혁의 법제화 필요성을 주제로 하여 논의하고, 2차 공청회에서는 병력감축문제의 적정성 문제를, 그리고 3차 공청회에서는 재정확보 가능성 문제를 논의하기로 합의하였다.[187]

국방개혁기본법안의 구체적인 조항 심의는 3차 소위[188]에서 비로소 시작되었다. 3차 소위에서도 2차 소위와 마찬가지로 '국방개혁기본법이 병력감축에 대한 구체적인 수치를 규정하고 있어서 융통성을 상실하고 있다'는 지적이 한나라당의 황진하 위원에 의해 제기되었다. 또한 한나라당의 송영선

---

[185] 국회사무처, "259회 국회 임시회 국방위원회 회의록: 국방개혁 기본법안 심사 특별소위원회 1호(2006. 4. 7)" (국회사무처, 2006b), pp. 2-3.
[186] 2차 소위는 2006년 4월 12일 개의되었고, 참석자는 열린우리당의 김성곤, 김명자, 홍재형 의원과 한나라당의 권경석, 황진하, 송영선 의원이었다. 공청회 진술인으로 열린우리당에서는 국방대학교 안보대학원 김영호 교수, 참여연대 이태호 협동사무처장, 한국국방연구원 임길섭 연구위원을, 한나라당에서는 자주국방 네트워크 김훈배 대표, 한국국방연구원 차두현 안보현안팀장, 안보전략연구소 홍관희 박사를 선정하였다(국회사무처 2006c, 1).
[187] 국회사무처, "259회 국회 임시회 국방위원회 회의록: 국방개혁 기본법안 심사 특별소위원회 2호(2006. 4. 12)" (국회사무처, 2006c), p. 4.
[188] 3차 소위는 2006년 4월 14일 개의되었으며, 열린우리당의 김성곤 소위 위원장과 홍재형 위원, 한나라당의 황진하 위원과 송영선 위원이 참석하였다.

위원은 '가이드라인만을 5년 중기계획으로 작성하여 기본법에 담고 5년 후에는 변화된 환경에 맞추어 새로운 법안을 만들어야 한다'고 주장하였다. 이에 대해 홍재형 위원은 '단계별로 구체적인 목표치를 규정하여 구속성을 부여하지 않으면, 병력감축이나 예산확보 문제가 실행되지 않을 것'이라고 반박하였다. 황진하 위원은 '기본법을 경직되게 만들어 늦게 되면, 안보환경의 변화를 반영하기 힘들고 결국 기본법 자체의 시행이 불투명해지게 된다'고 재반박하였다.189)

4차 소위에서 진행된 국방개혁기본법의 구체적인 조항 심의과정에서 부각된 쟁점은 병력감축 문제였다. 국방부와 열린우리당 소속 위원들은 병력감축을 지지한 반면, 한나라당 소속 위원들은 반대하는 구도로 논쟁이 지속되었다.190)

> **권경석 위원**: 50만 명의 규모에 대한 이견도 당내에 상당하고, 우리 특별소위 위원들이 이 부분은 숫자를 여기에 명시한다는 것 자체에 대해서 받아들일 수 없으니까 뒤로 미루시지요. 50만 같으면 18만 줄이는데 상당한 이견이 있어서 동의할 수가 없습니다. 당론을 바꾸든지 해야 됩니다.

> **황진하 위원**: 지금 이것은 명시하는 게 문제가 많은 쪽으로 저희 당에서 생각하고 저도 그렇게 생각하기 때문에 여러 가지로 이 표현은 안 넣는 게 좋다.…그런데 여기에 단서조항을 분명히 집어넣어야 됩니다. 왜냐하면 북한의 위협이 어떻게 변하느냐…그러니까 지금 50만이라는 데 대해서는 그렇게 과감하게 줄였을 때 오는 문제점 때문에 지금 당내에서도 의견이 분분하단 말이에요. 군대 해체 이런 이야기까지 나오니까요.…한미 연합방위태세

---

189) 황진하 위원의 해당 발언은 다음과 같다. "갑자기 이렇게 법을 만들어 놔서 우리가 준비가 다 되어 있다고 해도, 급변사태가 오면 그게 확 뒤집히는 거거든요. 그러니까 그걸 자꾸 막아 놓는 식의 구속력을 갖게 되면 어쩔 수 없이 바꾸는 법이 되니까 시행이 안 되는 법이 된다는 거예요." 국회사무처, "259회 국회 임시회 국방위원회 회의록: 국방개혁 기본법안 심사 특별 소위원회 3호(2006. 4. 14)" (국회사무처, 2006d), p. 7, 14.

190) 4차 소위는 2006년 4월 20일에 개의되었으며, 참석 위원은 열린우리당의 김명자, 홍재형, 김성곤 의원과 한나라당의 권경석, 황진하 의원이었다.

라든지 북한의 군사위협 평가가 소홀하게 되어서는 절대 안 된다.…병력을 줄이자 하는 것도 국방환경과 작전환경을 고려하자 하는 것을 계속 말씀드리는 것입니다. 그래서 이러한 것은 기본정신을 어딘가 집어넣어야 된다 하는 것입니다.191)

회의록에 나타난 바와 같이 병력규모를 2020년까지 50만 명 수준으로 조정한다는 국방개혁기본법의 규정에 대해서 한나라당 소속 위원들이 강하게 반대하였다. 권경석 위원의 발언에 나타난 바와 같이, 한나라당 당론은 병력 감축에 반대하는 것임을 알 수 있다. 사실 한나라당은 이미 당 대변인의 논평을 통해 50만 명 수준으로 병력을 감축하는 계획에 대해 공식적으로 반대한다는 입장을 표명했었다.192) 병력감축 조항 이외의 문제들에 대해서는 여야 간에 이견이 대두되어도 원만하게 합의점에 도달했다고 할 수 있다. 하지만 병력감축 문제는 합의점을 찾을 수 없었으므로 다음 소위에서 다루기로 하였다.

5차 소위에서는 그동안 심의하였던 내용을 종합하여 국방위에 그 결과를 보고하기로 하였다. 이 날 심의에서 특징적인 사안은 국방개혁기본법안의 6조 3항 - "국방부장관은 제1항193)의 규정에 의한 국방개혁기본계획을 추진하기 위하여 5년 단위로 국방개혁 추진계획을 수립하고 시행하여야 한다" - 을, "5년 단위의 국방개혁추진계획을 수립·시행하되, 매 5년의 중간 및 기간 만료시점에 한미동맹 발전, 남북 군사관계 변화추이 등 국내·외 안보정세 및 국방개혁 추진 실적을 분석·평가하여 그 결과를 국방개혁 기본계획에 반영하여야 한다"로 수정하였다는 점이다. 이 같은 수정의견은 열린우리당의 조성태 의원이 수석전문위원에게 강권하여 반영된 것이었다.194) 조성

---

191) 국회사무처, "259회 국회 임시회 국방위원회 회의록: 국방개혁 기본법안 심사 특별 소위원회 4호(2006. 4. 20)" (국회사무처, 2006e), pp. 14-24.
192) 『문화일보』2005년 10월 1일.
193) 국방개혁기본법안 제6조 1항에는, "국방부장관은 국방개혁을 효율적으로 추진하기 위하여 국방운영체제의 혁신, 군구조 개편 및 병영문화의 개선 등에 관한 국방개혁기본계획을 대통령의 승인을 얻어 수립하여야 한다"라고 규정되어 있다.

태 의원의 수정의견은 매우 중대한 조항이다. "5년 단위로 국방개혁 추진계획을 수립할 때, 한미동맹과 남북 군사관계의 변화 추이를 검토하여 그 결과를 국방개혁 기본계획에 반영해야 한다"라는 규정은, 국방개혁 기본계획에 대한 일종의 전제조건에 해당하기 때문에, 한미동맹과 남북 군사관계를 보는 시각에 따라 기본계획의 방향을 변화시킬 수 있는 동력으로 작용할 수도 있다. 또한 열린우리당의 김성곤, 김명자, 김성곤 의원이 조성태 의원의 수정의견을 대수롭지 않게 보고 문제제기를 하지 않은 것은, 수정의견의 정치적 힘을 경시했기 때문인 것으로 보인다. 5차 특별 소위에서는 지금까지 논의된 사항을 종합하여 국방위에 결과보고 하기로 뜻을 모으고 산회하였다. 총 5차례에 걸친 특별 소위 심사에서도 국방위 상정 단계에서 노정되었던 병력감축 관련 논쟁구도가 반복·지속되었다. 단지 차이가 있다면, 열린우리당의 조성태 의원이 특별 소위 위원으로 참가하지 않았기 때문에, 논쟁의 구도가 '여당 의원과 국방부' 대 '한나라당 의원'으로 형성되었으며, 이 과정에서 군 경력을 가진 황진하 의원의 발언에 비중이 주어지는 형태로 진행되었다.

4) 법률안 심사 소위원회 심의 및 의결

특별 소위에서 병력감축에 대한 논의가 큰 진전이 없이 종결된 이후, 이 문제는 법률안 심사 소위로 이전되어 총 3차례에 걸쳐 심사되었다. 법률안 심사 소위원회는 열린우리당의 김명자, 조성태, 안영근, 이근식 의원, 한나라당의 고조홍, 공성진, 황진하 의원, 그리고 민주당의 김송자 의원으로 구성되었으며, 소위원장은 열린우리당의 안영근 의원이 선임되었다. 법안심사 소위에서는 병력감축과 관련된 논쟁점들이 절충되어 합의에 이르게 된다. 3차례에 걸쳐 진행된 법안심사 소위에서 병력감축과 관련된 논쟁의 주도권은 열린우리당의 조성태 위원에게 주어져 있었다. 조 위원은 자신의 군 경력을

---

194) 국회사무처, "259회 국회 임시회 국방위원회 회의록: 국방개혁 기본법안 심사 특별소위원회 5호(2006. 4. 28)" (국회사무처, 2006f), p. 3.

바탕으로 논쟁을 지배하며 국방개혁기본법안의 병력감축 관련 조항 수정을 주도하였다.

(1) 1차 법률안 심사 소위원회

1차 법안 소위[195]에서는 특별 소위가 종결된 이후에 북한이 핵실험[196]을 실시했고, 정부가 전시작전통제권 환수 협상을 추진함에 따라 안보환경이 급격하게 변화하고 있으므로, 이 같은 사항을 법안에 반영해야 한다는 요구가 한나라당 의원들로부터 제기되었다.[197] 1차 법안 소위에서는 특별 소위에서 심의한 내용을 수석전문위원이 소개하고 다음 심의 일정을 협의하는 정도의 논의만 있었을 뿐, 국방개혁기본법안에 대한 구체적인 심의는 이루어지지 않았다. 특별소위에서 논의된 주요 내용은 다음과 같았다. 2차 특별 소위에서는 국방개혁기본법이라는 제명을 한시적 성격의 특별법이나 촉진법으로 변경하자는 의견이 제시되었고, 국방개혁 기본계획의 수립에 있어 5년 단위 추진계획과 3년 단위 정세분석이 시기상 일치하지 않는 점을 조정할 필요가 있다는 의견이 개진되었다. 3차 특별 소위에서는 각군총장의 인사청문회는 실시하지 않는 것이 좋겠다는 의견이 제시되었고, 4차 특별 소위에서는 상비병력 감축 규모인 50만 명을 법안에 포함해서는 안 된다는 의견과 북한위협이라는 단서 조항을 반영해야 한다는 의견이 제시되었다.[198]

---

[195] 1차 법안 소위는 2006년 11월 21일에 실시되었고, 열린우리당의 안영근, 김명자, 조성태, 이근식 의원과 한나라당의 고조흥, 공성진, 황진하 의원, 그리고 민주당의 김송자 의원이 참석하였다.

[196] 2006년 10월 9일 북한은 핵실험을 감행함으로써 재래식 군비경쟁을 무력화하게 되는 결과를 가져왔고, 이 같은 상황의 변화는 노무현 정부에서 추진하고 있었던 국방개혁2020의 재검토를 요구하게 되었다. 『세계일보』 2006년 10월 11일.

[197] 전시작전통제권 환수문제에 대한 논의는 1차 법안소위가 개의되기 이전인 2006년 8월 17일, 국회 국방위에서 윤광웅 국방부장관을 출석시킨 가운데 진행되었다. 이 자리에서 야당의원들은 전시작전권 환수 계획이 부적절함을 지적하였고, 반면에 여당 의원들은 환수 계획을 옹호하였다. 『세계일보』 2006년 8월 18일.

[198] 국회사무처, "262회 국회 정기회 국방위원회 회의록: 법률안 등 심사소위원회 2호 (2006. 11. 21)" (국회사무처, 2006g), p. 14, 17-18.

(2) 2차 법률안 심사 소위원회

2차 법안 소위199)에서는, 1차 소위에서 한나라당 의원들이 제기하였던 문제-북한의 핵실험과 전시작전통제권 전환 추진에 따른 안보환경의 변화가 국방개혁기본법안에 반영되어야 한다-를 수용하여, 국방부 측에서 '최근 안보현황과 국방개혁2020'이라는 보고서를 만들어 소위 위원들에게 보고하는 것으로 소위를 시작하였다.

이 보고서는 북한 핵실험과 전시작전통제권 전환 문제를 다루고 있었다. 첫째, 북한 핵실험의 경우, 국방부는 국방개혁2020을 만들 때 이미 북핵을 포함한 비대칭 전력의 위협을 평가하고 이에 대비한 전략개념 및 전력소요 등을 발전시켜서 포함시켰다는 것이다. 다만 북한이 핵실험을 실시한 만큼, 핵위협을 억제하고 제거하기 위한 일부 전력의 추가 확보와 우선순위를 조정할 필요는 있는 것으로 보고하였다. 둘째, 전시작전통제권 전환의 경우, 국방개혁2020 자체가 장차 전시작전통제권을 단독 행사할 수 있음을 고려하여 입안된 계획이므로, 추가적인 보완은 불필요하다고 보고하였다. 2차 법안 소위의 특징은, 병력감축 문제가 심도 있게 논의되었다는 점이다. 특히 열린우리당의 조성태 위원이 병력감축 문제에 대한 논의를 지배했다고 볼 수 있다. 조성태 위원과 여타 위원들의 논의 내용을 정리하면 다음과 같다.200)

> **조성태 위원**: 지금 정책기획관하고 토론해서 될 문제가 아니고 근본적으로 이 문제는 제가 조금 정리를 해 드릴 필요가 있습니다. 제가 정책실장 할 때 1994년도에 한반도 국방운영의 장기플랜을 만들었는데 그때 전제가 북한 김일성이 만날 '남북이 10만으로 줄이자' 이렇게 제안을 계속해 오고 있는데 우리는 아무런 답도 못 했어요. 우리는 줄인다는 생각을 한 번도 해본일이 없었기 때문에, 그래서 그때 우리가 만일 통일이 되면 군사력을 얼마로 가

---

199) 2차 법안 소위는 2006년 11월 22일에 실시되었으며, 참석자는 1차 법안 소위와 동일했다.
200) 국회사무처, "262회 국회 정기회 국방위원회 회의록: 법률안 등 심사소위원회 3호 (2006. 11. 22)" (국회사무처, 2006h), pp. 1-4,

져야 할 것인가부터 구상을 시작했습니다. 그래서 그것을 목표로 세우고, 그러면 남북한 간에 군사적 신뢰 구축이 되고 전쟁이 배제되고 상호 감군이 확인되었을 때 군사력을 얼마로 가져야 하겠느냐는 것을, 1단계로 남북한 군비 축소에 합의하고 상호검증이 가능하고 신뢰가 확실하게 구축되었을 때 남북 간에 얼마씩 가질 것이냐, 그 문제를 해결하기 위해서 '21세기 위원회'라는 것을 만들어서 거의 2년 동안 그 구조를 연구했습니다. 그때 만들어낸 것이 사실은 남북한이 같이 군축을 하면서 50만으로 가는 것이 가장 합리적이다. 왜냐하면 북한이 30만이다 10만이다 하지만 북한은 군비 축소를 거짓으로 할 수 있기 때문에, 우리가 꼭 가져야 할 필수량을 50만으로 규정했고 이번 국방개혁2020이 그 틀을 받아들여서 했습니다. 그래서 국방개혁을 할 때 전제조건이 이번의 전시작전통제권과 똑 같은 전제조건인데, 첫째가 북한 핵 문제의 해결, 두 번째가 남북한 평화체제가 확실하게 구축되고 검증되어야 한다, 세 번째가 남북한 군사적 신뢰가 구축되어야 한다, 그러면 그때 남북한이 50만으로 가자고 해서 그 50만 구조를 그때 이미 그린 것입니다. 지금 새로 그린 게 아니고, 시대가 변했고 한 10년 전에 한 것이기 때문에 지금 그림은 조금 변화되었지만, 그런 구도 하에 했는데, 전제는 없어지고 모양만 나타난 거예요. 그런데 그때는 한미연합작전태세나 동맹 이런 전제가 살아있었고 북한이 핵을 갖는다는 것은 전혀 배제되어 있는 상황이었지만, 지금은 상황이 악화되어서 그 전제가 완전히 소멸되어 버렸어요. 사실 국방개혁2020 자체에 대해서는 지금 성립조건 자체가 안 되어 있어요. 그래서 이 안에다 그 전제조건을 달자고 제안했더니 국방부에서 5년 주기로 계획을 재검토하되 그 중간단위, 대개 2년 반에서 3년 사이마다 재평가해서 시행을 계속 검토 보완한다는 개념으로 여기다 넣어놨어요. 제가 그것을 전제로 사실 동의했는데, 그 동안에 두 가지 큰 변수가 생겼습니다. 북한이 핵실험을 했고, 전시작통권을 가져오는 것으로 환수조건을 합의해 버렸어요.…그래서 안보가 정치적으로 의사결정이 되는 역현상을 가져오고 말았고 그 부분에 대해서 사실 저도 이의를 제기하고 있는 상황이에요. 그렇지만 법안이 여기까지 왔으니까, 그 전제조건을 달아서 법안을 통과시켜주면, 그 전제조건이 실현이 안 되면 이 법안은 항상 뒤로 밀리도록 되어 있으니까, 궁극적으로 이렇게 가야 한다는 것은 절대 필요합니다.…그런 전제조건을 걸어서 통과시켜 놓고 그 전제조건만 계속 우리 국회에서 지켜주면, 사실 2020이라는 것은 의미가 없어요. 그런데 이 모양은 가지고 가야 합니다. 언제건 이렇게 가야지 재래식 아프리카 군대 비슷한 군대로 끌고 갈 수는 없어요. 우리도 이제는 과학전, 원격전, 정밀전, 정보전 이런 전쟁을 할 수 있는 군대로 탈바꿈시켜야 되기 때문에 이렇게 가는데 이렇게 가기 위해서는 위협 자체가 완전히 변화되어야 하고 전제되어야 하니까 그런 전제를 달고, 이 2020이라는 숫자는 계획 목적상 한 것에 불과합니다. 그런 전제조건만 달아 주면, 그렇게 제안합니다. 우리가 심의하면서 전제조건을 달면 제가 볼 때 반대할 필요가 없지 않겠느냐고 생각합니다.

김송자 위원: …조성태 장관님께서 전문가적인 입장에서 말씀하신 것으로, 저희들은 문외한이니까 수용하고 동의를 합니다.

조성태 위원의 발언에 따르면, 한국군을 50만 명 수준으로 감축하고자 했던 것은 다분히 북한의 정치적 선전에 대응하는 차원에서 만들어진 개념 계획에 불과하며, 동시에 북한 핵의 해결과 남북한 평화체제 및 상호 신뢰 구축이라는 조건을 전제로 하고 있었다는 것이다. 하지만 국방개혁2020의 경우, 북한이 핵실험을 실행하였고, 노무현 정부가 전시작전통제권을 환수하기로 함으로써 한미동맹이 불안정하게 변화하고 있으므로, 50만 명 수준으로의 병력감축 계획은 성립조건을 충족시키지 못하고 있다는 것이다.[201] 따라서 법안 심의 과정에서 이 전제조건을 명기하게 되면 궁극적으로 병력감축은

---

201) 전시작전통제권 환수에 대한 조성태 위원의 견해는 노무현 정부의 입장과 상반된다. 국방발전자문위원회 위원장을 지낸 황병무 국방대 명예교수의 인터뷰 기사에 따르면, "1970년대 초의 '미 7사단 철수'와 1989년의 '넌-워너 수정안', 그리고 노무현 정부 초기의 '미군의 세계 재배치 전략'(GPR)은 모두 미국의 세계전략 변화에서 비롯된 것이었다. 미국은 세계전략을 정한 후 한반도를 바라보지만, 우리는 한반도가 전부이다 보니 미국의 전략변화에 휘둘리게 된다. 이렇게 돼서는 안 되겠다 해서 나온 것이 전작권 전환이다. 전작권 전환은 한미연합군의 전쟁승리 능력이라는 '효율성'과 한국 방위는 우리가 주도해야 한다는 '정체성'이 결합돼 추진된 것이다. 그런데 보수진영은 효율성에만 주목해 미국이 2009년에 전작권을 가져가라고 했다는 것이 알려지자 무조건 반대 목소리부터 냈다. 일부는 통일 이후에 전작권을 가져와야 한다고까지 주장했다. 그들은 전작권 전환이 역사적 흐름이고 남북관계와 국제무대에서 우리의 행동 자유를 확대시켜준다는 것, 그리고 우리의 국방능력이 향상됐다는 것을 모르고 있었다." 이정훈, "참여정부 안보정책의 보이지 않는 손, 황병무 교수 인터뷰," 『신동아』 2008년 7월호, 통권 586호 (서울: 동아일보사, 2008), pp. 232-253.

불가능하게 되므로, 국방개혁기본법에 이 같은 사항을 담아야 한다는 것이다.

조성태 위원의 발언에 대한 김송자 위원의 평가는 군사부문에 대한 경력의 비대칭성에서 기인하는 일종의 권력관계를 배태하고 있다고 할 수 있다. 국방정책 또는 군사안보 문제와 같은 고도의 기밀성과 전문성을 요구하는 분야의 경우, 경력의 비대칭성 문제는 경력자의 발언에 권위와 힘을 부여하기 때문이다.

열린우리당의 조성태 위원이 병력감축의 부적절성을 지적한데 이어, 한나라당의 황진하 위원 역시 동일한 맥락의 주장을 반복하였으며, 이에 대해 열린우리당의 김명자 위원이 반박하였다. 이들 위원들의 발언을 정리하면 다음과 같다.[202)]

> **조성태 위원**: 옛날에 내가 정책실장 할 때 만든 안은 남북 간에 평화공존에 합의해서 상호 군사적 신뢰가 구축되는 것을 전제로 한 거예요.
>
> **김명자 위원**: 제가 거꾸로 질의하겠습니다. 그러면 지금 체제로 가면서 한미연합사 해체되고 한미동맹 약화되고 그렇게 되면 지금 이 개혁안보다 더 좋다고 보시는 거예요? 우리가 아무것도 안 하는 상태에서…
>
> **조성태 위원**: 감축하면 안 되는 거지요. …이것은 핵문제하고 전시작전권 문제가 터진 뒤에, 50만은 북한 핵문제 해결되고 남북 간에 평화협정이 체결되고 군사적 신뢰구축이 가시화되지 않는 한 이것은 존재할 수 없는 법이야. 이제는 여건이 말도 안 되는 소리야. 그러니까 이것은 전제조건이 만들어지지 않으면 안 되는 법이야.
>
> **김명자 위원**: 사실 북핵이라는 게 갑자기, 핵실험은 지금 튀어나온 것이지만 북핵 개발에 대비하는 내용은 여기에 들어 있는 것이고요. 전시작전통제권이라는 것은 우리가 갖든 그쪽이 갖든 우리가 이런 국방력을 갖춰야 한다는 것에서는 또 큰 변화가 없는 것이고, 그거는 별개로 다루어져서 동맹관계를 재정립하는 그런 틀에서 이루어져야지 미군이 어떻게 어떻게 한다 하는

---

202) 국회사무처, "262회 국회 정기회 국방위원회 회의록: 법률안 등 심사소위원회 3호 (2006. 11. 22)" (국회사무처, 2006h), pp. 9-14.

것을 우리 국방기본법에다 넣을 수가 없잖아요. 그러니까 좀 분리시킬 필요가 있지 않은가 하는 말씀을 저는 드리는 거지요(국회사무처 2006h: 8).…전작권이 어떻게 되든 간에 우리 전력 강화인데, 전작권이 어떻게 되는 데에 따라서 이것을 받아들일 수 없다는 논리가 저는 모순이 있다고 생각하고요.

황진하 위원: 전제조건이 다 변화된 상황이니까…핵실험했을 때 어떻게 할 것이다, 전작권은 어떻게 될 것이다 이것을 충분히 반영 안 한 상태로 지금 보여지니, 그것이 처음에 법을 상정했을 때하고 지금 상황이 틀려졌다 이 말이에요.…안보상황은 더 악화가 됐다. 그러니까 병력을 지금 줄여서는 안 된다.

법안 심사 소위에서 병력감축 시행을 위한 전제조건 문제를 놓고 벌어지는 논쟁을 보면, 전제조건이 충족되지 않았으므로 병력감축은 안 된다는 열린우리당 조성태 위원과 한나라당 황진하 위원의 주장을, 열린우리당 김명자 위원이 반박하는 형태로 진행되었다. 조성태 위원과 황진하 위원의 논리는 50만으로의 병력감축이 진행되기 위해서는, '북한과의 신뢰구축 및 한미동맹 유지'라는 전제조건이 충족되어야 하는데, 현 상황에서 북한이 핵실험을 한 결과 북한의 군사위협이 중대했고, 또한 노무현 정부가 전시작전통제권 환수를 추진함으로써 한미연합방위체제가 불안정하게 됐기 때문에 병력감축은 불가하다는 논리이다. 그래서 이러한 전제조건을 단서조항으로 원안에 삽입하여, 전제조건 충족 없이는 병력감축을 시도하지 못하게 해야 한다는 것이다. 이에 대응하는 김명자 위원의 주장은, 북핵 실험이 돌발적인 사건이지만, 북핵에 대한 대응은 이미 법안에 들어있기 때문에 큰 문제가 없고 또한 국방개혁기본법이 전력증강 계획이므로 동맹의 형국과는 무관하게 추진하되, 동맹 문제는 이와 별개로 다루어져야 할 사안이라는 것이다. 또 한 가지 의미 있는 논쟁은 병력감축과 전력증강에 대한 해석의 차이에서 비롯된 논쟁이다.

조성태 위원: 가장 중요한 것은 감군입니다. 65만을 50만으로 줄이는 것입니다. 그러니까 줄이는 것은 안 된다는 거예요. 그러면 당장 내년부터 뭘 하

느냐, 앞으로 이런 조건이 됐을 때 줄일 부대를 먼저 결정해 놓고 그 부대들에 대한 투자는 내년부터 안 하는 것입니다. 전력은 그대로 유지하지요, 왜? 위협은 그대로 상존해 있으니까. 그런데 위협이 딱 사라지면 그때부터 줄여나가면 이중투자를 안 하는 거예요. 이게 군사력을 건설해 나가는 기본원칙입니다. 그렇기 때문에 이번에 이 법을 통과시키는 것은 굉장히 중요해요. 그런데 전제조건만 걸어주면 그것을 가지고 우리 국회가 국방을 계속 통제해 주면 되거든요.

김명자 위원: 지금 참 모순적인 논의를 하고 있다고 생각합니다. 이 국방개혁기본법안에는 감군 하나만 하는 게 아니라 대폭적인 전력증강이 들어가요. 기술집약형 군으로 질적인 개편을 하는 거거든요. 둘이 한 데 통합된 것이 이것의 핵심인데 감군만 갖고 얘기를 하는 것은 반쪽 얘기만, 제대로 하는 얘기가 아니라는 점하고, 그 다음에 남북한 간에 군사적인 신뢰구축이 되어야 한다는 것인데, 신뢰구축이 되면 전력은 약화시키는 방향으로 가는 게 마땅하지 않아요? 이것은 증강대책이거든요.···이것은 67조의 추가비용이 발생하는 증강계획이에요.···그리고 군구조 개편, 감군 문제를 얘기하는데 그것만 가지고 문제 삼으면 안 되고, 육군이 감군돼요. 그런데 해·공군의 비중이 지나치게 얕게, 왜냐하면 연합체제였기 때문에, 그렇게 아주 비정상적인 군구조를 대한민국이 갖고 있었고 50여 년 지탱해 왔고 이제 미래전에 대비해서 그 비중을 조정할 필요가 있다는 것이지요. 그러니까 구조개편도 틀을 바로잡은 거예요. 기존의 관념으로만 이것을 보게 되면 결국 제대로 된 안이 나올 수가 없다는 점을 우리가 생각해야 된다 하는 말씀을 드리고 싶습니다.[203]

상술한 논쟁은 군구조 개편에 대한 본질적인 문제를 다루고 있다. 북한의 군사적 위협이 엄존하기 때문에 병력감축은 불가하다는 조성태 위원의 논리에 대해, 김명자 위원이 제기하는 반론은 크게 두 가지 방향에서 접근하고 있다. 첫째, 국방개혁기본법이 병력감축계획만을 규정하고 있는 것이 아니라

---

[203] 국회사무처, "262회 국회 정기회 국방위원회 회의록: 법률안 등 심사소위원회 3호 (2006. 11. 22)" (국회사무처, 2006h), pp. 11-13.

이와 병행해서 전력을 현대화하기 때문에, 결과적으로는 전력증강 계획임을 지적하고 있다. 따라서 북한과 신뢰관계가 구축되면 전력을 약화시키는 것이 당연한 논리적 귀결인데, 조성태 위원이 북한과 신뢰관계가 구축되었을 때만 병력감축이 가능하다고 주장하는 것은, 국방개혁기본법이 병력감축과 전력 현대화를 통한 전력증강 계획임에도 불구하고, 병력감축이라는 한 가지 측면만을 의도적으로 부각시켜 논리적 모순에 빠져있음을 지적하고 있다. 둘째, 병력감축 문제의 핵심은 육군을 감군하여 정상적인 군구조로 개편함에 있다는 것이다. 한국군의 구조가 육군병력 중심의 비정상적 구조로 50여 년 동안 유지되어 왔기 때문에, 육군을 감축하고 해·공군의 비중을 확대함으로써 미래전에 대비한 군구조로 개편하는 계획임을 주장하고 있다.

또 한가지 논쟁은 전력증강에 대한 것이다. 병력감축에 반대하는 측에서는 무기체계의 현대화가 곧 전력증강은 아니며, 전력증강은 무기체계·숙련도·부대구조·전략전술·한미연합작전지휘체계 등이 복합적으로 작용하는 함수관계에 있음을 주장한다. 찬성하는 측에서는 그 같은 복합적인 사항들을 이미 국방개혁안에 반영해 놓고 있다고 반박하고 있다.

2차 법안 소위에서 병력감축을 둘러싸고 벌어진 논쟁은, 상술한 바와 같이 병력감축에 반대하는 열린우리당의 조성태 위원과 한나라당의 황진하 위원을 한 축으로 하고, 병력감축을 지지하는 김명자 위원과 국방부 관계관을 또 다른 축으로 하는 상호 대립 구도로 진행되었다.[204] 이 같은 대립 구도는 논의가 진행되면서 다른 양상으로 변화하게 된다. 병력감축에 반대하는 열린우리당의 조성태 위원과 한나라당의 황진하, 고조흥, 공성진 위원 사이에 법제화 문제를 놓고 균열이 발생하게 되는데, 조성태 위원은 실질적인 병력감축이 실행되지 않도록 전제조건을 명기하여 통과시켜주자는 입장을 견지

---

[204] 이 같은 구분은 발언의 비중을 고려한 것이다. 법안 소위 의원들 중에 병력감축에 반대하는 위원들은 열린우리당의 조성태 의원, 한나라당의 황진하, 고조흥, 공성진 의원, 그리고 민주당의 김송자 의원이었다. 반면에 병력감축을 지지하는 위원들은 열린우리당의 김명자, 이근식, 안영근 의원이었다.

하였으나, 황진하 위원(고조홍, 공성진 위원 포함)은 감축규모를 수치화하여 명시하는 것에 반대하였다. 병력감축 및 법제화 문제에 대해 이들이 견지하는 노선을 잘 보여주고 있는 논쟁들을 정리하면 다음과 같다.

> **조성태 위원**: 제가 대안을 제시하겠습니다.…'단, 군사력 감축은 북한의 핵문제 해결, 한반도 평화체제 구축, 남북 간 군사적 신뢰가 구축될 때 착수하여야 한다' 이렇게 단서를 달아 주면, 군사력 감축 부분만 제동을 걸어 놓으면 다른 부분은 사실 계획 지향적으로 가는 게 저는 맞다고 봐요.
>
> **황진하 위원**: 제가 조 위원님이 그렇게 말씀 많이 하시고 그랬는데 자꾸 말씀드려서 그렇지만 저희는 숫자 명기는 지금 상황에서는 안 좋은 것이다, 이것은 집어넣으면 안 된다 라는 입장을 가지고 있습니다. 그러니까 동의를 못 하는 입장입니다.…그것은 제 개인적으로보다도 이것은 당에서의 입장을…
>
> **김명자 위원**: 그런데 기술집약형으로 군을 전력확충을 하면서 군구조는, 또 인력은 그대로 두겠다 하는 게 말이 안 되거든요. 서로 맞지가 않는 것이에요. 이것을 맞게 하는 데 있어서 육군 위주였던 그 균형을 바로 조금 조정할 필요가 있다 하는 것이고, 따라서 50만 그리고 부대 재편성 이것은 불가피하다…이것의 몇 가지 세부적인 직접 관계에 대해서 법안에 반영될 수 없는 내용 때문에 이것을 통과 못 시킨다면, 국회는 전력강화를 하겠다는 정부의 안에 대해서 제동을 거는 게 되거든요.…육군은 조정이 되어야 돼요. 전력체계 구조개편 상 해군·공군의 비중이 높아질 수밖에 없어요.[205]

병력감축과 이의 법제화 문제를 둘러싼 이견들은 2차 법안 소위에서도 합의에 도달하지 못하고 3차 법안 소위로 넘기게 된다. 소위 위원들의 논쟁점을 정리하면 〈표 24〉와 같다.

---

[205] 국회사무처, "262회 국회 정기회 국방위원회 회의록: 법률안 등 심사소위원회 3호 (2006. 11. 22)" (국회사무처, 2006h), pp. 15-17.

〈표 24〉 병력감축과 법제화에 대한 입장(2차 법안 소위)

구분	병력감축		병력감축 규모의 법제화		
	찬성	반대	찬성		반대
			전제조건 有	전제조건 無	
위원(정당)	김명자(열) 이근식(열) 안영근(열)	조성태(열) 황진하(한) 고조흥(한) 공성진(한) 김송자(민)	조성태(열)	김명자(열) 이근식(열) 안영근(열)	황진하(한) 고조흥(한) 공성진(한) 김송자(민)

정당: 열린우리당(열), 한나라당(한), 민주당(민)

(3) 3차 법률안 심사 소위원회

3차 법안 소위는 2006년 11월 29일에 개의되었는데, 소위에 앞서 여야가 합의하여 본 소위에서 의결하고 다음날인 11월 30일에 국방위 전체회의에서 최종 의결하기로 결정하였다. 이날 오후에 국방위원회 위원장, 간사, 교섭단체 대표위원, 정책위의장 간 회담에서 이 같은 결정이 이루어졌다. 김한길 열린우리당 원내대표와 김형오 한나라당 원내대표는 11월 29일 국회 귀빈식당 회동에서 12월 1일까지 열리는 국회본회의에서 비정규직 관련 3법과 국방개혁법안을 처리하기로 합의하였다.[206] 이는 11월 27일에 한나라당의 요구에 따라 노무현 대통령이 전효숙 헌법재판소장 내정자 임명동의안을 철회함으로써, 두 달여 동안 파행 운영된 국회가 정상 가동되는 출발점이기도 했다.[207]

3차 소위에서 논의된 핵심적인 사안은 병력감축 관련 조항이었다. 여야가 합의하여 처리하기로 결정한 만큼, 2차 법안 소위에서 표출된 이견들은 쉽게 절충되었다. 이 과정에서도 역시 조성태 위원과 황진하 위원의 영향력이 절대적이었다. 병력감축 관련 조항의 수정 과정을 발췌하면 다음과 같다.[208]

---

206) 『한겨레신문』 2006년 11월 30일.
207) 『한국일보』 2006년 11월 29일.
208) 국회사무처, "262회 국회 정기회 국방위원회 회의록: 법률안 등 심사소위원회 5호 (2006. 11. 29)" (국회사무처, 2006i), p. 1, 8.

수석전문위원 권태하: 다음 제 30조(상비병력 규모의 조정)입니다. 저희들의 수정의견에서는 제 1항에 "국군의 상비병력 규모는 군구조의 개편에 연계하여 2020년까지 연차적으로 50만 명 수준을 목표로 하되 매 5년 단위의 목표수준을 국방개혁기본계획에 반영한다" 이렇게 했는데, 이 사항에 더 구체적으로 아까 말씀하신 현재의 안보상황이 변화된 것을 포함하기 위해서, "북한의 핵 등 대량살상무기 위협, 남북간 군사적 신뢰구축 및 평화 상태의 진전상황 등을 감안하여 매 5년 단위의 목표수준을 국방개혁기본계획에 반영한다" 이런 사항들을 더 추가적으로 삽입하자는 의견이 되겠습니다.

황진하 위원: 그런데 워딩을 바꾸는 걸로 제가 검토를 했습니다. 뭐냐 하면, "북한의 핵 등 대량살상무기 위협" 이걸로 끝나는 게 아니고, "핵 등 대량살상무기 등 위협평가"…

조성태 위원: 오케이, 좋은 말이에요.

황진하 위원: 그런데 핵도 대량살상무기 아닙니까? 그런데 재래식에 대한 평가도 포함되어야 되니까 핵이라는 말을 빼고 대량살상무기 등 위협평가…

조성태 위원: 그 얘기는 당연한 거니까 '북한의 핵을 포함한 대량살상무기 등 위협평가' 이렇게 하면 되지요. '50만 명 수준을 목표로 하되, 북한의 핵을 포함한 대량살상무기 등 위협평가' 그러면 재래식무기와 대량살상무기를 함께 한다 이런 뜻이에요.

국방개혁기본법안이 2006년 2월 16일 국방위에 상정된 이후, 5차례에 걸친 특별 소위와 2차례의 법안 소위에서도 합의점을 찾지 못했던 병력감축 관련 조항이, 마침내 3차 법안 소위에서 합의에 도달하게 되었다. 병력감축 문제에 대해 법안 소위 위원들이 견지했던 노선들을 정리한 '〈표 25〉 병력감축과 법제화에 대한 입장(2차 법안 소위)'을 보면, 3차 법안 소위에서 합의된 내용이 조성태 위원의 입장에 수렴하였음을 알 수 있다.

병력감축과 관련하여 또 한 가지 쟁점은 예비전력 규모에 대한 문제였다. 국방개혁기본법안에는 '예비전력 규모를 2020년까지 연차적으로 150만 명 수준으로 개편·조정한다'고 규정되어 있었지만, 이 역시 합의에 이르지 못한 조항이었다. 3차 법안 소위에서는 예비전력의 감축 규모에 대해 합의에 도달하게 된다. 이 조항은 황진하 위원의 제안을 수용하여, "예비전력 규모는 2020년까지 상비병력 규모와 연동하여 개편·조정한다"라고 합의하였다. 3차 법안 소위를 통해서 국방개혁기본법안의 최대 난제였던 병력감축 조항의 수정에 합의하게 되자, 여타의 조항들에 대해서는 큰 이견 없이 심의를 종결짓게 되었다.[209]

소위원장 안영근: 그러면 정리를 하겠습니다. 이 법안의 제목은 '국방개혁법'입니다. 그러면 의사일정 제1항 국방개혁법안을 방금 소위원회에서 심사한 대로 수정하여 이를 우리 소위원회 안으로 하고 전체회의에 보고하는 것으로 의결하고자 합니다.

수석전문위원 권태하: 이 사항만 하나…아까 말씀하신 26조(상비병력 규모의 조정)에 대해서는 2개 항으로 분리해서, 1항 '국군의 상비병력 규모는 군구조의 개편에 연계하여 2020년까지 50만 명 수준을 목표로 한다', 2항 '제1항의 목표 수준을 정할 때에는 북한의 대량살상무기와 재래식 전력의 위협 평가, 남북 간 군사신뢰 구축 및 평화상태의 진전 상황 등을 감안하여야 하며 이를 매 3년 단위로 국방개혁기본계획에 반영한다' 그렇게 했습니다.

소위원장 안영근: 이의없으십니까?('없습니다' 하는 의원 있음) 없으시면 가결되었음을 선포합니다.

국방개혁기본법안이 2006년 2월 16일 국방위에 상정된 이후 5차례의 법안심사 특별 소위와 3차례의 법안심사 소위를 거쳐 마침내 2006년 11월 29일 제3차 법안심사 소위에서 가결되었다. 그동안의 심의 과정에서 드러난 바와 같이, 국방개혁기본법안의 최대 쟁점은 병력감축 문제였다. 그리고 병력감축은 전제조건[210]이 선행될 때만 시행될 수 있다는, 부연하면 전제조건

---

209) 국회사무처, "262회 국회 정기회 국방위원회 회의록: 법률안 등 심사소위원회 5호 (2006. 11. 29)" (국회사무처, 2006i), pp. 9-10, 22.
210) 3차 법안 소위 결과 합의된 병력감축 관련 수정조항의 내용은 바로 이 '전제조건'을 명

이 충족되지 않을 경우 병력감축은 불가하다는 논리가 조성태 위원과 황진하 위원에 의해 제기되었고, 특히 조성태 위원이 논의를 주도하면서 원안의 수정을 이끌어냈다고 할 수 있다. 조성태 의원은 국방부 정책기획국장, 1군단장, 국방부 정책실장, 2군 사령관, 국방부장관을 지낸 군사전문가라고 할 수 있다. 또한 군사분야의 경우 기밀성 유지를 중시하기 때문에 민간 출신의 국방위 위원들은 조성태 위원에 비해 전문성에 있어 현저한 차이를 보일 수밖에 없었다. 앞에서 인용한 국방위 소위 회의록에 드러나듯이 군사분야에 대한 전문성의 격차는 상대적인 수준을 뛰어넘는 절대적인 것이었다. 즉, 조성태 위원이 병력구조 문제에 대한 전문성을 독점하고 있었으며 이를 바탕으로 여타 국방위원들을 이해시키고 설득하여 원안의 핵심조항을 수정할 수 있었던 것이다.

5) 국방위 가결

3차 법안 소위에서 여야 간 합의를 통해 가결된 국방개혁기본법안의 수정안은 2006년 11월 30일 국방위원회 전체회의에서 심의되었다. 전체회의에서 일부 위원이 수정안에 대해 문제제기를 하였고, 이에 대해 조성태 위원이 수정안의 배경과 의의 등을 설명함으로써 국방위 위원들의 동의를 이끌어냈다.

> **박찬석 위원**: 사실 국방개혁법이 군의 숫자를 줄이고 장비의 현대화를 통해서 군의 효율성을 증진시키자는 데 근본적인 취지가 있는데, 그것이 정부안입니다.⋯그런데 여기에 부대조건을 이렇게 죽 달아 버리면 결국에 개혁이 아니라 개악이 되는 것이 아닌가, 저는 그런 생각 때문에 한 말씀 드리고자 합니다.⋯'목표 수준을 정할 때에는 북한의 대량살상무기', 나중에 북한만이 아니라 중국도 있을 수 있고 일본도 있을 수 있고 항상 있을 수 있는 문

시하고 있다. 수정조항의 내용은 다음과 같다. 1항 '국군의 상비병력 규모는 군구조의 개편에 연계하여 2020년까지 50만 명 수준을 목표로 한다', 2항 '제 1항의 목표 수준을 정할 때에는 북한의 대량살상무기와 재래식 전력의 위협평가, 남북 간 군사신뢰 구축 및 평화상태의 진전 상황 등을 감안하여야 하며 이를 매 3년 단위로 국방개혁기본계획에 반영한다'

제를 갖다가 또 사족을 달아가지고 이런 것을 통해서 국방개혁을 못 하도록 하는, 병력을 못 줄이도록 하는 그런 것이 될까 싶어서 제가 말씀을 드리고요.…'예비전력 규모는 2020년까지 상비병력 규모와 연동하여 개편·조정한다' 이러면 계속 늘어날 수 있는, 줄이지 못하는, 가장 중요한 두 개의 핵심 부분을 넣어 가지고, 사족을 달아가지고 개혁을 못하도록 하는 조항이 되어서 개악이라고 저는 생각합니다.

이인제 위원: …좀 유연하게, 항시 정세변화에 맞추어서 수정할 수 있는 그냥 기본계획 정도로 해 놓고 그때그때 필요한 법의 개정이라든지 예산획득이라든지 이런 것을 추진하면 되지 이것을 법규범으로, 쉽게 손댈 수 없는 규범으로 만들어 놓는 것이…그래서 나는 우선 기본적으로 이런 비전이나 목표를 이렇게 규범 형태로 만드는 것이 선뜻 납득이 잘 안 갑니다. 그런데 지금 여야 간에 다 합의까지 됐다니까 굳이 반대하고 싶지는 않지만, 그런 걱정을 말씀드립니다.

조성태 위원: 지금 이인제 위원님 말씀하시는 내용이 참 사려 깊은 말씀이시기 때문에, 현재 하고 있는 2020계획의 골격은 사실 제가 1994년 정책실장을 할 때 입안을 했던 그 골격을 거의 유지하면서, 벌써 한 12년 전의 일이기 때문에 현실에 맞춰서 많이 수정 보완을 했습니다.…그 당시에 50만 구조를 생각할 때의 전제조건이 세 가지 있었습니다. 남북한 간에 평화공존에 합의가 되고, 그리고 감군을 하더라도 상호 검증이 가능하고, 그런 부분에 대한 한미 간의 인식이 한미동맹이 확실하다는 전제조건이 있었지요.…북한의 핵 문제 해결 그리고 남북 간의 평화공존의 합의, 상호 군비 감축 및 검증 이런 것들을 사실 이 속에 전제조건화해서 넣었습니다. 그래서 이것이 "2020년까지 가는 도중에 그런 조건이 갖춰지지 않으면 군의 축소는 안 된다"라는 것을 사실상 심었습니다.…이 기본계획이 필요한 가장 중요한 이유는 장기연구투자를 하는 부분에 대해서는, 이제부터 이것을 적용하지 않으면 훗날 아주 엄청난 예산의 낭비를 가져올 수밖에 없다 그런 측면에서 이 계획이 굉장한 가치를 가지고 있다고 하는 것을 말씀드립니다.

위원장 김성곤: 12년 전부터 이 계획의 실무를 맡았던 우리 조성태 위원님께서 배경 설명을 잘해 주신 것 같습니다. 이미 법안심사소위에서 상당한 논의가 있었고 또 여야가 이 법을 통과시키기로 양당 대표 또 정책위의장, 간사

간에 합의가 된 만큼…의결을 했으면 좋겠는데 이의 없습니까?(없습니다 하
는 위원 있음)

박찬석 위원: 제 의견은 어떻게 하고…

위원장 김성곤: 그러면 박찬석 위원님도 제가 소수의견으로 달겠습니다.
그러면 가결되었음을 선포하겠습니다.[211]

국방개혁기본법의 국방위 의결은 병력감축 문제를 놓고 큰 이견 없이 원만하게 처리될 수 있었다. 이는 이미 여야 합의를 통해 국방개혁기본법을 통과시키기로 결정하였으며 또한 부분적인 문제 제기에 대한 조성태 위원의 배경설명 때문이라고 할 수 있다. 국방개혁기본법안을 국방위에서 심의하는 과정에서 조성태 위원의 영향력은 지대했다고 볼 수 있다. 2006년 2월의 국방위 상정 과정, 그리고 2006년 11월의 법률안심사 소위원회 심의과정에서 조성태 위원은 과거 국방부 정책실장 및 국방장관의 경험을 바탕으로 논의를 주도하였다. 논의 과정에서 조성태 위원은 상비병력의 감축 수준을 50만 명으로 설정하게 된 배경과 현재의 변화된 안보환경, 이로 인한 원안의 수정방향 등을 설명함으로써, 여타 위원들을 이해시키고 설득하였다. 그 결과, 조성태 위원은 "전제조건이 선행되지 않을 경우, 병력감축은 실행되지 않는 구조"로 국방개혁기본법의 내용을 수정하는 과정에서 핵심적이고 주도적인 역할을 담당하였다.

6) 국회 본회의 가결

국방위원회에서 가결된 국방개혁기본법안은, 2006년 12월 1일 법제사법위원회에서 법률 명칭이 '국방개혁에 관한 법률'로 변경되었고, 그 외 체계와 자구 일부분에서 경미한 정도의 수정을 거친 후, 12월 28일 국회본회의에서

---

[211] 국회사무처, "262회 국회 정기회 국방위원회 회의록 11호(2006. 11. 30)" (국회사무처, 2006j), pp. 6-8.

가결되었다.

국회 본회의에서는 이용희 국회부의장이 법안을 상정하고, 국방위원장 대리로 안영근 의원이 심사보고를 한 이후 반대토론을 듣는 순서로 진행되었다. 반대토론자로는 임종인 위원이 다음과 같은 견해를 제시하였다.

> **임종인 의원**: …국방부에서 만든 원안보다 너무나 후퇴한 것이 국방위에서 결정된 이 법안입니다.…정말 중요한 것은 두 가지입니다. 국군의 상비병력 규모를 원안에는 "2020년까지 연차적으로 50만 명 수준으로 조정한다"고 되어 있습니다. 그런데 이 국방위 수정안에서는 뭐라고 했느냐 하면 "2020년까지 50만 명 수준을 목표로 한다" 이렇게 하면 아무런 의미도 없는 것입니다.212) 그 다음에 예비군이 지금 300만 명입니다. 그래서 이것도 쓸데없는 교육을 많이 시켜서 생업에 지장을 많이 주기 때문에 국방부 안에서는 "2020년까지 연차적으로 150만 명으로 한다" 그런데 이 국방위 안에서는 이것도 없어져 버렸습니다.
>
> **부의장 이용희**: …이것으로 토론을 종결할 것을 선포합니다. 국방개혁기본법안을 의결하도록 하겠습니다. 투표해 주시기 바랍니다.…투표결과를 말씀드리겠습니다. 재석 152인 중 찬성 120인, 반대 17인, 기권 15인으로서 국방개혁기본법안은 국방위원회의 수정안대로 가결되었음을 선포합니다.213)

이렇게 하여 국방개혁기본법안이 국회에 제출된 지 근 1년 만에 국회본회의를 통과하여 '국방개혁에 관한 법률'로 입법되었다.214) 병력감축 관련 수

---

212) 이 같은 입장은 노무현 정부에서 국방발전자문위원회 위원장을 지낸 황병무 국방대 명예교수도 공유하고 있음이, 2008년 7월의 인터뷰 기사에서 드러났다. "병력감축의 핵심은 부대 수를 줄이는 구조조정입니다. 애초 국방부 안은 '목표'가 아닌 '조정'이었는데, 국회 국방위 심의에서 목표로 변경됐어요. 35만명으로 줄이자는 이야기도 나왔지만 결국 50만으로 결정했습니다. 노무현 대통령은 이 결정에 매우 만족해했죠." 국방발전자문위원회 위원장 황병무 교수 인터뷰 자료, "참여정부 안보정책의 보이지 않는 손,"『신동아』 2008년 7월호, 통권 586호 (서울: 동아일보사, 2008), pp. 232-253.

213) 국회사무처, "262회 국회 정기회 국회 본회의 회의록 16호(2006. 12. 1)" (국회사무처, 2006l), p. 23.

정조항의 내용을 국방개혁기본법안의 원안과 비교한 것이 〈표 25〉이다.

〈표 25〉에 나타난 바와 같이 병력구조 개편과 관련한 국방부의 원안이, 국방위 심의를 거치면서 핵심적인 부분에 있어 변화를 가져오게 되었다. 특히 상비병력 규모의 경우, 원안에서는 "2020년까지 연차적으로 50만 명 수준으로 '조정'한다"고 하는 단정적이고 구속력 있는 문구로 규정되어 있었다. 하지만, 수정안에서는 "2020년까지 50만 명 수준을 '목표'로 한다"는 유동적인 규정과 함께, 신설된 ②항에서 "병력 감축의 목표 수준을 정할 때 북한의 군

〈표 25〉 병력감축 관련 조항 비교

구분		원안	수정안
기본계획 수립		【제6조③항】 국방부장관은 국방개혁 기본계획을 추진하기 위하여 5년 단위로 국방개혁 추진계획을 '수립하고 시행'하여야 한다.	【제6조③항】 국방부장관은 국방개혁 기본계획을 추진하기 위하여 5년 단위로 국방개혁 추진계획을 수립·시행하되, 매 5년의 중간 및 기간 만료 시점에 한미동맹 발전, 남북 군사관계 변화 추이 등 국내·외 안보정세 및 국방개혁 추진 실적을 분석·평가하여 그 결과를 국방개혁 기본계획에 반영하여야 한다.
병력구조 개편	상비병력	【제30조①항】 국군의 상비병력 규모는 군구조의 개편에 연계하여 2020년까지 연차적으로 50만 명 수준으로 '조정'한다.	【제26조】 ①국군의 상비병력 규모는 군구조의 개편에 연계하여 2020년까지 50만 명 수준을 목표로 한다. ②제 1항의 목표 수준을 정할 때에는 북한의 대량살상무기와 재래식 전력의 위협 평가·남북 간 군사적 신뢰 구축 및 평화 상태의 진전 상황 등을 감안하여야 하며, 이를 매 3년 단위로 국방개혁 기본계획에 반영한다.
	예비전력	【제32조①항】 예비전력규모는 2020년까지 연차적으로 150만명의 수준으로 '개편·조정'한다.	【제28조②항】 예비전력규모는 2020년까지 상비병력 규모와 연동하여 개편·조정한다.

---

214) 국방개혁기본법안은 2005년 12월 2일 국회에 제출되었고 다음 해인 2006년 2월 16일에 국방위에 상정되어 심의를 거친 후, 같은 해 12월 28일 국회 본회의에서 가결되었다.

사위협·군사적 신뢰구축·평화상태 진전 상황을 감안하여 3년 단위로 기본계획에 반영"하게 함으로써, 안보환경에 대한 해석에 따라 정책 방향이 결정되는 구조로 변화하게 되었다. 신설된 ②항은 병력감축에 대한 전제조건으로서, 현재의 남북관계 하에서는 병력감축이 불가함을 규정한 것이라 할 수 있겠다. 이 같은 변화는 열린우리당의 조성태 의원과 한나라당의 황진하 의원이 병력감축에 관한 논쟁을 주도하면서 이끌어낸 결과였다.

국방개혁기본법안의 국회심의과정에서 병력감축 관련 조항을 둘러싸고 벌어진 논쟁에서 포착되어야 할 중요한 점은 세 가지 정도로 압축할 수 있다. 첫째, 병력감축 반대 의견을 주도적으로 제시하고 이를 견지하는 측이 초당적 연합을 형성하고 있었다는 점이다. 열린우리당의 조성태 의원과 한나라당의 황진하 의원이 병력감축에 공히 반대하고 있다는 점에서, 힐즈먼이 제기한 '권력중추연합'이 병력감축 문제를 둘러싸고 형성되었다고 볼 수도 있다. 둘째, 병력감축에 반대하는 논리가 동일했다는 점이다. 북한의 군사적 위협이 해소되지 않았고 한미동맹이 불안정하게 변화하고 있으며, 한반도 전장 환경의 특성 상 육군 역할이 긴요하기 때문에, 육군 중심의 병력감축은 불가하다는 것이다. 셋째, 병력감축을 반대하는 권력중추연합의 핵심 구성원이 모두 육군 출신이며, 안보문제에 대한 전문성에서 여타 의원들을 압도했다는 점이다. 이 같은 특징은 병력감축 관련 정책이 결정되는 '정책결정요인'를 추론하는 데 주요한 설명변수들이 될 수 있을 것이다. 이에 대한 보다 진전된 논의는 본 저서의 '제3부. 국방개혁정책의 결정요인 추론'에서 다룰 것이다.

7) 법제화의 함의

노무현 정부의 국방개혁이 법제화되는 과정을 살펴보면, 군구조 개편의 하위범주인 병력감축문제를 놓고 형성된 대척점이 발견된다. 병력감축이 시행되기 위해서는 북한의 군사적 위협 소멸과 한미동맹 공고화라는 전제조건이 충족되어야 하는데, 한반도 안보환경은 오히려 정반대로 치닫고 있으며, 또한 한반도 전장 환경의 특성 상 육군의 역할이 긴요하므로, 육군중심의 병력감축은 불가하다는 논리가 그 하나이다. 병력감축을 주장하는 측에서는 과거 50여 년 동안 고착된 육군 중심의 비정상적 군구조가, 3군 균형발전을 저해하여 왔을 뿐만 아니라 현대전에 부합하지도 않다고 보았다. 따라서 병력중심의 대군(大軍) 체제에서 탈피하고 무기체계를 현대화하여 전력을 증강함으로써, 3군 균형발전과 미래전에 적합한 첨단 과학군·기술군을 지향해야 한다는 논리를 전개하였다.

병력감축 규모를 구체적으로 명시하여 법제화하는 문제에 대해, 병력감축을 반대하는 측에서는, 전제조건이 충족되지 않은 상태에서 법의 규정에 따라 일방적으로 병력감축만 진행될 경우 안보위기를 초래할 수 있다고 보았다. 따라서 국방부의 원안에 단서조항을 삽입해서 전제조건이 충족되었을 때만 병력감축이 시행될 수 있도록, 제도적인 규제 장치를 부가해야 한다는 입장을 견지하고 있었다. 반면에 병력감축을 주장하는 측에서는, 군구조 개편이 병력감축과 전력 현대화를 병행해서 진행하기 때문에, 결과적으로는 추가 예산이 소요되는 전력증강 계획이라고 보았다. 그러므로 전제조건과 무관하게 전력증강계획을 진행하는 것이 타당하다는 것이다. 그럼에도 불구하고, 병력감축을 반대하는 측이 의도적으로 군구조 개편의 일부분인 병력감축만을 부각하여 본질을 왜곡하고 있다고 비판하였다.

이에 대해 병력감축에 반대하는 측에서는, 무기체계의 현대화가 바로 전력증강으로 이어지는 것은 아니며, 전력증강은 무기체계·숙련도·부대구조·전략전술·한미연합작전지휘체계 등이 복합적으로 작용하는 함수관계에 있음을 주장하였다. 병력감축에 찬성하는 측에서는 국방개혁2020이 15년에 걸쳐 단계적·점진적으로 진행되는 계획이므로, 그 같은 복합적인 사항들을 이미 고려하여 반영해 놓고 있다고 반박하였다.

사실 병력감축 문제와 같은 안보문제에는 절대선(絶對善)이 존재하지 않는다. 왜냐하면 안보문제의 경우 안보환경에 대한 해석, 위협에 대한 인식,

구상하는 대응전략 등에서 안보관에 따라 차이를 보이기 때문이며, 더욱이 여러 대안들을 객관적으로 검증하여 최선의 대안을 합리적으로 선택하는 것은 거의 불가능에 가깝기 때문이다. 상충하는 대안들이 합의점을 찾지 못하게 될 때, 힘의 논리가 작용되기 쉽다. 상대적 권력의 분포 정도에 따라, 우위에 있는 권력중추연합의 목표가 관철되기 쉽다는 것이다. 병력감축 논쟁 과정을 보면, 병력감축에 반대하는 반대연합의 상대적 권력이 우세했던 것으로 보인다. 그 결과 국방부에서 제안한 '국방개혁 기본법안' 내용 중 병력감축에 관련된 핵심 조항이, 반대연합의 목표에 부합한 방향으로 수정되었다고 할 수 있다. 특히 국회 국방위 소위에서 진행된 심의 과정에서는, 안보문제에 대해 독점적 지위를 확보한 열린우리당의 조성태 의원과 한나라당의 황진하 의원의 견해가 과다 대표된 것으로 볼 수 있다. 그 결과 수정된 '국방개혁에 관한 법률' 제26조 〈①국군의 상비병력 규모는 군구조의 개편에 연계하여 2020년까지 50만 명 수준을 목표로 한다. ②제 1항의 목표 수준을 정할 때에는 북한의 대량살상무기와 재래식 전력의 위협 평가·남북 간 군사적 신뢰 구축 및 평화 상태의 진전 상황 등을 감안하여야 하며, 이를 매 3년 단위로 국방개혁 기본계획에 반영한다〉 규정에 의해, 병력감축 계획은 3년 주기로 안보환경을 재검토하여 국방개혁 기본계획에 반영하도록 하였다. 수정조항 '제 26조 ②항'의 힘은 막강하다. 노무현 정부에서 국방개혁을 법제화하려고 했던 이유는, 국방개혁(특히 병력감축)이 일관되게 지속적으로 추진될 수 있도록 법적 구속성을 확보하기 위함이었다. 하지만 수정조항에 따르면, 병력감축이 시행되기 위해서는 안보환경 평가라는 전제조건을 충족시켜야만 한다. 안보환경 해석에 따라 병력감축 여부가 결정되는 구조로 변화된 것이다. 이는 노무현 정부의 국방개혁 법제화 목표를 역전시키는 조항으로서, 국방개혁의 일관성과 법적 구속성을 파기시켰다고 볼 수 있다. 국방개혁의 당위성을 옹호하는 '지지연합'이 국방개혁, 특히 병력감축의 부적절성을 주장하는 '반대연합'에 압도된 것으로 볼 수 있다.

2007년 국정감사에서 한나라당 황진하 의원이 제시한 보도자료에는, 위의 수정조항(제 26조 ①·②항)에 근거하여 '3년 재검토 주기'에 해당하는 2008년에, 안보상황을 재판단하고 지금까지 발견된 계획상의 문제점들을 해소할 수 있도록 '국방개혁2020'을 대폭적으로 수정해야 한다고 역설하였다.[215] 또한 2007년 3월의 중앙 일간지 사설에는, 주한 미군 사령관의 미국 하원군사위원회 청문회 발언-한국 정부가 예비역을 포함해 370만 명인 병력을 2020년까지 200만 명 수준으로 줄이려는 데 대해, 북한군이 비슷한 규모로 줄이지 않는 한 신중히 고려해야 한다-을 인용하여, 노무현 정부의 병력감축 계획이 부적절하므로 신중하게 재고해야 할 것을 요청하였다.[216] 이 같은 내용은 노무현 정부에서 법제화된 병력감축 관련 조항이 그 전제조건을 규정한 수정조항 26조에 의해 언제든지 파기될 수 있다는 사실을 함의한다.

3. 국방개혁2020과 언론·NGO·여론·학계

노무현 정부에서 국방개혁의 문제가 제기되고 이후 국방개혁2020이라는 개혁안이 수립되어 이를 법제화하는 과정까지 영향을 미친 행위자들은 크게 대통령과 국방부 관계자들을 포괄한 행정부, 그리고 국방위 위원들이라고 할 수 있다. 이들 행위자들은 정부와 의회라는 제도적인 차원의 공적 행위자라고 할 수 있다. 하지만, 국방개혁2020의 결정과정에 대해 공적인 부문의 행위자들만 영향력을 행사했다고 볼 수는 없다. 비정부 차원의 행위자들, 예컨대 언론이나 NGO, 그리고 학계의 군사전문가 또한 국방개혁2020의 수립과 이의 법제화를 위한 의회 심의과정에 직·간접적으로 영향을 미쳤다고 할 수 있다. 아래에서는 이들의 영향력을 규명하고자 한다.

---

215) 황진하, "국방개혁2020 진퇴양난: '08년도부터 국방개혁2020 계획 대폭 수정 불가피," 2007 국정감사 보도자료(2007. 10. 17). www.jinwhang.com (검색일: 2007. 11. 30).
216) 『동아일보』2007년 3월 9일.

1) 언론

노무현 정부의 국방개혁, 특히 병력감축에 대한 언론의 평가는 크게 두 가지 상반된 견해로 분기(分岐)되었다. 소위 보수 성향의 중앙 일간지라고 할 수 있는 조선·중앙·동아·문화일보와 진보성향의 한겨레·경향신문 등이 병력감축에 대한 논조에서 확연한 차이를 보였다. 병력감축에 대한 언론의 논조는 국방개혁2020이 발표된 다음 날인 2005년 9월 14일자 '사설'의 내용을 중심으로 정리하였다.

먼저 동아일보의 경우, 국방개혁의 방향은 옳지만, 개혁 추진의 논리적 근거에 하자가 있음을 지적하였다. 윤광웅 국방부장관이 "북한의 군사적 위협을 안정적으로 관리할 수 있다는 민간 전문가들의 견해를 반영해서 개혁정책을 수립했다"고 하는 '신동아' 대담 기사를 인용하며, 민간인들의 낙관론을 근거로 삼아 15년 후의 안보환경을 예단하는 것은 무책임하고 위험하다며 비판하였다. 또한 북한의 군사적 위협이 계속되고 있기 때문에 병력감축은 불가하며, 이를 법제화하는 것 역시 안 된다는 것이 동아일보의 논지였다.[217]

조선일보의 경우, 국방개혁에 소요되는 재원에 초점을 맞추어 비판하였다. 국방개혁에 소요되는 재원이 총 683조원에 달한다며, 국방개혁이 국정의 우선 순위에서 정말 시급한 문제인지 고려해 봐야 한다고 지적하였다. 또한 노무현 정부의 국방개혁안이 '자주국방' 구상에서 나온 것으로서 한미동맹을 경원시(敬遠視)하고 있음을 비판하였다.[218]

중앙일보도 조선일보와 마찬가지로 예산 문제를 지적하였다. 국방부 계획대로 국방개혁을 추진할 경우, 전체 예산 중 국방비가 차지하는 비율이 현 15% 수준에서 2015년엔 24% 정도로 늘어나게 되고 경상비까지 포함하면 천문학적인 예산이 소요된다는 것이다. 따라서 국방개혁이 복지와 같은 다

---

[217] 『동아일보』 2005년 9월 14일.
[218] 『조선일보』 2005년 9월 14일.

른 의제를 무시하고 추진될 수는 없기 때문에, 국방부는 예산 확보 방안을 제시해야 한다고 주장하였다. 또한 군 인력조정(병력감축) 문제와 주한미군과의 관계 등에서 미진한 점을 보완하여 법제화에 나설 것을 주문하였다.[219]

문화일보에서는 국방개혁안의 실현가능성에 대해 회의적이며 절차적 측면에도 의문점을 제기하였다. 개혁안이 국민적 합의는커녕 군 내부의 공감대마저 제대로 이끌어내지 못한 채 정치적 의도에 따라 밀어붙이기식으로 추진되었다고 보았다. 대규모 병력감축과 이에 따른 무기 및 장비의 보강에 천문학적인 규모의 예산이 소요될 것인데, 예산을 확보할 적절한 대안을 내놓지 못하고 있는 점 역시 비판의 대상이었다. 또한 개혁안이 전제한 한반도 안보상황에 대한 낙관론이 근거 없으며, 미군과 사전협의를 거치지 않고 추진되었음을 비판하였다. 문화일보 역시 개혁의 법제화는 안보상황 변화에 따른 개혁의 유연성을 훼손할 공산이 크다고 지적하며 반대하였다.[220]

한겨레신문에서는 국방개혁안과 법제화 시도를 높이 평가하였다. 하지만, 병력규모를 50만 수준으로 감축하는 것은 부족하며 감군규모를 더 늘려야 한다고 보았으며, 군 전력을 기술 집약형으로 전환하는 과정에서 국방비가 폭증할 것을 우려하였다. 아울러 대북 억지력 차원의 군 개념에서 벗어나, 통일을 염두에 두고 한반도와 동북아 평화구조를 유지해 나가기 위한 물리적 기반으로서 한국군의 위상을 설정해야 한다고 주장하였다.[221]

경향신문의 경우, 국방개혁2020이 세계적인 국방개혁 추세에 따른 당연한 선택이며, 한반도 상황 역시 변화하여 많은 병력을 유지할 근거가 약해졌다고 보았다. 또한 과거의 국방개혁 실패를 고려할 때, 국방개혁의 법제화·제도화는 바람직한 방향이라고 평가하였다. 다만, 예산 조달의 실현 가능성 문제, 한국과 북한간의 병력 규모 불균형 및 한미동맹에 미칠 영향과 같은 안보공백에 대한 우려를 극복하는 문제, 군 내부의 이견을 관리하는 문제 등을

---

[219] 『중앙일보』2005년 9월 14일.
[220] 『문화일보』2005년 9월 14일.
[221] 『한겨레신문』2005년 9월 15일.

해결 과제로 제시하였다.[222]

상술한 바와 같이 군구조 개편의 하위범주인 병력감축 문제와 국방개혁의 법제화에 대한 언론의 견해는 양분되어 있었다. 보수적인 성향의 중앙 일간지인 조선·중앙·동아·문화일보의 경우, 위 논제에 대해 반대하는 입장인 반면, 진보적인 성향의 한겨레·경향신문은 찬성하는 입장을 보였다. 언론의 입장이 양분되어 있기는 하지만, 실제적 영향력은 신문시장 점유율[223]을 고려해 볼 때, 보수적 성향의 언론이 진보성향의 언론에 비해 우월했다고 볼 수 있다.

2) NGO

한국의 비정부기구(NGO)들 중 안보와 국방에 관련된 단체들은 약 40여 개 이상이 활동하고 있으며 각기 지향하는 운동의 영역들이 있다.[224] 국방개혁의 법제화 과정에서 국방위 주관의 공청회에 발표자로 선정되어 참가한 NGO[225]는 참여연대, 자주국방네트워크, 재향군인회가 있다. 공청회에서 병력감축 문제에 대해 제기한 논점들을 중심으로 이들의 입장을 정리하면 다음과 같다.

---

[222] 『경향신문』 2005년 9월 6일.
[223] 2008년 6월 30일 한국언론재단이 발행한 『신문과 방송』 7월호에 따르면, 2008년 상반기 신문시장 점유율은 조선일보 24.4%, 중앙일보 18.8%, 동아일보 14.9%, 경향신문 5.8%, 한겨레신문 3.7%였다. 보수성향 신문인 조선·중앙·동아의 시장점유율이 58.1%에 달한 반면, 진보성향 신문의 점유율은 미미하였다. 『경향신문』 2008년 6월 30일.
[224] 제정관, "국민과 국방," 차영구·황병무 편, 『국방정책의 이론과 실제』(오름, 2004), p. 662.
[225] 물론 공청회에 NGO만 참석한 것이 아니다. 1차 공청회에는 임길섭(국방연구원 개념발전연구실장), 차두현(국방연구원 국방현안팀장), 김영호(국방대 안보대학원 교수), 김훈배(자주국방 네트워크 대표), 이태호(참여연대 활동사무처장), 홍관희(안보전략연구소 소장)가 발표자로 참석했다. 2차 공청회에는 김경덕(합참 전력발전부장), 박주현(국방연구원 자원관리 연구센터장), 설문식(기획예산처 국방재정과장), 장영철(국방부 계획예산관), 정창인(재향군인회 안보연구소 연구위원)이 발표자로 참석했다.

참여연대의 주장은 다음과 같았다. 통일 전 한국의 적정 병력 규모와 관련한 기존 연구 자료들이 대체로 30만 명 내외를 적정 병력 규모로 보고 있는데, 국방부는 북한 군대가 117만이라는 점을 강조하며 50만 명의 병력이 필요하다고 주장하고 있다. 하지만 참여연대 측에서는 북의 전투준비태세나 전쟁지속능력, 주변국의 양해 혹은 지원의 부재, 한국군 및 미군의 보복능력 등으로 인해 북한이 전면전을 도발할 가능성이 감소되고 있으므로 50만 명이나 되는 대군이 필요치 않다고 보았다. 또한 국방부에서 1998년~99년 국민의 정부 시절 25만 명 이상을 감축하는 안을 검토한 바 있었는데, 국방개혁 2020안의 18만 명 감축안은 이보다 더욱 소극적인 안으로 퇴행적이라는 것이다. 예비군의 경우, 300만을 150만으로 감축하여 정예화 한다는 것은 실현 불가능한 구상으로 오히려 예비군 제도 자체를 폐지해야 한다는 것이다. 다만 군이 장래에 모병제로 전환할 경우 대폭적인 병력축소를 감안하여 소수의 예비군을 육성하는 것은 고려해 볼 만하다고 주장하였다. 자주국방네트워크에서는 보다 근본적인 문제로서 국방개혁2020의 안보환경 평가가 적실한 것인지에 의문을 제기하였다. 국방개혁2020의 안보환경 평가 시점이 2004년이기 때문에, 변화된 안보환경을 제대로 반영하지 못하고 있으며, 또한 개혁의 모델로 프랑스식 국방개혁을 지향한 것은 출발부터 잘못된 것임을 지적하였다. 프랑스의 경우 탈냉전으로 인하여 안보위협이 거의 소멸된 환경을 반영한 개혁정책인 반면, 한국의 경우에는 오히려 안보위협이 증대되고 있는 상황이기 때문에 그 맥락이 상이하다는 것이다. 또한 현재의 병력중심 구조를 첨단무기 중심구조로 재편하기 위해서는 천문학적 비용이 투입되어야 하는데, 국가재정상황이 국방 예산 소요를 감당하기 어렵다는 것이다.[226]

재향군인회에서는 한국군의 주된 존재이유가 북한 공산군사독재정권에 의한 전쟁도발 억지, 침공 시 이를 격퇴하고 군사적으로 통일을 성취하는 것에 있음을 강조하였다. 따라서 한국군의 군사적 역량은 북한군의 역량에 대

---

226) 국방위원회, "국방개혁2020안에 관한 1차 공청회 자료집(2006. 4. 18)" (국방위원회, 2006b), pp. 49-65.

비한 맞춤형으로 발전시켜야 한다고 주장하였다. 특히 북한의 핵, 화생무기, 미사일, 비정규전 능력, 휴전선에 병력집중, 수도 서울에 대한 집중타격능력 등에 대한 대비책을 강구해야지, 단순히 미군형으로 개편하는 것은 바람직하지 않다고 보았다. 또한 북한의 군사독재정권이 선군정치를 내세워 모든 역량을 군사부문에 투입하고 있으며, 특히 북한군의 변화가 전혀 없는 현 상황에서 한국군이 그 어떤 이유로서든, 일방적으로 병력을 50만으로 감축하는 것은 전쟁의지의 약화로 비춰져 북한의 군사독재자가 상황을 오판하게 할 염려가 있다는 것이다. 현 국방개혁안은 희망적 낙관에 바탕을 둔 비현실적인 것으로 전력증강 및 군구조 개편은 불투명한 반면, 법제화에 따른 병력 감축은 무조건적으로 실시될 염려가 있기 때문에 국방개혁의 법제화는 반대하며, 특히 병력수준 50만 감축은 법안에 명시되어서는 안 된다는 것이 재향군인회의 입장이었다.[227]

두 차례에 걸쳐 진행된 국방위 공청회에서도 역시 병력감축 문제는 교차점을 찾기 힘든 난제임이 드러났다. 열린우리당이 선정한 '참여연대'와 한나라당이 선정한 '자주국방네트워크 및 재향군인회'의 견해가, 양 당의 논쟁지점을 그대로 대변하고 있기 때문에, 결국 공청회는 양 측이 자기만의 이야기를 일방적으로 전달하는 선에서 그치고 말았다. NGO가 국방개혁, 특히 병력감축에 대해 견지하고 있는 노선에 따라, 여당과 야당에 동원되는 형태의 공청회가 되었던 것이다.

3) 여론

국방개혁의 문제는 고도의 전문성과 기밀성을 요구하기 때문에, 군사 전문가가 아니면 적절한 분석이나 타당한 평가를 내리기가 매우 어렵다. 국방위 심의 과정에서 나타난 바와 같이 군사경력을 가진 일부 의원이 아니면, 국

---

[227] 국방위원회, "국방개혁2020안에 관한 2차 공청회 자료집(2006. 4. 26)" (국방위원회, 2006c), pp. 59-66.

방위원회 소속 위원들이라고 할지라도 설득력 있는 논리를 전개하기 어려운 분야가 군사문제이다. 따라서 국방개혁의 구체적 내용과 관련한 국민여론의 적합성이나 타당성은 유의미한 수준을 담보하기 힘들 수도 있다. 단지 병력감축이나 주한미군의 역할 등과 같은 문제들에 대해서 국민들이 표명하는 견해 등이, 국민여론으로서 의미를 담보할 수 있다고 볼 수 있을 것이다.

국방개혁2020에 대한 국민여론이, 여론조사를 거쳐 일정한 체계로 발표된 것은 김성곤 의원이 주관한 '국방개혁안 관련 전국민 여론조사'[228]였다. 노무현 정부에서 추진된 국방개혁2020에 대한 국민여론조사는 국방위 소속의 열린우리당 김성곤 의원이 한길리서치에 의뢰하여 2005년 9월 20일부터 21일까지 실시하였다. 이 조사는 국민들을 대상으로 국방개혁안에 대한 인지도와 국방개혁 내용에 대한 의식 파악을 목적으로 하였다.

설문항은 10개로 구성되었으며, 각각의 문항은 다음과 같았다. ①귀하는 최근 정부가 추진하고 있는 국방개혁안에 대해서 알고 계십니까? ②국방개혁안에 대해 들어 보셨다면 국방개혁안의 내용에 대해서 적절하다고 보십니까? 아니라고 보십니까? ③귀하는 국방개혁 추진과정에서 가장 우선시되어야 하는 사항이 무엇이라고 생각하십니까? ④정부가 추진하는 국방개혁안에 따르면 현재 약 68만 명의 병력을 2020년까지 50만 명으로 감축하는 방안이 제시되고 있습니다. 귀하는 이에 대해서 어떻게 생각하십니까? ⑤국방개혁안에 따르면 군 병력 감축에 따른 전력 공백을 첨단무기로 대체하는 방안이 제시되고 있습니다. 이를 위해서는 국방예산의 증가가 필요한데 귀하는 국방예산의 증가에 대해서 어떻게 생각하십니까? ⑥군대의 사병제도는 남자가 의무적으로 군대에 가야하는 징병제와 군대에 가기를 희망하는 사람만 가고 월급을 지급하는 모병제가 있습니다. 현재 우리나라는 의무적으로 군

---

228) 국방개혁안 관련 전국민 여론조사는 한길리서치에서 주관하였으며, 전국의 만 20세 이상 성인 남녀를 모집단으로 하되 표본의 크기는 800명으로 한정하여 전화면접 방식으로 조사하였다. 표본 오차는 95% 신뢰수준에 ±3.5%P였다. 김성곤, 『국방개혁 관련 여론조사 보고서』, 2005 정기국회 정책자료집-3 (국방위원회, 2005),

대를 가야하는 징병제입니다. 귀하는 우리나라 군대의 사병제도에 대해 어떻게 생각하십니까? ⑦귀하는 현재 북한의 위협에 대해서 어떻게 생각하십니까? ⑧귀하는 그럼 10년 후에는 북한의 군사적 위협이 늘어날 것이라고 보십니까? 줄어들 것이라고 보십니까? ⑨귀하는 주한미군의 역할에 대해서 어떻게 생각하십니까? ⑩귀하는 현재 육군사병의 복무기간인 24개월이 길다고 생각하십니까? 아니라고 생각하십니까? 등이 주요 설문항이었다.[229] 10개의 설문항에 대한 조사결과를 정리하면 〈표 26〉과 같다.

이 여론조사에 따르면, 국민의 54.5%가 정부가 추진하고 있는 국방개혁안에 대해서 알고 있으며, 45.3%는 국방개혁안의 내용이 적절하다고 평가한 것으로 보인다. 하지만, 여론조사 설문항의 선택지 내용과 전체 표본 800명 중 문항별 응답자 수를 고려하면, 조사결과의 적실성이나 대표성이 반감된다.

첫 번째 문항의 경우, "귀하는 최근에 정부가 추진하고 있는 국방개혁안에 대해서 알고 계십니까?"라는 질문에 대한 선택지가 3개(아주 잘 알고 있다, 들어는 보았다, 잘 모르겠다)에 불과했다. 각각의 선택지에 답한 응답자의 비율을 보면, '아주 잘 알고 있다'는 8.7%에 불과하고 '들어는 보았다'가 45.8%에 달하는데, 위 두 선택지를 '국방개혁안에 대해 알고 있다'로 통합하여 범주화함으로써, 국방개혁안에 대한 인지도를 54.5%로 계산하는 오류를 범하고 있다는 것이다. 왜냐하면, '아주 잘 알고 있다'와 '들어는 보았다'는 인지의 정도에서 현격한 차이를 보이는 내용이어서 하나로 범주화할 수 없는 항목들이기 때문이다. 또한 두 번째 문항에서는, '국방개혁안의 적절성' 여부를 조사하고 있는데, 조사결과 45.3%가 적절하다고 응답한 것으로 발표되었다. 하지만, 두 번째 문항에 대한 응답자는 전체 표본 800명 중에서 첫 번째 문항의 선택지 중 '아주 잘 알고 있다' 또는 '들어는 보았다'에 답한 436명만을 대상으로 했기 때문에, 국방개혁안이 적절하다고 평가한 응답자는 전체 표본의 45.3%가 아닌, 표본의 일부인 436명의 45.3%라는 것이다.

---

[229] 설문항과 선택지의 구체적 내용은, 김성곤, 『국방개혁관련 여론조사 보고서』, 2005 정기국회 정책자료집-3 (국방위원회, 2005), pp. 41-42를 참고할 것.

〈표 26〉 국방개혁2020 관련 국민 여론조사

설문항	견해	
국방개혁안에 대한 인지도	• 알고 있다(54.5%) -아주 잘 알고 있다(8.7%) -들어는 보았다(45.8%)	• 잘 모른다(45.5%)
국방개혁안의 적절성	• 적절하다(45.3%) -매우 적절하다(3.6%) -그런대로 적절하다(41.7%) • 잘모름(12.3%)	• 부적절하다(42.4%) -전혀(5.5%) -별로(36.9%)
국방개혁추진의 우선 순위	• 첨단무기의 조속한 도입(22.6%) • 장병의 기본권 개선(20.5%) • 군 인사제도 개선(17.1%) • 육·해·공군의 균형발전(15.9%) • 국방예산 절감(8.2%) • 병력감축(4.9%)	
국방개혁에 따른 병력감축	• 찬성(48.4%) -50만명 규모 적당(34.1%) -50만명 이하 감축(14.3%)	• 반대(45%) -현상유지(40.7%) -추가증강(4.3%)
국방예산 증감	• 인상(44.3%) -대폭인상(12.5%) -소폭인상(31.8%) • 현상유지(35.2%)	• 삭감(17%) -대폭삭감(4%) -소폭삭감(13%)
징병제 대 모병제	• 징병제 유지(38.9%) • 징병제+모병제(43.2%)	• 모병제 전환(16%)
북한의 군사적 위협	• 위협적(56.8%) -매우 위협적(13.9%) -조금 위협적(42.9%)	• 비위협적(41.4%) -전혀(6.4%) -별로(35%)
10년 후 북한의 군사적 위협	• 위협증대(25.5%) -대폭증대(7.5%) -소폭증대(18%)	• 위협비증대(67.8%) -전혀(17.5%) -별로(50.3%)
주한미군의 역할	• 주한미군역할 줄이고 한국군 역할 강화해야(55.7%) • 현 수준 적절(29.6%)	• 강화(7.1%) • 불필요(5.1%)
육군사병 복무기간	• 현 수준 적당(68.9%)	• 단축(20.8%) • 연장(9.4%)

출처: 김성곤, 『국방개혁관련 여론조사 보고서』, 2005 정기국회 정책자료집-3 (국방위원회, 2005)의 전체 내용을 필자가 표로 요약·정리하였음.

물론 집권여당인 열린우리당 의원이 주관하여 실시한 여론조사가 정부 정책에 우호적인 결과를 보이도록 해석될 수 있을 것이다. 하지만, 위 여론조사의 첫째, 둘째 문항은 다소 무리한 해석을 시도한 것으로 보인다. 나머지 설문항 중에서 국방개혁2020의 핵심이라고 할 수 있는 병력감축 문제를 보면, 찬성하는 의견이 48.4%, 반대하는 의견이 45%로 찬성여론이 반대 여론을 약간 상회하는 것처럼 보이나, 오차범위(±3.5%)를 고려하면 유의미한 차이는 발견되지 않는다. 또한 국방개혁안에 따른 국방예산의 증액문제도 인상 의견이 44.3%인 반면, 인상에 반대하는 의견은 52.2%(현상유지 35.2%, 삭감 17%)에 달하고 있어, 병력감축을 보전하기 위한 전력증강 예산 확충 문제에 대해 국민들이 우호적이지 않음을 보여주었다고 해석할 수 있다. 북한의 군사적 위협에 대해서는 56.8%에 달하는 많은 국민들이 위협적이라고 평가한 반면, 41.4%는 위협적이지 않다고 보았다. 한편 주한미군의 역할에 대해서는 55.7%의 국민들이 주한미군의 역할을 축소하고 한국군의 역할을 강화해야 한다고 응답하였다.

위 여론조사 결과를 정리하면, 국방개혁안에 따른 병력감축문제에 대해서는 찬반 의견이 비슷하게 분포되어 있다고 할 수 있고, 국방예산 증액은 반대 의견이 더 많았으며, 북한의 군사적 위협에 대해서는 많은 국민들이 여전히 위협적으로 인식하고 있었다.

여당인 열린우리당 소속의 김성곤 의원이 주관한 여론조사 외에도, 국방부 주관의 여론조사 결과도 발표되었다. 국방부는 국방개혁2020에 대한 국민들의 지지도가 66.4%라고 발표하였다. 하지만, 한나라당 박진 의원은 국민의 56.6%가 국방부의 개혁에 관심을 갖고 있지만, 86.3%의 국민이 국방개혁안의 내용을 모른다고 응답했고, 국방개혁에 대한 단순 지지도가 66.4%로 나타났는데 이것을 국방개혁2020에 대한 국민지지도로 왜곡하여 발표하였다는 것이다.[230]

---

230) 『국민일보』 2005년 9월 23일.

국방개혁2020에 대한 두 가지 여론조사 결과를 보면, 국방개혁 특히 병력 감축 문제와 같은 세부적이고 전문적인 분야에 대한 국민여론을 정책추진의 동력으로 삼기에는 문제가 있음을 보여준다. 특히 김성곤 의원이 주관한 여론조사 결과를 보면, 국방개혁의 적절성과 병력감축 문제 등에 대한 찬반 여론이 유의미한 수준의 차이를 보이지 않고 거의 유사한 수준에 머무르고 있음을 알 수 있다. 이는 곧 국방개혁에 대한 여론이 국방개혁정책을 추진하는 동력이 될 수 없음을 의미한다. 즉, 국방개혁에 대한 여론은 국방개혁정책 추진에 유의미한 수준의 영향력을 미치지 못했다는 결론이 가능하다.

4) 학계

병력감축 문제에 대한 학계의 입장 역시 양분되어있었다. 50만 명 수준으로 병력을 감축하겠다는 계획에 대해, 병력감축 규모를 더 늘려야 한다는 입장과 병력감축 계획은 한국의 안보상황을 고려할 때 부적절하며 현상을 유지해야 한다는 입장이 대립하고 있었다.

먼저 군 병력을 더 줄여야 한다는 주장을 정리하면 다음과 같다. 동국대 이철기 교수에 따르면, 노무현 정부의 국방개혁2020의 핵심이 사실상 군 병력의 감축 규모에 있는데 국방부안의 경우 개혁성과 실효성 면에서 의구심을 갖게 한다고 하였다. 병력감축계획이 실행되더라도 여전히 50만 명에 달하는 병력집약적인 군대를 유지하게 되는데, 과연 그러한 구조를 가지고서도 정예화된 정보과학군이 가능한지에 대해 회의적인 시각을 표명하였다. 100만 명이 넘는 북한군이 엄존하고 있는 상황에서 한국군만 대규모 감군을 시도하는 것은 부적절하다는 비판에 대해서 이철기 교수는 북한의 병력수가 매우 과장되어 있다고 주장한다. 북한의 경우, 사회주의 특유의 '인민전쟁론'의 전쟁관을 갖고 있어, 인민군대 모두가 군사훈련만 전담하는 정예군인을 의미하지 않는다는 것이다. 상당 규모의 인민군들은 대규모 건설공사와 농사일 등에 동원되는 '반군반민'(半軍半民)의 성격을 띠고 있다는 것이다. 또

많은 수의 군인이 종신 동안 군대생활을 하는 제도를 채택하고 있어 노령화된 군인들이 다수 포함되어 있으므로, 북한과 같은 방식으로 병력규모를 계산한다면, 한국의 경우에도 제대한 장교와 부사관을 모두 병력수에 추가해야 한다는 것이다. 경제력의 차이가 30배 이상 나고, 국방부 통계에 의하더라고 미얀마보다 적은 연간 국방비를 지출하는 북한의 병력수를 핑계로 병력감축에 소극적인 것은 설득력이 없으며, 심지어 세계에서 가장 긴 국경선을 가진 러시아보다도 더 많은 육군을 유지하는 것은 타당하지 않다고 보았다. 또한 200만 명이 넘는 중국의 대군에 맞서고 있는 타이완이 병력수를 지속적으로 감축하여 29만 명 수준을 유지하고 있는 상황을 교훈으로 삼아야 한다는 것이다. 패권을 추구하는 극소수의 국가를 제외하고는 30만 명 이상의 군대를 유지하고 있는 국가가 없다는 점, 독일의 병력수가 28만 명, 영국은 21만 명, 일본 24만 명 등을 예로 들어 현대전의 경우 병력수가 더 이상 큰 의미가 없다는 주장을 제기하였다. 한국의 경우 국방예산의 70% 가까이가 병력과 부대를 유지하는 운영유지비로 투입되는 만큼, 현실적으로 대규모 병력감축 없이는 첨단무기로 무장한 정보과학군으로 전환하는 데 필요한 비용을 감당할 수 없다는 것이다. 국방부안대로 국방개혁이 실행된다면, 한국경제가 감당하기 힘든 과도한 국방예산 증액만 초래하고 군개혁은 실패로 귀착될 수 밖에 없을 것이므로, 30만 명 수준으로 감축하는 개혁안을 다시 수립해야 한다고 이철기 교수는 제안하였다.[231] 국방대 황병무 교수는 국방개혁에 대한 신사고가 필요하며 대북 전투력 불균형 요소를 따라잡기식으로 보완해 나갈 필요는 없다고 주장하였다.[232] 한남대 국방전략연구소 김종하 책임연구원은 병력구조의 정예화와 육군 부대구조 개편 등의 문제를 제기하였다. 현재의 야전군 사령부를 폐지하고 육군작전사령부를 창설하여 예하 군단을 직접 지휘하게 되면 수십명의 장성과 수백명의 영관급 장교들, 그리고 수만명의 병력을 감축하는 효과를 가져올 수 있다는 것이다.[233]

---

[231] 『서울신문』2005년 9월 9일.
[232] 『경향신문』2004년 5월 24일.

단편적인 언론 보도와는 달리 적정 수준의 병력감축 규모에 대한 체계적인 연구는 참여연대 평화군축센터에서 2005년 9월 22일에 국회에 제출한 '참여연대 국방정책 의견서'에 잘 나타나 있다. 이 보고서에 따르면 통일 전후 한국의 적정 병력 규모와 관련한 기존 연구 자료들은 대체로 30만 명 내외를 적정 병력 규모로 보고 있다는 것이다. 이를 인용하면 〈표 27〉과 같다. 참여연대 측에서는 이 같은 연구 결과를 근거로 국방부의 병력감축 계획이 적정 병력규모에 관해 대다수 연구자들이 주장하는 30만 명 수준을 훨씬 상회하는 것이라고 비판하였다.[234]

〈표 27〉 통일 전후 한국군 적정 규모 연구 사례

연구자	통일 전 적정병력	통일 후 적정병력	연구년도
박재하	38만 3천	57만	1991
김충영	26만 3천 ~ 30만 7천	40 ~ 46만	1992
조동호	29만	44만 2천	1997
이병근·유승경	29만 9천	46만	1998
윤진표	27만 4천 ~ 31만 4천	46만	1998

출처: 참여연대 평화군축센터, "2005년 정기국회 참여연대 국방정책 의견서: 국방개혁 2020안에 대한 6가지 비판적 문제제기" (참여연대, 2005). www.peoplepower21.org/article/article_view.php?article_id=14628(검색일 2007. 11. 17), p. 6.

반면에 병력감축에 반대하는 입장은 다음과 같았다. 박용옥 한림국제대학원대학교 교수는 북한군이라는 직접적 군사위협세력과 첨예하게 대치하고 있고 북한의 핵 보유 선언을 고려할 때, 기존 전투역량의 약화를 초래하는 국방개혁안이 되어서는 안 될 것을 주문하였다.[235] 남주홍 경기대 교수는

---

[233] 『한겨레신문』 2004년 8월 25일.
[234] 참여연대 평화군축센터, "2005년 정기국회 참여연대 국방정책 의견서: 국방개혁2020안에 대한 6가지 비판적 문제제기," (참여연대, 2005). www.peoplepower21.org/article/article_view.php?article_id=14628(검색일 2007. 11. 17), pp. 5-6.
[235] 『동아일보』 2005년 4월 30일.

핵, 장거리 미사일, 생화학 무기 등 비대칭적 위협뿐만 아니라 세계 최대 규모의 특수전 능력을 보유한 북한을 상대로 일방적인 병력감축을 추진하는 것이 안보 자해행위와 같다고 비판하였다.[236]

병력감축에 반대하는 보다 체계적인 논리는, 17대 국회 국방위 간사인 한나라당 소속 황진하 의원이 국방개혁2020을 검토하기 위해 미국 RAND연구소의 베넷(Bruce Bennett) 박사에게 의뢰하여 완성한 보고서에 잘 나타나 있다. 베넷 박사는 국방개혁2020에 따라 병력감축이 완료되면, 전방에 배치되어 있는 11개 사단이 8개 사단으로 줄어들 것이며, 제2, 제3 방어선을 구축하고 있는 보병 전력들은 6개의 정규 사단과 15개 예비 사단에서 9개 예비 사단으로 감소할 것인데, 그 결과 전선의 방어를 약화시킬 것이라고 전망하였다. 또한 예비 전력의 감축은 한국 육군의 전진방어를 취약하게 할 것이라고 보았다. 이들 병력 감축을 과학기술이 보완해줄 수도 있을 것이지만, 그 같은 결론에는 지대한 모험이 따른다고 보았다. 후방지역의 경우에도 국방개혁2020이 실행되면, 10개 사단이 6개 사단으로 감소하게 되고, 해안 방어 임무는 한국 경찰에 이관된다. 그 결과 북한의 특수작전 부대 및 테러분자들에 대항한 후방지역 방어가 보다 취약해질 것으로 전망하였다. 결론적으로 베넷 박사는, 2020년 시점에서의 한국군 현역 규모가 지나치게 작기 때문에 45만 내지 50만의 현역 육군병력을 유지하는 것이 적절하며, 한국군 현역 규모도 60만 정도가 보다 바람직하다고 보았다. 이 같은 병력규모는 남북통일 시까지 유지되는 것이 적합하다고 제안하였다.[237]

병력감축에 대한 학계의 논의 역시 상반된 입장으로 양분되어 있었다. 특히 참여연대의 견해와 베넷 박사의 주장은, 열린우리당과 한나라당이 국방개혁기본법의 의회심의과정에서 개최한 공청회에 각각 동원되기도 하였다. 하지만, 노무현 대통령이 국방개혁을 추동하기 위해 대통령 직속으로 설치

---

236) 『문화일보』 2007년 3월 12일.
237) Bruce Bennett, "국방개혁2020의 재고: 변화하는 환경에서의 한국의 국가안보기획," 황진하 의원 2007년도 해외정책 연구용역 보고서(2007), pp. 68-69.

한 국방발전자문위원회의 위원장이 평소 병력감축을 주장해 온 황병무 교수였고, 구성위원들 중 군 출신 인사를 제외한 민간 교수들 역시 병력감축 지지 입장을 견지해 왔던 문정인, 이철기, 함택영 교수 등이 위촉된 점을 미루어 볼 때, 행정부 차원의 정책입안과정에서는 병력감축을 지지하는 학계의 견해가 비교적 많이 반영되었을 것으로 보인다.

소결

노무현 정부에서 추진하였던 국방개혁2020의 핵심은 병력구조 개편에 있었다고 할 수 있다. 병력구조 개편은 병력감축과 전력현대화를 병행하여 추진하는 계획이었다. 병력감축 규모는 육군의 경우 54만 8천 명에서 37만 천 명으로, 해군은 6만 8천 명에서 6만 4천 명으로 감축하되, 공군은 기존의 6만 5천 명 수준을 그대로 유지하는 것이었다.[238] 병력은 감축하지만 전력현대화를 통해 전력지수는 기존 대비 1.7배 증강시킨다는 것이 국방개혁2020의 핵심이었다.

〈표 28〉 9 · 11 이후 미국의 안보전략 변화

안보전략 (시기)	내용
QDR (2001. 9)	위협기반형 모델에서 능력기반형 모델로 미군구조 전환
NPR (2001. 12)	핵무기를 이용한 선제공격 가능성 예고
NSS (2002. 9)	QDR과 NPR 종합하여 WMD를 보유한 적대국가나 테러집단에 대한 선제공격의 정당성과 이러한 능력을 확보하여 원거리 신속기동작전이 가능하도록 미군의 군사변환 방향을 정리
GPR (2003. 11)	NSS의 구체적인 실행전략으로 주한미군기지의 재배치, 일부 군사임무를 한국군으로 전환, 주한미군의 병력감축 계획 구체화

---

[238] 구체적인 육군병력 감축 규모는 다음과 같다. 10개 군단 중 4개 군단을 해체하여 6개 군단으로 유지하고 47개 사단은 20여개로 축소함으로써 총 17만 7천 명을 감축하는 것으로 계획되었다. 국방부, "국방개혁 기본법안 검토보고서"(2006. 10)

병력구조 개편문제를 대두시킨 대외적 안보환경 요인으로는 미국의 군사전략 변화를 들 수 있다. 9·11 이후 발표된 미국의 안보전략들(QDR, NPR, NSS, GPR)을 정리하면 〈표 28〉과 같다.

미국 측은 노무현 정부 출범 직후인 2003년 2월 27일 롤리스 국방차관보를 한국 정부에 보내 자국의 군사전략 변화에 부합하게 한미동맹을 조정할 것을 한국 측에 요구하였고, 이를 계기로 양국 간 협상이 시작되었다.[239] 2003년 11월 제35차 SCM에서는 기존에 주한미군이 담당하던 10개의 군사임무를 한국군으로 전환하고, 주한미군을 한강이남 2개 권역으로 2단계에 걸쳐 재배치하여 통합한다는 원칙에 합의하였다.[240] 이듬해인 2004년 10월에 개최된 제36차 SCM에서는 주한미군의 병력을 2008년까지 단계적으로 12,500명 감축할 것임을 합의하였다.[241]

이처럼 9·11이후 진행된 미국의 군사전략 변화와 그에 따른 주한미군의 조정은 한국군구조 개편에 대한 압박요인으로 작용했다고 볼 수 있다. 이 같은 사실은 변화된 안보환경에 대한 노무현 대통령의 인식과, 한국군구조 개편의 방향에 대한 대통령의 의지에서 찾아볼 수 있다. 노무현 대통령은 2003년 3월에 있었던 국방부 업무보고 자리에서, 자주국방의 전략과 일정표를 검토하여 보고하고 국방개혁의 추진전략을 수립할 것을 국방부에 지시하였다. 또한 2003년 4월에 개최된 안보 관계 장관 및 보좌관 간담회에서 미국의 전략변화에서 비롯된 한미동맹 조정 요구를 수용하면서 이를 자주국방 기반 확립의 기회로 삼자는 취지의 지시를 했다.[242]

상술한 바와 같이 미국의 군사전략 변화와 주한미군 감축 계획 등으로 대두된 노무현 대통령의 자주국방 구상은 병력감축, 전력현대화, 3군 균형발전과 같은 국방개혁 문제를 구체화시켰다고 볼 수 있다. 특히 대규모 병력감

---

239) 국정홍보처 편, op. cit., p. 180.
240) "제35차 SCM 공동성명서"(2003. 11. 17).
241) "제36차 SCM 공동성명서"(2004. 10. 22).
242) 국정홍보처 편, op. cit., pp. 180-183.

축 계획은 북한의 군사적 위협에 대한 인식의 변화라는 요인이 중요한 영향을 미쳤다고 할 수 있다. 국방부 측이 제시한 '국방개혁2020의 안보환경 평가'에 따르면, 북한의 군사적 위협은 점진적으로 감소할 것이라고 전망하였다. 또한 노무현 정부의 평화번영 정책을 지속적으로 추진하여 남북관계를 개선시키고 동시에 군사적 신뢰 구축을 보다 진전시킨다면, 군사적 안정성 확보가 가능할 것으로 예측하였다.[243] 따라서 미국의 군사전략 변화는 한국 군구조 개편의 필요성을 대두시켰으며, 이 같은 안보환경 변화에 대한 노무현 대통령의 인식과 군구조 개편 방향에 대한 대통령의 의지, 그리고 북한의

〈표 29〉 행정부 차원의 병력구조 개편정책 입안 경과

시기	내용	비고
2003. 3	인력의 정예화, 전력의 첨단화, 3군 균형발전 화두 제시	육·해·공사 임관식 연설
2003. 3. 15	자주국방과 국방개혁 계획 수립지시	국방부 업무보고
2004. 3. 12	3군 균형발전과 군구조 개편을 포괄하는 국방개혁 추진 천명	해사 임관식
2004. 7. 29	윤광웅 국방보좌관의 국방부장관 임명	국방개혁 일임
2004. 10. 1	국방부장관 중심의 근본적 구조 개혁을 통한 국방개혁 추진 강조	국군의 날 기념사
2004. 11	국방부의 '협력적 자주국방 추진계획' 대통령 보고	병력감축 계획 미포함
2004. 12. 14	국방개혁의 법적 토대 마련하여 연두 국방부 업무보고 시 보고할 것 지시	55회 국무회의
2005. 3. 14	'국방발전자문위원회' 신설	대통령 직속 조직
2005. 4. 28	양적 구조에서 질적 구조로 군구조 개편 지시	국방부 업무보고
2005. 6. 1	국방개혁위원회, 국방개혁 실무위원회 발족	국방개혁안 수립
2005. 9. 1	'국방개혁2020안' 대통령 보고	전력강화내용 부각 지시
2005. 9. 13	'국방개혁2020' 공포	기자회견

---

243) 국방부, "국방개혁 기본법안 검토보고서"(2006. 10), pp. 7-9.

군사적 위협에 대한 인식의 변화는 병력구조 개편문제가 정책의제로 부상하는 것을 가능하게 한 주요 요인이라고 할 수 있다. 이렇게 하여 대두된 병력구조 개편문제는 대통령과 국방부를 포괄하는 행정부 차원에서 정책으로 수립되는 과정을 거치게 되었으며 이를 정리한 것이 〈표 29〉이다.

병력구조 개편을 핵심으로 하는 국방개혁2020의 도출과정을 보면, 병력감축 문제를 놓고 노무현 대통령과 국방부의 정책선호가 상호 대립적인 관계를 형성하고 있었음을 알 수 있다. 병력감축 문제에 대한 노무현 대통령의 정책선호는 3군 균형발전, 병력감축과 전력현대화, 국방개혁의 법제화라고 할 수 있다. 반면에 국방부의 경우, 2004년 11월에 '협력적 자주국방 추진계획'을 대통령에게 보고했던 시점까지는 적어도 병력감축 문제를 국방개혁정책의 대안으로 상정하지 않았음을 알 수 있었다. 병력구조 개편문제에 대한 육군의 입장은 군 조직의 특성으로 인해 공식적으로 표면화되지는 않았지만, 당시 언론 보도에 드러난 내용을 보면 병력감축 계획을 지지하지 않았던 것으로 보인다. 북한군의 병력규모는 그대로 유지되고 있는데도 불구하고 한국군 병력을 일방적으로 감축하는 계획은 적절하지 못하며 신중을 기해야 한다는 입장이었다. 반면에 해·공군의 경우, 더 과감한 군구조 개편이 이루어져야 하며 육군 중심의 과도한 군구조가 개선되어야할 필요가 있다는 입장이었다.[244] 하지만 2004년 12월에 있었던 국무회의에서 노무현 대통령은 국방개혁의 법제화 문제를 검토하여 보고할 것을 국방부에 지시하였고, 2005년 3월에는 대통령 직속으로 국방발전자문위원회를 신설하였으며, 같은 해 4월에는 병력구조를 양적 구조에서 질적 구조로 개편할 것을 국방부에 지시하는 등, 병력구조 개편을 핵심으로 하는 국방개혁의 방향에 대해 구체적인 지침을 제시하였다. 이처럼 노무현 대통령은 국방부 차원에서 병력구조 개편정책을 수립하는 과정에서 자신의 정책선호를 대부분 반영했다고 볼 수 있다.

---

244) 『서울신문』 2005년 9월 6일.

국방부는 노무현 대통령의 지침에 따라 국방개혁의 법제화를 위해 '국방개혁 기본법안'을 마련하여 2005년 12월 2일에 국회에 제출하였고, 당정협의를 통해 국방부 원안을 수정 없이 통과시키기로 합의하였다. 이후 국방개혁 기본법안을 의회에서 심의하는 과정에서 병력구조 개편문제가 핵심 쟁점으로 부상하였으며, 병력감축문제를 두고 국방위 위원들 사이에 지지연합과 반대연합이 형성되었는데, 그 구체적인 내용은 〈표 30〉과 같다. 법률안 심사소위원회의 위원 구성은 열린우리당 4명, 한나라당 3명, 민주당 1명이었다. 열린우리당이 국방부와 사전 당정협의를 통해 국방부 원안을 그대로 통과시키기로 합의245)한 점과 병력감축 문제에 대해 비판적 지지 입장을 표명한 민주당의 노선을 고려하여 병력감축 문제에 대한 입장을 단순하게 산술적으로만 추정한다면, 열린우리당과 민주당 소속 의원 5명이 지지하고 한나라당 소속 의원 3명이 반대하는 구도가 형성될 수 있었다. 이 같은 구도가 형성된다면 병력감축에 대한 국방부의 원안은 큰 수정 없이 국방위를 통과할 수 있었다. 하지만, 지지연합을 구성하는 열린우리당의 조성태 의원이 지

〈표 30〉 병력구조 개편의 쟁점과 여야 입장(국방개혁기본법안 국방위심의과정)

구 분	병력감축		병력감축 규모의 법제화		
	지지	반대	지지		반대
			전제조건 有	전제조건 無	
쟁점별 의원 분포	김명자(열) 이근식(열) 안영근(열)	조성태(열) 황진하(한) 고조흥(한) 공성진(한) 김송자(민)	조성태(열)	김명자(열) 이근식(열) 안영근(열)	황진하(한) 고조흥(한) 공성진(한) 김송자(민)
논의 주도 의원	김명자(열)	조성태(열) 황진하(한)	조성태(열)	김명자(열)	황진하(한)

소속정당: 열린우리당(열), 한나라당(한), 민주당(민)

---

245) 정부와 열린우리당은 2005년 10월 24일 당정협의에서 '국방개혁기본법안'을 국방부 안대로 추진하기로 합의했다. 당정은 법안을 11월 23일에 국회에 제출하여 정기국회에서 처리하기로 하였다. 『한국일보』 2005년 10월 25일.

지지연합을 이탈하고 반대연합에 가담하여 원안의 핵심 조항을 수정하는데 있어 주도적인 역할을 담당하였고 민주당의 김송자 의원 역시 반대연합에 가세하게 됨으로써, 병력감축 관련 조항은 반대연합의 선호를 반영하여 수정되었다.

병력감축 문제를 논의하는 과정에서 지지연합의 선호를 주도적으로 제기한 국방위 위원은 열린우리당 소속의 김명자 의원이었다.[246] 반면에 반대연합에서 병력감축의 부적절성을 지적하고 국방부 원안의 수정방향을 제시하는 등 심의과정 전체를 지배한 위원은 열린우리당의 조성태 의원이었다.[247] 국방개혁 기본법안을 국방위에서 심의하는 과정에서 조성태 위원의 영향력은 지대했다고 볼 수 있다. 조성태 위원은 국방부 정책실장 및 국방장관 경력을 바탕으로 논의를 주도하였다. 심의 과정에서 조성태 위원은 상비병력의 감축 수준을 50만 명으로 설정하게 된 배경과 현재의 변화된 안보환경, 이로 인한 원안의 수정방향 등을 설명함으로써, 여타 위원들을 이해시키고 설득하였다. 그 결과, 조성태 위원은 '전제조건이 실현되지 않을 경우 병력감축을 실행하기가 매우 어려운 구조'[248]로 국방개혁기본법의 내용을 수정하는 과정에서, 핵심적이고 주도적인 역할을 담당하였다.[249]

---

246) 병력감축을 지지하는 지지연합의 논지는 다음과 같았다. 병력중심의 대군 체제에서 탈피하고 무기체계를 현대화하여 전력을 증강함으로써, 3군 균형발전과 미래전에 적합한 첨단 과학군·기술군을 지향해야 한다는 것이다.

247) 반대연합의 논리는 다음과 같았다. 북한의 핵실험과 노무현 정부의 전시작전통제권 환수 결정으로 안보환경이 악화되고 있고, 한반도 전장 환경의 특성 상 육군의 역할이 긴요하기 때문에, 육군중심의 병력감축은 불가하다는 것이다.

248) '국방개혁에 관한 법률' 제 26조는 다음과 같이 병력감축의 전제조건을 규정하고 있다. ①국군의 상비병력 규모는 군구조의 개편에 연계하여 2020년까지 50만 명 수준을 목표로 한다. ②제 1항의 목표 수준을 정할 때에는 북한의 대량살상무기와 재래식 전력의 위협 평가·남북 간 군사적 신뢰 구축 및 평화 상태의 진전 상황 등을 감안하여야 하며, 이를 매 3년 단위로 국방개혁 기본계획에 반영한다.

249) 국방개혁기본법의 국방위 의결은 병력감축 문제를 놓고 큰 이견 없이 원만하게 처리될 수 있었다. 이는 이미 여야 합의를 통해 국방개혁기본법을 통과시키기로 결정하였으며 또한 부분적인 문제 제기에 대한 조성태 위원의 배경설명 때문이라고 할 수 있다. 국회사무처, "262회 국회 정기회 국방위원회 회의록: 법률안 등 심사소위원회 3

상술한 논쟁 구도가 국방위 소위에만 한정되어 형성된 것이 아니라, 구체성과 전문성에서 차이는 있겠지만, 언론, NGO, 학계 등에도 그대로 투영되어 있었다. 이 같은 사실은 병력감축 문제를 놓고 정당, 언론, NGO, 학계 내부에 균열[250] 라인이 형성되었음을 의미한다. 병력감축을 중심 균열축으로 하여 '행정부(대통령·국방부)-열린우리당-진보성향 언론·NGO·학계' 대 '한나라당-보수성향 언론·NGO·학계'라는 구도로, 양대 '정책연합'이 형성되었다고 볼 수 있다. 소위 병력감축을 놓고 '지지연합' 대 '반대연합'의 대결 구도가 구축된 것이다.

노무현 정부의 국방개혁, 특히 병력감축에 대한 언론의 평가는 크게 두 가지 상반된 견해로 분기(分岐)된다. 보수적인 성향의 중앙 일간지인 조선·중앙·동아·문화일보의 경우, 위 논제에 대해 반대하는 입장[251]인 반면, 진보적인 성향의 한겨레·경향신문은 찬성하는 입장[252]을 보이고 있다. 물론 보수성향의 일간지들과 진보성향의 일간지 모두 국방개혁을 위해 소요되는 예산 문제에 대해서는 비판적인 입장을 견지하였다. 언론의 입장이 양분되어 있기는 하지만, 실제적 영향력은 발간 부수와 구독자 수를 고려해 볼 때, 보수적 성향의 언론이 진보성향의 언론에 비해 우월하다고 할 수 있다.

국방개혁에 대한 NGO의 입장은, 국회 심의과정에서 국방위가 실시한 두 차례의 공청회를 통해 표출되었다. 열린우리당이 선정한 참여연대[253]와 한나라당이 선정한 자주국방네트워크[254] 및 재향군인회[255]의 견해가, 양 당

호(2006. 11. 22)" (국회사무처, 2006h); 국회사무처, "262회 국회 정기회 국방위원회 회의록: 법률안 등 심사소위원회 5호(2006. 11. 29)" (국회사무처, 2006i); 국회사무처, "262회 국회 정기회 국방위원회 회의록 11호(2006. 11. 30)" (국회사무처, 2006j).
250) 균열이란 사회구성원들 사이의 집단적 갈등과 대립을 야기하거나, 야기할 가능성을 지닌 사회적 구분을 의미하는 개념이다. 균열에 관한 정치적 의미에 대해서는, 최장집, 『민주화 이후의 민주주의』(서울: 후마니타스, 2002), p. 32를 참조.
251) 『동아일보』2005년 9월 14일; 『조선일보』2005년 9월 14일; 『중앙일보』2005년 9월 14일; 『문화일보』2005년 9월 14일.
252) 『한겨레신문』2005년 9월 15일; 『경향신문』2005년 9월6일.
253) 국방위원회, "국방개혁2020안에 관한 1차 공청회 자료집(2006. 4. 18)" (국방위원회, 2006b), pp. 61-65.

의 논쟁지점을 그대로 대변하고 있기 때문에, 결국 공청회는 양 측이 자기만의 이야기를 일방적으로 전달하는 선에서 그치고 말았다. NGO가 국방개혁, 특히 병력감축에 대해 견지하고 있는 노선에 따라, 여당과 야당에 동원되는 형태의 공청회가 되었던 것이다. 학계의 경우에도 NGO와 마찬가지로 병력감축 문제를 비롯한 국방개혁2020에 대한 입장에 따라 정부 여당과 야당의 노선을 정당화하는 논거로 동원되었다고 볼 수 있다. 여론의 경우에는 2005년 9월에 국방개혁2020이 발표되고 나서는 지지(48.5%)나 반대(45%) 여론 모두 유의미한 수준의 차이를 보이지는 않았다.[256] 지금까지의 논의를 바탕으로 병력구조 개편정책의 결정과정을 설명하면 다음과 같다.

  병력구조 개편정책의 결정과정은 지휘구조 개편정책의 결정과정보다 복잡한 양상을 보인다. 지휘구조 개편정책의 경우 개편정책 패러다임과 지지연합이 상대 패러다임과 반대연합 보다 상대적 권력의 우위를 확보하였고 이를 바탕으로 정책레짐변동을 이끌어낼 수 있었다. 하지만 병력구조 개편정책의 경우, 지지연합과 반대연합의 구성이 보다 유연하고 가변적인 특성을 보여주었다. 민주당의 경우 의회심의과정 초기에는 병력감축을 지지하다가 후기에 들어 반대하는 입장으로 전환하였으며, 열린우리당 의원들 역시 김명자 의원을 제외하고는 병력구조 개편정책을 수정하는 것에 크게 반대하지는 않았다. 이처럼 병력구조 개편 지지연합을 구성하는 행위자들의 노선이 변화하게 된 것은, 기존 병력구조 유지의 정당성을 확보한 '지배적 정책패러다임'[257]이 병력구조 개편 지지연합의 구성원들에게 영향을 미친 것

---

254) 국방위원회, "국방개혁2020안에 관한 1차 공청회 자료집(2006. 4. 18)" (국방위원회, 2006b), pp. 49-50.
255) 국방위원회, "국방개혁2020안에 관한 2차 공청회 자료집(2006. 4. 26)" (국방위원회, 2006c), pp. 59-66.
256) 김성곤, 『국방개혁관련 여론조사 보고서』, 2005 정기국회 정책자료집-3 (국방위원회, 2005),
257) 윌슨에 따르면, '지배적 정책 패러다임'(dominant policy paradigm)은 문제가 정의되는 방식과 해법 그리고 정책의 유형을 규정한다. 즉, 정책패러다임은 정책문제의 원인, 중요성, 영향, 정책입안(개선)의 주체, 정부의 적절한 대응책 등을 구체화하여 정

으로 보인다. 또한 지배적 정책패러다임을 지지연합의 구성원들에게 이해시키고 설득시킨 열린우리당의 조성태 의원이 지지연합 구성원들의 노선 변화를 이끌어냈다고 할 수 있다. 병력구조 개편정책의 결정과정에서 드러난 지배적 정책패러다임의 실체와 이를 확산하여 지지연합의 구성원들을 이해시키고 설득시킨 행위자의 역할을, 정책결정요인으로 간주할 수 있는지 여부는, 본 저서의 3부에서 면밀한 분석을 통해 규명하려고 한다.

책대안을 규정한다. 따라서 정책패러다임은 일종의 해석의 구조 또는 추론의 구조라고 할 수 있다. Carter A. Wilson, op. cit., pp. 257-258.

2부
국방개혁의 제도화 실패 사례

지금까지는 국방개혁의 제도화 성공 사례로서 노태우 정부의 지휘구조 개편과 노무현 정부의 병력구조 개편에 대한 내용을 분석하였다. 노태우 정부에서는 '국군조직법'을 개정하여 합참의장에게 군령권을 부여하였으며, 노무현 정부에서는 장기적인 병력구조 개편과 3군 균형발전을 위해 '국방개혁법'을 제정함으로써 '국방개혁의 제도화'에 성공하였다. 반면 국방개혁의 실패 사례로는 김영삼, 김대중, 이명박 정부 시기를 들 수 있을 것이다. 여기에서는 미완의 군구조 개편계획이라고 할 수 있는 김영삼 정부의 통합군제 개편계획과 김대중 정부의 부대구조 개편계획, 그리고 이명박 정부의 지휘구조 개편계획을 분석하려고 한다. 김영삼 정부와 김대중 정부에서 시도되었던 군구조 개편 문제는 양자 모두 계획을 검토하는 단계에 그쳤을 뿐, 실행 단계까지 진전되지는 못했다. 노태우 정부의 818계획과 노무현 정부의 국방개혁2020이 행정부 차원의 정책수립 단계를 지나 기존 법률의 개정 또는 법제화를 위해 의회심의 단계까지를 거친 반면, 김영삼 정부와 김대중 정부의 군구조 개편 계획은 행정부 차원의 정책검토 혹은 정책수립 단계를 넘어서지 못한 미완의 계획이었던 것이다. 한편 이명박 정부의 경우에는 국방부에서 국군조직법 개정안을 성안하여 국회에 상정하였으나, 의회심의 과정에서 무산되고 말았다는 점에서 약간의 차이를 보인다. 그럼에도 불구하고 김영삼, 김대중, 이명박 정부 시기에 시도되었던 미완의 군구조 개편 사례를 분석 대상으로 포함시킨 것은, 위 사례들이 한국군구조 개편정책의 결정요인을 추론하는 데 유의미한 지표를 제공할 수 있기 때문이다. 미완의 사례 분석을 통해 군구조 개편 계획이 실행되지 못한 요인들을 규명해 낼 수 있다면, 이는 군구조 개편정책의 결정구조를 구성하는 주요한 요인이 될 수도 있기 때문이다.

1장 이명박 정부의 307계획과 지휘구조 개편 추진:
의회심의 단계에서 무산

국방개혁 문제는 역대 정권에서 예외 없이 추진했던 중대 사안이었다. 그 중에서도 특히 군 상부지휘구조 개편 문제는 과거 몇 차례 시도되었으나 대부분 무위에 그쳤고, 법제화를 통해 현재의 지휘구조를 안착시킨 사례는 노태우 정부가 유일하다. 이명박 정부의 경우, 지휘구조 개편을 위해 '국군조직법 일부 개정 법률안'[1]을 의회에 상정하는 단계까지 나아갔으나, 개편안에 대한 이견을 조율하지 못해 정권의 임기 종료와 운명을 함께 하였다. 2010년 3월에 발생한 천안함 폭침 사건과 11월의 연평도 포격도발 사건을 계기로 이명박 정부에서 강력하게 추진하였던 군 상부지휘구조 개편 계획은, 18대 국회에 상정[2]되었으나 임기 종료에 따라 자동 폐기되었고 19대 국회에 다시 상정[3]되었지만, '여당 대 야당', '현역 대 해·공군 예비역' 등의 대립 구도 속에서 합의 도출에 실패하여 결국 폐기되었던 것이다.

이명박 정부에서 추진하였던 군 상부지휘구조 개편의 핵심은, 기존에 합참의장의 지휘선에서 벗어나 독립적인 군정권(軍政權)을 행사하던 각군 총장에게 군령권(軍令權)을 부여하여 합참의장의 하위 지휘선으로 편입시킨

---

1) 국방부, "국군조직법 일부 개정 법률안(의안번호 11909: 2011.5.25.)"; 국방부, "국군조직법 일부 개정 법률안(의안번호 1414: 2012.8.30)"
2) 국회사무처, "제301회 국회임시회 국방위원회 회의록 제1호(2011.6.13)"
3) 국회사무처, "제311회 국회 정기회 국방위원회 회의록 제2호(2012.9.24)"

다는 것이었다. 또한 합동참모본부에 3명 이내의 합참차장을 두고 각군 참모총장 예하에도 각각 2명의 참모차장을 편성하여 작전지휘와 작전지원 임무를 담당하게 한다는 것이었다.4) 국방부에 따르면, 상부지휘구조 개편을 통해 합동참모본부 중심의 합동성 발휘를 제고하고, 군정·군령을 일원화하여 전투임무 중심체제로 전환하며, 한국군 주도의 전구작전 지휘 및 수행체계를 강화할 수 있다는 것이다.5) 국방부의 주장에 따르면, 상부지휘구조 개편안은 시의적절한 국방개혁 과제였다. 하지만 국방부의 설명에도 불구하고 개편안을 둘러싼 대립구도에는 변화가 없었다. 심지어 국방부장관과 육군참모총장을 역임한 육군 예비역 장성도 국방부의 개편안에 대해 우려의 목소리를 내기도 했다.6)

이명박 정부의 군 상부지휘구조 개편계획은 약 2년간의 추진과정에서 개편안의 타당성에 대한 관련 행위자들의 대립된 견해로 인하여 소모적인 논쟁만 지속되었을 뿐 결론을 내지 못했다. 국방부, 의회, 육·해·공군 현역 및 예비역 등의 행위자들이 2년여 동안 각자의 견해에 따라 대립구도를 유지하였으며 논의의 결과물도 만들어내지 못하고 결국 무위에 그치고 말았다는 점에서, 이명박 정부의 군 상부지휘구조 개편계획은 실패한 국방개혁 혹은 타당성이 결여된 국방개혁이었다고 평가할 수 있을 것이다. 따라서 향후에

---

4) 국방위원회, "국군조직법 일부 개정 법률안 정부제출 검토보고서(2011.6)", p.3. '군정', '군령', '작전지휘' 용어에 대한 정의는 다음과 같다. 군정(軍政)은 국방목표 달성을 위해 군사력을 건설·유지·관리하는 양병(養兵) 기능을, 군령(軍令)은 국방목표 달성을 위해 군사력을 운용하는 용병(用兵) 기능을, 작전지휘(作戰指揮)는 지휘의 일부분으로 작전임무 수행을 위해 지휘관이 예하부대에 행사하는 권한으로 작전에 소요되는 자원의 획득 및 비축, 사용 등의 작전소요 통제, 전투편성, 임무 부여, 목표의 지정, 임무수행에 필요한 지시 등 작전수행에 필요한 권한이며, 일반행정·군수 등 행정지휘의 상대적 개념이다. 상기 보고서의 p.12에서 재인용.
5) 국방위원회, "국군조직법 일부개정법률안 정부제출 검토보고서(2012.9)", p.8.
6) 조영길 전 국방장관의 우려는 군을 잘 모르는 인사가 지휘구조를 잘못된 방향으로 개편하고 있다는 것이다.『동아일보』, 2011년 3월 26일. 또한 김장수 전 국방장관과 남재준 전 육군참모총장도 각군 참모총장에게 군령권까지 부여하기 되면 과중한 지휘부담을 지게 될 것이라는 점을 들어 반대하였다. http://news.chosun.com/svc/news/www/printContent.html?type=(검색일:2011년7월27일).

정부 및 국방부 차원에서 군 상부지휘구조 개편 문제를 재검토하게 된다면, 이명박 정부의 경험을 교훈으로 삼아야 할 것이다.

군구조 개편의 대외적 안보환경: 개혁의 명분

이명박 정부에서는 상부지휘구조 개편의 배경으로 '2010년에 발발한 천안함 사태'와 '연평도 포격도발 사건을 경험하면서 드러난 상부지휘구조의 문제점 보완', 그리고 '2015년으로 예정된 전시작전권 전환에 대비한 한국군의 독자적인 작전지휘체계 확립' 등을 거론했다. 하지만, 정부 출범 초기에 발표된 '국방개혁 기본계획 2009~2020'에 따르면 합참의 조직개편을 통해 전시작전권 전환에 대비할 수 있다고 밝히고 있다. 각군 총장을 합참의장의 지휘계선에 포함시킨다는 계획은 검토된 바가 없었다는 방증이다. 하지만 천안함과 연평도 도발 사건이라는 돌발 변수가 발생하자 상부지휘구조 개편안이 부상한 것이다. 북한의 도발에 의한 안보위기가 상부지휘구조 개편의 명분으로 작용했다고 할 수 있다. 이 같은 사실은 국방개혁의 비사(祕史)가 곧 통합군 추진사(推進史)라는 유추를 강화시켜 주는 요인이라고 할 수 있으며, 본 장에서는 이 같은 유추의 근거를 제시하고자 한다.

1. 이명박 정부 초기의 국방개혁 논의

노무현 정부에서 수립된 '국방개혁 기본계획'은 이명박 정부 출범 이후 보완작업을 거쳐 2009년 7월에 '국방개혁 기본계획 2009~2020'으로 발표되었다. 이명박 정부에서는 2008년 3월부터 2009년 6월까지 군내 검토 및 심의회의, 국회보고 및 의견 수렴, 전문가 토의, 예비역 자문회의, 공청회 등을 거쳐 국방개혁 기본계획의 수정판을 선보이게 된 것이다.[7]

본 책자는 이명박 정부의 국방개혁 방향을 총괄적으로 종합하여 제시하고 있다는 점에서 매우 중요하다. 특히 군 상부지휘구조의 운영 방향을 천명하고 있는데, 이는 2010년 북한의 도발 이후 진행되었던 상부지휘구조 개편 방향과 현격한 차이를 보이고 있다는 점에서 명확히 정리할 필요가 있다.

먼저 전시작전통제권 전환에 대비하여 한국군 주도의 작전수행체제를 명시하고 있는데, 한·미안보협의회의(SCM)와 군사위원회(MC) 등 기존의 전략적 대화 채널은 유지하고, 한국 합참과 미 한국사 간의 작전수행 업무 협조를 원활하게 하기 위하여 정보, 작전 등 기능별 협조기구 및 작전협조기구를 구축하여 운영하겠다는 것이다. 국방부 자료에 따르면, 연합사가 해체되더라도 새롭게 구축될 한국 주도의 작전수행체제에 따라 한반도에서의 전쟁 억제 및 작전수행 능력은 변함없이 유지된다고 명시하였으며 이를 정리한 것이 [그림 4]이다.[8]

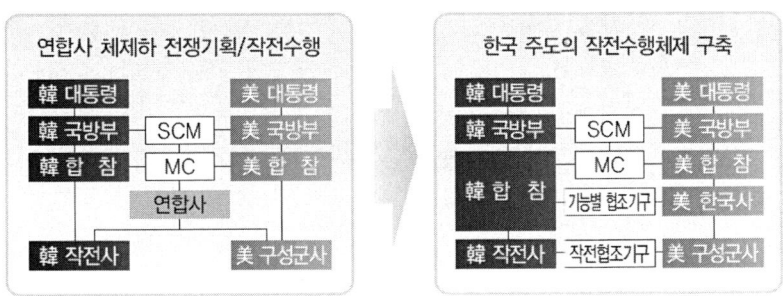

출처: 국방부 국방개혁실, 『국방개혁, 국민과 함께 합니다』(국방부, 2009), p.12.

[그림 4] 연합사 해체 이후 작전수행체제

한편, 합동참모본부 조직은 [그림 5]와 같이 전작권 전환 이후를 대비하여 합참의장이 한반도에서 발생하는 전·평시 모든 작전을 지휘하는 전구사령관 역할을 담당할 수 있도록 편성과 기능을 보강하였다고 밝히고 있다. 즉,

---

7) 국방부 국방개혁실, 『국방개혁, 국민과 함께 합니다』(국방부, 2009), p.3.
8) 국방부 국방개혁실, 『국방개혁, 국민과 함께 합니다』(국방부, 2009), p.12.

한반도 전구작전환경을 고려하여 합동군사령부를 별도로 창설하지 않고, 합참의장의 작전지휘와 군령 보좌 기능을 분담할 수 있도록 2명의 합참차장을 편성하겠다는 것이다. 1차장 예하에 합동작전본부를 편성하여 美 한국사령부와 대칭적 구조를 이룸으로써 작전지휘를 원활하게 하고 연합작전을 효율적으로 수행하도록 하였으며, 2차장 예하에는 군사전략 수립과 군사력 소요를 결정하는 전략기획본부와 미래전에 대비한 합동개념 발전, 합동실험, 연습훈련 등 합동성 발전 업무를 전담하는 전력발전본부를 새롭게 편성하겠다는 것이다.9)

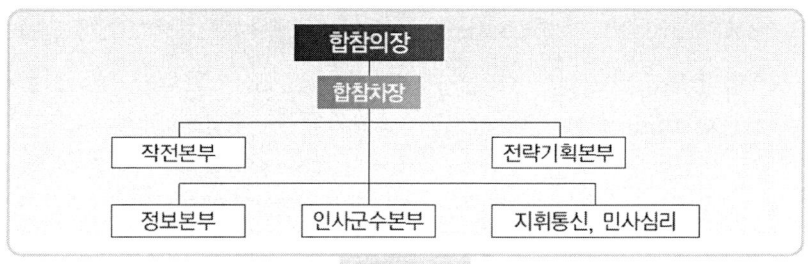

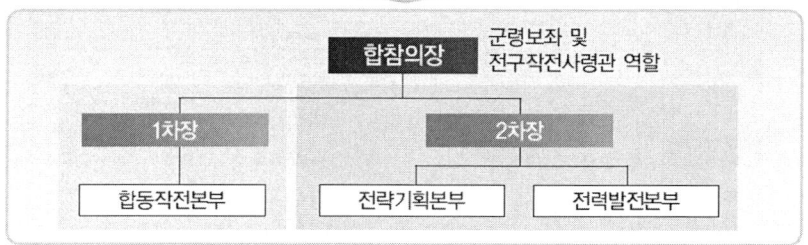

출처: 국방부 국방개혁실, 『국방개혁, 국민과 함께 합니다』(국방부, 2009), p.13.

[그림 5] 합동참모본부 조직 개편

이처럼 이명박 정부 출범 초기에 구상한 군 상부지휘구조 개편은 한미연합사 해체 및 전시작전권 전환에 대비하여 합동참모본부의 조직을 일부 변경하는 수준으로 결정되었다는 사실이 매우 중요하다. 왜냐하면 1년 후인

---

9) 국방부 국방개혁실, 『국방개혁, 국민과 함께 합니다』(국방부, 2009), p.13.

2010년에는 북한의 도발이라는 변수 외에 다른 모든 조건이 동일한 상태에서 대대적인 수준의 상부지휘구조 개편이 추진되었기 때문이다.

2. 북한의 도발과 상부지휘구조 개편 논의 부활

2010년 3월에 발생한 북한의 천안함 도발 사건은 한국 사회에 큰 충격을 주었으며, 특히 한국군 상부지휘구조 개편이라는 유서 깊은 담론을 부활시켰다. 천안함 사건 이후 한국의 안보상황을 총괄적으로 점검하기 위하여 2010년 5월 9일 대통령 직속기구로 '국가안보총괄점검회의'가 출범하였다.[10] 국가안보총괄점검회의는 이후 국방선진화추진위원회로 통합되어 개혁과제를 검토하였고 같은 해 11월 말에 발발한 연평도 포격도발을 경험하면서 북한의 군사도발과 이에 대한 효과적인 대응을 위한 방안 등을 포함한 71개의 국방개혁과제를 도출하여 2010년 12월 6일에 이명박 대통령에게 보고하였다. 국방개혁과제 가운데 핵심적인 내용은 '군 상부지휘구조 개편'이었다. 추진위는 합동성 강화를 위해 합동군사령부 창설을 건의하였다. 합동군사령부는 육·해·공군과 해병대에 대해 군령권을 보유한 합동군사령관을 수장으로 하는 작전지휘 조직이라고 할 수 있다. 기존의 육·해·공군본부를 육·해·공군사령부로 개편하는 대대적인 지휘구조 개편을 건의한 것이다. 추진위에서 건의한 핵심은 합동군사령관에게 군령권만을 부여하고 국방부와 합참의 대령급 이상 직위에 육:해:공군이 '2:1:1'의 비율로, 합참 작전·전력분야 주요 직위에는 '1:1:1'로 3군을 균형 보임시켜야 한다는 것이었다.[11]

---

10) 국가안보총괄점검회의 위원 명단은 다음과 같다. 민간위원은 5명으로 의장에 이상우 전 한림대 총장, 김동성 중앙대 교수, 김성한 고려대 교수, 현홍주 전 주미대사, 홍두승 서울대 교수 등이었다. 군 출신 위원은 10명으로 박세환 향군회장, 안광찬 전 국가비상기획위원장, 이희원 안보특보, 이성출 전 한미연합사 부사령관, 김종태 전 기무사령관, 박정성 전 해군 2함대 사령관, 윤연 전 해군작전사령관, 배창식 전 공군작전사령관, 박상묵 전 공군교육사령관, 김인식 전 해병대 사령관 등이었다. 군종(軍種)별로는 육군 5명, 해군 2명, 공군 2명, 해병대 1명이었다. 『동아일보』, 2010년 5월 10일.
11) 『내일신문』, 2010년 12월 30일.

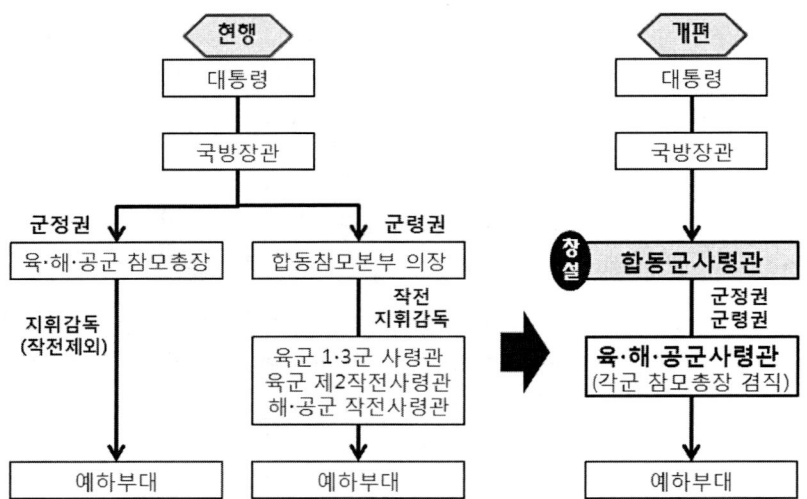

출처: 『조선일보』, 2010년 12월 27일. ; 『동아일보』, 2010년 12월 30일.

[그림 6] 군 상부지휘구조 개편안

　　국방선진화추진위의 개혁안을 넘겨받은 국방부는 개혁과제를 73개로 정리하여 2010년 12월 29일 대통령에게 업무보고를 했다. 특히, 군 상부지휘구조 개편은 단기과제로 선정하여 12년까지 추진하기로 하였다.[12] 당시 국방부의 구상은 11년 상반기 중 법령 개정 및 군내 의견수렴, 세부 추진계획을 수립하고 빠르면 11년 말까지 늦어도 12년 말까지 지휘구조 개편 작업을 완료하는 것이었다.[13] 하지만 국방부가 보고한 상부지휘구조 개편안은 국방선진화추진위의 초안과는 차이가 있었다. 우선 국방부의 개편안은 합동군사령관에게 군령권뿐만 아니라 군정권까지 부여함으로써 실질적인 통합군제를 목표로 하고 있었다는 점이다. 또한 국방부와 합참의 주요 직위에 대한 3군 균형 보임 문제는 업무보고에서 누락되었다. 이 같은 상황에 대한 해·공

---

[12] 『연합뉴스』, 2010년 12월 29일.
[13] 『조선일보』, 2010년 12월 27일.

군의 분위기는 당시 언론보도 — "국방부 방안은 육군이 독주하자는 것으로 비쳐질 수 있어서 국방개혁의 취지를 잃어버렸다. 합참의 균형보임이라는 안전장치를 해체하고 추진하면 해군과 공군의 반발이 불을 보듯 뻔하다"14) — 에서 잘 드러난다. 국방부에서 보고한 군 상부지휘구조 개편안을 현행 구조와 비교하여 정리하면 [그림 6]과 같다.

이명박 정부 출범 이후 2009년 7월에 발표된 '국방개혁 기본계획 2009~2020'에서는 합동참모본부에 1차장과 2차장을 두어 각각 작전지휘와 군사력소요를 담당하도록 조직을 개편하는 수준에서 결정되었던 국방개혁의 방향이, 불과 1년이 조금 지난 시점인 2010년 12월에 이르러서는 실질적인 의미에서 통합군제라고 할 수 있는 합동군사령부 창설과, 군령·군정권을 모두 보유한 합동군사령관직의 신설을 제안하고 있다는 점에서, 국방개혁의 비사(祕史)는 육군이 염원해 왔던 통합군 추진사(推進史)라는 주장이 일정 부분 설득력을 가진다고 볼 수 있다. 합동군사령부 창설안이 언론을 통해 보도된 이후 해·공군과 일부 시민단체 및 언론, 야당 등에서는 우려를 표명하였으며, 이는 마치 노태우 정부에서 추진했던 818계획을 둘러싸고 지지 여부에 따라 형성된 균열구조와 이들 간에 노정된 첨예한 정치과정의 재판(再版) 과도 같았다.

군구조 개편의 국내 정치과정

합동군사령부 창설과 군정권 및 군령권을 보유한 합동군사령관직 신설을 핵심으로 하는 군 상부지휘구조 개편안의 윤곽이 언론에 보도된 이후, 야당과 해·공군, 언론 등에서는 이를 비판하는 입장을 표명하였다. 한편, 국방부에서는 개편안의 당위성을 주장하면서도 비판의 지점들을 일부 수용하여 전

---

14) 『내일신문』, 2010년 12월 30일.

향적으로 검토하고 동시에 설득 작업도 병행하였다. 상부지휘구조 개편을 둘러싼 행위자들의 역학관계가 '정치과정'(political process)으로 표출되었으며 이러한 측면들을 포착하는 작업 역시 매우 중요하다.

1. 상부지휘구조 개편과 3군의 균열구조

2010년 12월 29일 상부지휘구조 개편안이 포함된 73개의 국방개혁과제가 대통령에게 보고된 이후, 지휘구조 개편에 대한 대다수 언론의 반응은 회의적이었다. 우선 지휘구조 개편안이 육군 중심의 군 운용을 더욱 심화시킬 것이며 해·공군을 육군식 전투개념의 하부 구조로 전락시키게 될 것이라는 비판이 보수 및 진보 성향의 언론 모두에서 제기되었다. 이들의 주된 논지는 국방부와 합참의 주요 정책결정 직위를 육군이 독식하고 있는 현실을 고려할 때, 신설되는 합동군사령부의 주요 직위와 사령관 역시 특정군이 장악하게 될 것임으로 3군 균형발전은 요원하게 된다는 것이었다. 해당 언론의 칼럼 내용을 발췌하면 다음과 같다.

> ⭐ 『조선일보』해·공군 동의해야 '합동군' 성공한다
>
> 박 대통령과 노 대통령이 추진했던 상부지휘체제 개편안 모두 1인에게 막강한 권한이 집중될 수 있다는 야당의 반발에 부딪혀 국회에 상정조차 되지 못하였거나 변형된 모습으로 통과되었다. 이번 합동군사령부 신설 역시 그 전철을 밟을 가능성이 없지 않다. 박·노 대통령 시절 개혁안 논의 과정에서 해군과 공군은 육군 위주의 군 운용 가능성을 심각하게 우려하였다. 그 결과 군 내부의 공감대 형성이 어려웠다. 해·공군의 우려를 해소시킬 수 있는 조치 없이 변화를 추진할 경우 또다시 개혁안이 좌절되거나 변질되는 결과를 초래할 가능성이 적지 않다.[15]

---

15) 『조선일보』, 오피니언, 2010년 12월 31일.

☆ 『한국일보』합동군의 전제조건은 3군의 균형이다

　　20여년 전의 유사한 계획이 무산됐던 이유도 같은 것이었다. 절대적 육군 위주의 낡은 군 편제가 개선되지 않는 한 합동군 체제에서 해·공군의 역할과 기능은 도리어 더욱 위축되리라는 우려 때문이었다. 실제로 병력, 장성의 80%가 육군이고 국방정책 결정기구와 합동부대장의 90%를 육군이 장악하고 있는 현실에서 합동군 체제로의 전환은 해·공군을 자칫 육군식 전투개념의 하부 요소로 전락시키고 그렇지 않아도 심각한 불균형 상태인 군별 자원 배분 구조도 더 악화시킬 우려가 크다.16)

☆ 『한국일보』국방개혁, 잘못 가고 있다

　　군 전력의 균형성을 현저히 상실한 상황에서 마치 개혁의 최대 목표처럼 부각된 합동군은 전혀 바람직하지도, 가능하지도 않다. 도리어 편중구조를 더욱 강화함으로써 비(非) 육군의 반발을 초래, 그나마 이룬 합동성마저 훼손할 우려가 크다. 5일 발표된 합참 조직개편은 이게 단순한 우려가 아닌 현실임을 확인시켜 준다. 해·공군이 번갈아 맡던 중장 보직의 전략기획본부장마저 육군으로 환원됐고, 17개 국방부 직할부대와 합동부대장도 전원 육군보직으로 유지됐다. 편중구조를 개선하기 위해 합참 주요보직을 육·해·공군 2:1:1, 또는 1:1:1로 나누는 국방개혁법과 국방개혁선진화안의 취지에 정면으로 배치되는 조치다. 국방개혁의 최우선 방향은 누가 뭐래도 육·해·공 전력의 균형발전이다. 그게 군별 이해를 떠나 현 안보환경에서 가장 효과적인 전력체계를 구축하는 방안이다. 아무래도 육군이 장악하다시피 한 국방 지휘부에 개혁을 맡기는 건 무리다. 개혁 대상이 개혁의 주체가 되는 셈이니 이런 난센스도 없다. 국방개혁 추진방향과 점검방식을 근본적으로 재검토할 필요가 있다.17)

　　한편, 군 상부지휘구조 개편안이 위헌소지가 있다는 주장 역시 제기되었다. 헌법 제89조 16항에는 국무회의 심의사항으로 합참의장과 각군 참모총장 임명을 명기하고 있는데, 개헌 없이 합동군사령관 직위를 신설하거나 각군 총장을 사령관으로 변경하게 될 경우 위헌소지가 있다는 것이다.

---

16) 『한국일보』, 오피니언, 2010년 12월 31일.
17) 『한국일보』, 오피니언, 2011년 1월 6일.

> ✪ 『연합뉴스』군 상부지휘구조 개편 '위헌소지' 고심
>
> 일부 전문가들은 31일 군이 합동군사령관(대장)을 신설하고, 육·해·공군본부와 육·해·공군 작전사령부 기능을 통폐합해 육군·해군·공군사령부로 재편하고 각군 총사령관(대장)을 신설하겠다는 계획이 헌법 제89조 16항에 위배될 수 있다고 지적하고 있다. 16항은 국무회의 심의 대상으로 합동참모의장, 각군 참모총장을 명시하고 있기 때문에 합동군사령관이나 각군 총사령관을 신설하면 헌법에 나와 있는 이름과 달라 헌법 조항에 위배될 수 있다는 것이다.[18]

> ✪ 『동아일보』청와대 별들과 합동군사령관 '안심 못할 設官'
>
> 국방부는 지난해 말 합동군사령관직을 신설하는 방안을 내 놓았으나 법적 논란이 제기되고 있다. 헌법 89조의 '국무회의 심의사항'에 군 지휘부 임명 관련으로는 합참의장과 각군 참모총장만 포함돼 있다. 이에 따라 합동군사령관 신설은 법적 근거가 분명하지 않다는 지적이 일각에서 나온다.[19]

상부지휘구조 개편안의 한계와 문제점에 대한 언론 보도와 칼럼들과는 별개로 해·공군 현역 지휘부의 공식 입장은 군의 특성상 공식화되기 어려웠지만, 언론에 인용 보도된 내용을 통해 유추할 수는 있다. "해·공군은 군정권까지 합동군사령관이 쥐게 되면 사실상 통합군사령관이 되어 해·공군이 육군에 종속될 수 있다고 반발하고 있다. 현재 합참의장을 육군이 계속 맡고 있듯 합동군사령관도 육군이 독점할 가능성이 크기 때문이다."[20]라는 중앙일간지 기사와 같이 해·공군은 상부지휘구조 개편 방향을 우려하는 입장에 있었다고 볼 수 있다. 당시 중앙 일간지에 보도된 기사, 칼럼, 사설 등의 제목을 정리하면 다음과 같다.[21] "해·공군 '국방개혁 육군에 유리' 발끈", "육군, 법

---

18) 『연합뉴스』, 2010년 12월 31일.
19) 『동아일보』, 오피니언, 2011년 1월 3일.
20) 『동아일보』, 2011년 1월 6일.
21) 인용한 신문기사 제목의 순서대로『동아일보』, 2011년 1월 6일. ;『내일신문』, 2011년 1월 6일. ;『동아일보』, 2011년 1월 7일. ;『중앙일보』, 2011년 1월 7일. ;『중앙SUNDAY』, 2011년 1월 9일. ;『경향신문』, 2011년 1월 10일.

규 어겨가며 고위직 독식", "3군 밥그릇 싸움과 육군의 과욕", "합동성 강화한 다더니 밥그릇 싸움인가", "해·공군서 반발하는 합동군 개편안: 육군 중심 심화, 3군 특성 사라져 미래전 대비 못해", "합참 또 육군 독식, 제 살 못 깎는 군 개혁" 등과 같이 국방부(육군)가 주도하는 상부지휘구조 개편에 대한 해·공군의 입장은 부정적이었다고 할 수 있다. 특히, 2011년 1월 9일자 『중앙SUNDAY』에는 해·공군 현역 장교들을 대상으로 인터뷰한 내용들이 익명을 전제로 소개되고 있으며 이를 발췌하면 다음과 같다.

> ★ 『중앙SUNDAY』해·공군서 반발하는 합동군 개편안
> : 육군 중심 심화, 3군 특성 사라져 미래전 대비 못해
>
> 지난 주 국방부는 대령급 이상 육·해·공군 간부를 대상으로 한 '합동군 설명회'를 했다. 회의가 끝난 뒤 해·공군 장교들은 '육군이 밀어붙인다'고 반발했다.…공군의 한 현역은 "우리는 필사적"이라고 했다. 실제로 움직임이 포착됐지만 공개하지 말 것을 요구해 소개하지 못한다. 해군도 비슷한 분위기다. 한 현역 제독은 "마음먹으면 쿠데타까지 할 수 있는 괴물군을 탄생시키는 것"이라고 목소리를 높였다. 육군은 상대적으로 조용하다. 해·공군은 "국방부가 육군인데 움직일 필요가 뭐가 있냐"고 한다.…본지는 해군·공군 고위 장교들을 만나봤다. "군 상·하부를 광범위하게 대표한다"고 한 이 장교들은 "국방부안은 군 권력구조를 육군 위주로 만들려는 것"이라는 반응을 보였다. 가장 민감한 부분은 합동군사령관 밑에 육·해·공 3군사령관이 들어가고 현재의 참모총장 자리는 없어진다는 점이었다.…해·공군은 합참 1·2차장제를 제시한다. 현재 군 편제를 유지하되 합참의장 아래 4성급 차장 2명을 두는 방안이다. 1차장은 3군의 작전사령부를 지휘하고, 2차장은 정책·기획 기능을 맡는 것이다. 현재 한미연합사의 기능을 전작권이 환수되는 2015년부터 1차장 밑에 두자는 것이다.[22]

이처럼 상부지휘구조 개편안에 대한 해·공군의 입장은 시종일관 부정적이었으며, 합동군사령관이 군정권과 군령권을 가지고 육·해·공군사령관을 직접 지휘·통제하는 방식보다는, 현재의 합참을 작전·지휘기능을 담당하는 1차장과 정책·기획기능을 담당하는 2차장으로 편성하여 운영하는 것

---

22) 『중앙SUNDAY』, 2011년 1월 9일.

을 선호했다. 현재의 군 편제를 유지하면서 합참의장 아래 4성급 차장 2명을 편성하여, 1차장은 3군의 작전사령부를 지휘하게 하고 2차장은 정책 및 기획 기능을 담당하게 한다는 것이다. 현재의 한미연합사 기능을 전시작전권이 환수되는 2015년부터 1차장 휘하에 두자는 것이다.23) 상부지휘구조 개편에 관한 3군의 입장을 정리하면 [그림 7]과 같다.

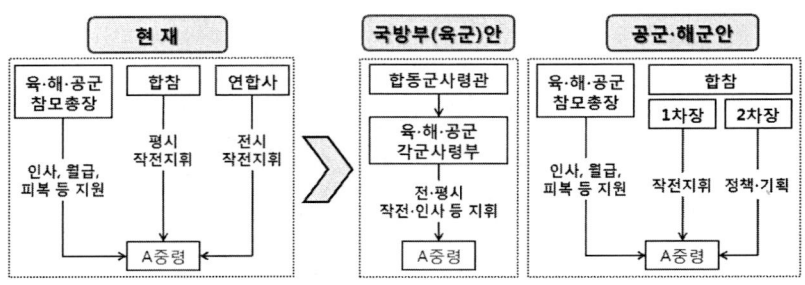

출처: 『중앙SUNDAY』, 2011년 1월 9일.

[그림 7] 상부지휘구조 개편에 관한 3군의 입장

2. 상부지휘구조 개편의 정치과정

국방부에서 성안한 상부지휘구조 개편안에 대한 군 내부의 견해는 '육군' 대 '해·공군'의 대립구도로 표면화되었다. 정치권에서도 당시 야당인 민주당의 입장은 부정적이었다고 할 수 있다. 2011년 1월 13일 국방부는 상부지휘구조 개편을 포함한 73개의 국방개혁과제와 추진방안에 대해 정책설명회를 계획하고 있었으나, 민주당은 이에 불참하는 것으로 당론을 확정했다. 당시 국회 국방위원회 간사인 민주당 신학용 의원의 평가 - "합동군이 아니라 육군 중심의 통합군으로 가자는 것인데, 어렵게 확보한 3군 균형이 다 무너지게 생겼다. 현 정부가 국방에 대한 철학이 부족한 탓이다"24) - 는 국방부 개

---

23) 『중앙SUNDAY』, 2011년 1월 9일.
24) 『내일신문』, 2011년 1월 12일.

혁안에 대한 민주당의 입장을 대변하고 있다. 국방부 개혁안에 대한 언론의 부정적인 보도와 해·공군의 반발, 그리고 야당인 민주당의 비협조 등으로 인해 합동군사령부 창설과 군령·군정권을 보유한 합동군사령관 직위 신설 등과 같은 상부지휘구조 개편안은 부분적인 변경을 가져오게 된다. 2011년 3월 7일 국방부가 이명박 대통령에게 보고한 '국방개혁 307계획'에서는 위헌 논란을 피하기 위해 합동군사령관직을 신설하지 않고 현재의 합참의장직을 유지하기로 했다. 대신 합참의장에게는 합참에 근무하는 장교에 대한 인사·보직·징계권 등 제한된 군정권과 각군 총장에 대한 작전지휘권을 부여하였다. 또한 각 군이 개별적으로 운용하던 작전사령부를 지상·해상·공중작전본부로 통합해 합참의장 휘하로 일원화하고, 작전본부에는 각군 참모총장의 지휘를 받는 본부장 3명을 두기로 했다.[25] 이를 도식화하면 [그림 8]과 같다.

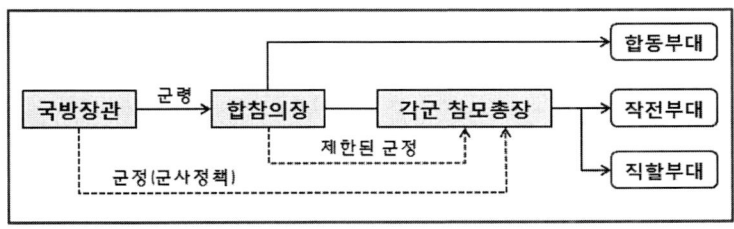

출처: 『동아일보』, 2011년 3월 9일.

[그림 8] 국방개혁 307계획의 상부지휘구조 개편

국방개혁 307계획에 따르면 기존에 군정권만 보유하고 있는 각군 참모총장이 합참의장의 군령 계선에 포함됨으로써, 육·해·공군총장은 각각 지상·해상·공중작전본부에서 근무하게 된다. 다만 군정권을 수행하기 위해 일주일에 한 번 정도 계룡대에서 근무하고 평소에는 참모차장 성격의 작전지원본부장이 계룡대에서 군정 업무 전반을 담당한다.[26] '국방개혁 307계획'

---

25) 『동아일보』, 2011년 3월 9일.

에 대한 공감대를 확산시키기 위해서 국방부는 2011년 3월 23일 역대 국방부장관, 합참의장, 각군 참모총장 등 예비역 장성 40여명을 초청해 설명회를 진행하였으나, 참석자들의 거센 비판을 받았다. 당시 언론에 보도된 예비역 장성들의 비판 요지를 발췌하면 다음과 같다.

> ⭐ 『동아일보』 군 모르는 몇몇이 군 흔들어 통수권자도 흔들리고 있다
>
> 조영길 전 장관은 "북한의 도발 때 대응에 차질을 빚은 것은 군제(軍制)가 아닌 부실한 지휘관과 작전지휘 때문인데 합동성 강화를 내세워 상부지휘구조를 잘못된 방향으로 바꾸는 것은 궁색한 변명"이라고 비판했다. 김 전 합참의장은 "합참의장에게 과도한 지휘부담이 야기되는 새 지휘구조에선 누구도 의장직을 수행하지 못할 것"이라고 조언했다. 이한호 전 공군총장은 "안보 취약시기에 군의 근간을 흔드는 군제 개편을 섣불리 추진하는 이유를 납득할 수 없다. 새 지휘구조는 한미연합사령부와의 지휘관계 등에서도 많은 부작용을 초래할 것"이라고 우려했다. 다른 참석자들도 "합참의장에게 권한이 집중되는 상부지휘구조 개편은 문민통제 원칙에 어긋나고 군에는 '독약'이다. 군을 모르는 몇몇 인사가 군 전체를 흔들고 군 통수권자도 이에 흔들리고 있다"는 비판을 쏟아낸 것으로 알려졌다.27)

국방개혁 307계획에 대한 예비역 장성들의 비판의 핵심은, 합참의장 1인에게 군령권과 군정권을 모두 부여하는 것은 문민통제 원칙에 위배된다는 것이다. 또한 육·해·공군 참모총장을 직접 지휘계선 상에서 지휘하게 됨으로써 지게되는 과도한 지휘부담이, 합참의장직을 효율적으로 수행하기 어렵게 만들 것이라고 비판하였다. 한편 해·공군의 현역 영관급 장교들 역시 상부지휘구조 개편이 각 군의 전문성을 약화시키게 될 것이라는 점을 지적하였다.28) 청와대는 예비역 장성과 해·공군의 반발이 '자군(自軍) 이기주의'의 산물이므로, 흔들림 없이 개혁안을 관철시키고 2011년 상반기에 법제화를 완료하겠다는 입장을 표명하였다.29)

---

26) 『문화일보』, 2011년 3월 11일.
27) 『동아일보』, 2011년 3월 26일.
28) 『헤럴드경제』, 2011년 3월 28일.

국방개혁 307계획이 청와대의 전폭적인 지지를 받았음에도 불구하고, 운용 측면의 한계가 당시 공군참모총장으로부터 제기되었다. 2011년 3월 7일 박종헌 공군참모총장은 서울 공군회관에서 기자들을 대상으로 정책설명회를 갖고, 국방개혁 307계획이 공군의 특성을 반영하여 보완되어야 할 부분이 있다고 주장하였다. 박종헌 총장이 제기한 문제는 다음과 같다. 첫째, 공군의 작전지휘 측면을 고려해야 한다는 것이다. 공군작전은 10~15분이면 상황이 종료돼 작전지휘 계통 근무자들은 거의 24시간 동안 상황실 주위에서 대기해야 하는데, 공군총장이 작전권을 가지면 이런 상태로 있어야 해 군사외교와 방산업무 등의 다른 업무를 맡기가 어렵다는 것이다. 둘째, 2015년 전시작전통제권이 한국군에 전환되더라도 공군은 미 7공군사령관(중장)의 작전통제를 받게 된다는 점이다. 이 경우 4성장군인 한국 공군총장이 미국 3성장군의 지휘를 받게 돼 연합작전 지휘체계상에 문제가 있다는 것이다.[30]

공군의 문제제기를 반영하여 국방부는 각군 총장 휘하에 2명의 참모차장을 두고 합참차장을 복수로 임명해 합참의장을 보좌하게 하는 내용이 포함된 국군조직법 개정안과, 합참의장에게 군령 계선을 통해 작전지휘를 받는 육·해·공 3군 참모총장 이하 부대 지휘관들의 명령 위반이나 직무 태만에 대한 징계권을 부여하는 내용이 포함된 '군인사법 개정안'을 군무회의(2011년 4월 25일)에서 의결했다.[31] 군무회의에서 의결된 국군조직법 개정안과 군인사법 개정안은 언론의 호된 비판을 받았는데 주된 요지는 다음과 같다. 각군 참모총장 휘하에 2명의 참모차장을 두게 되면 작전지휘라인이 기존의 '합참의장→작전본부장→각군 작전사령관'에서 '합참의장→각군 참모총장→각군 참모차장→각군 작전사령관'으로 옥상옥(屋上屋)의 형태가 된다는 것이다. 또한 합참차장을 복수로 임명해 의장을 보좌하도록 했는데, 원안에는 '합참의장과 차장을 군별로 보직하되 그 중 1명은 육군 소속군으로 한다'

---

29) 『문화일보』, 2011년 3월 28일.
30) 『조선일보』, 2011년 4월 11일. ; 『중앙일보』, 2011년 4월 11일. ; 『동아일보』, 2011년 4월 26일.
31) 『국민일보』, 2011년 4월 27일. ; 『조선일보』, 2011년 4월 27일.

는 조항이 있었으나, 이를 삭제해 의장과 차장을 모두 육군에서 배출할 수 있도록 했다는 것이다. 한편 합참의장이 각군 총장을 징계할 수 있도록 한 군인사법 개정안도 각군 총장의 자율성을 침해할 수 있다는 우려를 낳았다.[32]

국방개혁 307계획에 대한 언론의 비판과 해·공군(예비역)의 우려에도 불구하고, 국방부는 2011년 5월 17일부터 19일까지 3일 동안 예비역 장성들을 초청해 국방부 청사 대회의실에서 국방개혁 설명회를 가졌다. 하지만, 사흘 간의 행사 참석자 472명 중 해·공군 예비역 장성은 16명에 불과했다.[33] 상부지휘구조 개편에 대한 해·공군의 반발 기류를 짐작할 수 있는 결과였다.

3. 개편안의 국회 심의 과정

1) 18대 국회 심의 과정 및 회기종결에 따른 자동 폐기

국방부가 주관한 설명회 이후, 국군조직법 및 군인사법 개정안을 포함한 국방개혁 관련 법률 개정안은 2011년 5월 24일 국무회의에서 의결되었다.[34]

국방부는 국무회의에서 의결된 국방개혁 관련 법률 개정안을 5월 25일 국회에 제출하였고, 국회에서는 5월 26일 국방위원회에 회부하여 6월 13일 상정하였으며, 6월 24일 국방위 법률안 심사 소위원회에 회부하였다. 당시 국방위 수석전문위원이 개정법률안의 주요 내용을 설명한 바에 따르면, 첫째 군령권만 갖고 있던 합참의장에게 합동작전 수행을 위해 필요한 인사·군수

---

32) 당시 중앙 일간지 기사들의 제목을 소개하면 다음과 같다. "별 줄인다는 국방개혁 별 놓고 싸우나"『서울신문』, 2011년 4월 28일. ; "307 군제개편, 입법 보류하고 의견수렴 다시 하라"『한겨레』, 2011년 4월 28일. ; "꼬여가는 국방개혁, 이러다 개악될라"『동아일보』, 2011년 4월 28일. ; "대장 감축없이 준장만 줄이고 작전지휘단계 늘려 육군 독식"『한국일보』, 2011년 4월 28일. ; "되레 안보 불안감 키우는 졸속 국방개혁"『한국일보』, 2011년 4월 29일.
33) 『세계일보』, 2011년 5월 20일.
34) 『한겨레』, 2011년 5월 25일.

〈표 31〉 국군조직법 개정안의 주요 내용(18대 국회)

구 분	개정 이전 (법률 제10102호)	개정안 (의안번호 11909)
합동참모본부 임무 확대	• 전투를 주임무로 하는 작전부대 작전지휘·감독	• 각군본부 및 각군의 작전부대 작전지휘·감독
합동참모의장 권한 강화 (제한된 군정권 부여)	• 전투를 주임무로 하는 작전부대 작전지휘·감독	• 각군본부 및 각군의 작전부대 작전지휘·감독 • 합동작전 수행에 필요한 인사 ·군수·교육·동원 등의 제한된 군정권 행사(대통령령 규정)
각군 참모총장 권한 강화 (군령권 부여)	• 국방부장관의 명을 받아 군정에 관하여 해당 군 지휘·감독	• 국방부장관의 명을 받아 군정 에 관하여 해당 군 지휘·감 독 • 합참의장의 명을 받아 해당 군부대 작전 지휘·감독
합참차장 확대 및 직무대행 순서 변경	• 3인 이내의 차장을 두되 (실제 1인 운영), 서열순 으로 직무 대행	• 3인 이내의 차장을 두되, 대 통령령으로 정하는 순서에 따 라 직무대행
참모차장 확대 및 직무대행 순서 변경	참모차장 1인	• 2인의 차장을 두되, 대통령 령으로 정하는 순서에 따라 직무대행

출처: 국방위원회 수석전문위원 권기율, 국군조직법 일부개정법률안 정부제출 검토보고
서(2011.6)

·교육·동원 등의 분야에 있어 제한된 군정권을 부여하되 군령권에 있어 각
군 참모총장도 지휘·감독하도록 하고, 둘째 군정권만 갖고 있던 각군 참모
총장에게 군령권을 부여하되 합참의장의 명을 받아 행사하도록 하며, 셋째
합참의장 및 각군 참모총장의 업무부담을 완화하기 위해 합참차장(제1차장:
육군대장, 제2차장: 타군 중장) 및 각군 참모차장(중장, 단 육군 제1차장은
대장)을 2인으로 확대하되, 2인으로 증원됨에 따른 합참의장 및 각군 참모총
장의 직무대행 순서 규정이 핵심이라는 것이다.[35] 기존 국군조직법과 개정

---

35) 국방위원회 수석전문위원 권기율, "국군조직법 일부개정법률안 정부제출 검토보고서
(2011.6)", p.4.

안의 내용을 비교하면 〈표 31〉과 같다.

　18대 국회 국방위원회 위원은 총 17명으로 한나라당 9명, 민주당 5명, 선진당 1명, 미래희망연대 1명, 국민중심연합 1명이었다. 국방개혁 관련 법률안 중 상부지휘구조 개편에 관한 국방위 위원들의 견해는 조건부 포함 찬성이 13명이었고, 반대는 3명, 유보적 입장은 1명이었다. 하지만 2011년 6월 임시국회에서 개편안을 처리하자는 입장에 대해서는 8명이 반대했고, 찬성은 4명에 불과했다. 국방개혁안이 국방위를 통과하기 위해서는 17명의 위원 중 과반수인 9명이 찬성해야 하기 때문에 6월 임시국회 중에 국회를 통과할 전망은 밝지 않았다. 게다가 6월 처리에 반대한 8명의 위원 중엔 여당인 한나라당 의원도 3명이나 포함돼 있었다. 당시 국방위 위원들의 입장을 정리하면 〈표 32〉와 같다.

　상부지휘구조 개편을 위한 국군조직법 및 군인사법 일부개정법률안의 제안설명 이후에 국방위 위원들은 다양한 의견들을 표명하였고, 찬성, 조건부 찬성, 반대, 유보 입장으로 구분되었다. 대체로 여당 의원들(9명)은 개편안에 대해 찬성 입장에 서 있었으나, 6월 임시국회에서 관련 법안을 처리하는 것에 대해서는 3명의 의원이 반대 입장을, 또 다른 3명은 유보 입장을 표명하였다. 3명의 반대 의원들은 지휘구조 개편안에 대한 검증작업이 선행되어야 한다는 이유를 들었으며, 또 다른 3명의 의원들은 의견수렴 절차와 합참의 비대화 문제를 거론하며 유보적 입장을 취하였다. 반면에 야당 의원들은 개편안에 대해 3명이 반대, 1명은 유보, 1명은 찬성 입장을 표명하였으나, 6월 임시국회 처리에 대해서는 5명 모두가 반대하였다. 특히 개편안에 대해 찬성 입장을 표명한 1명의 의원도 계룡대(3군 본부)와 물리적으로 떨어져 있는 지휘소(각군 작전사령부) 문제가 해결되어야 국회 통과가 가능하다는 이유를 들어 6월 임시국회 처리에는 반대하였다.

　여야 간에 이견이 존재할 뿐 아니라, 여당 내에서도 6월 임시국회 처리에는 부정적인 견해가 많아 국방위 법률안 심사 소위원회에 회부된 이후에 별다른 심의가 이루어지지 않았고 6월 임시국회가 종료됨에 따라 상부지휘구

<표 32> 상부지휘구조 개편에 대한 국방위 위원 입장

위 원		찬성 여부	6월 국회 처리	찬성 여부에 대한 이유	출신軍
한나라당	원유철 (위원장)	찬성	찬성	20년간 군정·군령쿠리체제 수정 필요	
	김동성	조건부 찬성	유보	예비역 설득 등 정치권 숙려기간 필요	
	정의화	찬성	찬성	전반적 국방개혁 필요	
	김옥이	찬성	찬성	참모총장이 작전권 가져야 함	육군
	김장수	조건부 찬성	반대	지휘구조 개편은 검증 필요	육군
	한기호	조건부 찬성	반대	참모총장의 작전지휘는 전시전환 훈련 통해 검증해야 함	육군
	김학송	조건부 찬성	반대	8월 을지훈련에서 시뮬레이션	
	유승민	조건부 찬성	유보	의견수렴 절차 부족	
	정미경	조건부 찬성	유보	합참의 권한과 조즈 비대화	
민주당	신학용	유보	반대	6월 처리는 물리적으로 불가능	
	서종표	반대	반대	상부지휘구조 통합안 자체에 반대	육군
	박상천	찬성	반대	계룡대와 떨어진 육·해·공군작전 사령부(지휘소) 문제 해결해야 함	
	정세균	반대	반대	육군 위주 개혁안, 합참에 권한 집중	
	안규백	반대	반대	통합군 체제를 너무 조급하게 추진	
기타	이진삼	조건부 찬성	유보	합참의장에게 군정권 주면 각군 사기 저하	육군
	송영선	조건부 찬성	찬성	합참의장 지휘 업무 과중	
	심대평	조건부 찬성	유보	예비역 이의 제기 더 반영해야 함	

출처: 『중앙일보』, 2011년 6월 23일.

조 개편안의 6월 국회 통과는 무산되었다.[36] 6월 임시국회 처리가 무산된 이후 청와대와 국방부는 8월 임시국회에서 국방개혁 관련 법안을 통과시키려고 하였으나, 여전히 여당 내부의 이견은 강했다.

---

36) 『매일경제』, 2011년 7월 1일.

여당인 한나라당에서 지휘구조 개편안의 8월 임시국회 처리에 반대하는 핵심 인물은 육군참모총장과 국방부장관을 역임한 김장수 의원이었다. 김 의원은 현행 군정권을 행사하는 각군 참모총장에게 군령권까지 부여하는 지휘구조 개편에 대해 부정적인 입장에 있었다. 당시 김의원은 조선일보와의 인터뷰에서 다음과 같은 이유 - "내가 우려하는 건 적의 공격이 전방위적으로 이뤄지는 전시에 동원, 교육, 군수지원 등 전투지원 업무를 수행하기에 정신없는 참모총장에게 작전 지휘까지 하도록 하는 것이다. 쉬운 일이 아니다. 참모총장을 지휘 계선(系線)에 넣는 문제는 재고해봐야 한다"37) - 를 들어 우려 입장을 표명하였다.

한편, 개편안에 반대하는 예비역 장성 중 육군 출신의 핵심 인물은 합참 작전본부장과 한미연합사 부사령관 등을 지낸 남재준 전(前) 육군참모총장이었다. 그는 군정권과 군령권을 일원화하는 상부지휘구조 개편안에 대해 다음과 같은 논리를 제시하며 반대하였다. 그에 따르면, "우리나라는 안보 위협이 크고 주변 4강 사이에 끼어 있기 때문에 각군 참모총장과 합참의장 간에 양병권(군정권)과 용병권(군령권)이 적절히 구분된 현 시스템이 맞다. 우리에겐 용병보다 양병이 중요하다. 합동성은 시스템(지휘구조)의 문제가 아니라 소프트웨어(운용)의 문제다. 참모총장을 작전지휘 계선에 포함시키는 건 불 끄는 소방현장 팀장에게 불도 끄고 환자 후송까지 책임지라는 것과 마찬가지"38)라는 것이다.

이처럼 지휘구조 개편을 둘러싼 여당 내부의 이견과 일부 영향력 있는 의원 및 예비역 장성의 반대 입장으로 인해 국방개혁 관련 법안의 국방위 심의는 이루어지지 않았다. 결국 상부지휘구조 개편을 위한 국군조직법 일부개정법률안은 2012년 4·11총선까지 처리되지 못했고, 총선 후 4월 20일에 열

---

37) http://news.chosun.com/svc/news/www/printContent.html?type=(검색일:2011년 7월27일)
38) http://news.chosun.com/svc/news/www/printContent.html?type=(검색일:2011년 7월27일)

린 국방위원회 전체회의에서도 정족수 미달[39]로 표결이 무산됨으로써 18대 국회의 임기만료일인 2012년 5월 29일에 자동 폐기되었다.

2) 19대 국회 재상정 및 무산

국방부는 18대 국회에서 무산된 국군조직법 일부개정법률안을 19대 국회에 다시 상정하기 위하여 2012년 8월 15일 국무회의에서 의결하였다. 재의결된 법률안이 기존과 다른 점은 합참의장에게 군수 지시권과 동원·예비전력에 대한 소요제기 기능은 부여하되 인사·징계권은 제외했다는 것이다. 이는 18대 국회에서 야당과 예비역의 반발을 불러일으켰던 인사권과 징계권은 제외하고 합동작전을 수행하는데 필수적인 권한만을 부여했다는 점에서 비판의 지점들을 수용한 것으로 보인다.[40] 18대 국회와 비교하여 일부 수정된 국군조직법 일부개정법률안은 2012년 9월 24일 19대 국회 국방위[41]에 재상정되었고 같은 날 법안심사소위원회에 회부되었다.[42] 상부지휘구조 개편안이 19대 국회 국방위원회에 재상정되어 법안심사소위원회에 회부되긴 했지만, 대통령 선거를 앞둔 국회에서 위 법안을 심도 있게 논의하는 것은 불가능했으며 이명박 정부의 임기종료와 함께 그 운명을 같이했다고 보는 것이 타당하다. 향후 이 문제가 다시 국방개혁의 핵심 의제로 부상한다면 18대 국회 국방위에서 개최했던 상부지휘구조 개편안에 대한 공청회 결과를 주목할 필요가 있다. 다음 절에서는 18대 국회 국방위 공청회에서 논의된 상부지휘구

---

39) 4·11총선에서는 18대 국회 국방위 위원 17명(새누리당 9명, 민주당 5명, 자유선진당 1명, 무소속 2명) 중, 11명이 불출마하거나 낙천·낙선한 결과 6명만이 19대 국회에 입성하였다. 총선 후 상부지휘구조 개편안 처리를 위해 열린 국방위 전체회의에는 새누리당 의원 6명만이 참석해 의결정족수인 9명을 충족하지 못했다. 『조선일보』, 2012년 4월 21일.
40) 『내일신문』, 2012년 8월 14일.
41) 19대 국방위 위원은 17명으로 새누리당 9명, 민주통합당 7명, 무소속 1명이며, 군 출신 의원으로는 육군 4명, 해군 1명이 있다. 육군 출신 의원은 새누리당의 한기호, 김종태, 송영근, 그리고 민주통합당의 백군기이며, 해군 출신은 새누리당의 김성찬 의원이다.
42) 국회사무처, "제311회 국회 정기회 국방위원회 회의록 제2호,"(2012년 9월 24일).

조 개편안에 대한 찬반 입장을 정리하여 객관적 검증의 단초를 찾고자 한다.

상부지휘구조 개편의 주요 쟁점과 교훈

이명박 정부에서 추진했던 상부지휘구조 개편 계획이 '국군조직법 개정안'의 형태로 국회 국방위에 상정되기까지 하였으나 결국 무산될 수밖에 없었던 이유는, 개편안에 내재된 문제들과 이를 둘러싼 쟁점들이 절충될 수 없었기 때문이었다. 개편안을 둘러싼 논란은 '국방부' 대 '해·공군 예비역 장성'의 양자 대립구도 속에서 첨예하게 전개되었는데, 이 같은 입장 차이는 18대 국회 국방위에서 열린 국방개혁 공청회에 잘 나타나 있다.

18대 국회 국방위에서는 군 상부지휘구조 개편을 위해 상정된 '국군조직법 일부개정법률안'을 두고 두 차례에 걸쳐 공청회를 개최하였다. 2011년 6월 22일 제3차 국방위원회[43]와 11월 21일 제3차 국방위 법률안심사소위원회[44]에서 각각 '국방개혁관련법 개정 공청회'를 개최하였던 것이다. 공청회는 국방부측 인사들이 개편안의 타당성을 주장하고, 해·공군 예비역 장성들[45]이 진술인으로 참여하여 문제점을 진술하는 형식으로 진행되었다.

공청회에서 부각된 쟁점들 중 문민통제 원칙의 위배 여부, 군 지휘구조 개편의 시급성, 군제(軍制)의 성격(통합군제/합동군제) 문제는 견해에 따라 해석이 달라질 수 있는 사안들로서 군 상부지휘구조 개편의 핵심 쟁점은 될 수 없다고 판단된다. 하지만, 향후 이 문제가 국방개혁의 핵심의제로 다시 대두될 개연성이 높은 만큼 추후 면밀하게 검토해야 할 쟁점들은, 상부지휘구조 개편을 통한 합동성 및 효율성 증대 여부, 지휘계선 증가 여부, 각군 참모총

---

43) 국회사무처, "제301회 국회 임시회 국방위원회 회의록 제3호,"(2011년 6월 22일).
44) 국회사무처, "제303회 국회 정기회 국방위원회 회의록 제3호,"(2011년 11월 21일).
45) 공청회에 진술인으로 참석한 해·공군 예비역 장성은, 김혁수 전 해군작전사 부사령관과 이한호 전 공군참모총장이었다.

장의 전시 지휘부담 문제, 작전 지휘본부와 지원본부의 이원화 문제, 공군 작전지휘체계의 전·평시 변경 문제 등이라고 할 수 있다. 특히 각군 총장에게 군령권을 부여하여 합참의장의 지휘계선으로 포함시키고, 2인의 참모차장을 각군 총장 휘하에 두어 작전지휘와 지원임무를 수행하도록 하는 지휘구조 개편 문제는 그 적합성에 대한 논란이 상당하므로 신중하게 검토해야 할 사안이라고 판단된다.

여기에서는 당시 논의된 내용들을 면밀하게 검토하여 상부지휘구조 개편안의 주요 쟁점을 분석하고, 향후 국방개혁의 일환으로 상부지휘구조 개편 문제가 다시 대두될 경우에 대비하여 교훈을 도출하고자 한다.

1. 지휘계선의 증가 및 각군 총장의 지휘부담 가중

상부지휘구조 개편 관련 쟁점 가운데 대표적인 문제는 지휘계선 증가 여부를 둘러싼 논란이었다. 지휘계선 증가 여부의 경우, 찬성 측에서는 각군 본부와 작전사령부가 통합되므로 지휘계선이 증가하지 않고 현재와 동일하다고 주장하였으나, 반대 측에서는 각군 작전사령부가 해체되기 전까지는 지휘 계선이 1단계 증가한다고 보았다. 작전사령부가 해체된 후에도 각군 참모총장과 각군 제1참모차장의 근무위치가 다른 상황에서는 사실상 지휘계선이 1단계 증가하게 된다는 것이다.[46] 상부지휘구조 개편안의 지휘계선을 현행과 비교하면 [그림 9]와 같다.

현재의 지휘계선은 '합참의장→작전사령관→작전부대'의 3단계로 구성되어 있다. 반면에 개편안에 따르면 큰 틀에서는 '합참의장(→제1합참차장)→참모총장(→제1참모차장)→작전부대'의 3단계로 볼 수 있지만, 합참의장과 각군 참모총장 휘하에 각각 '제1합참차장'과 '제1참모차장'이 작전지휘 계

---

[46] 각군 참모총장은 3군 본부가 있는 계룡대에서 근무하고, 육군·해군·공군 제1참모차장은 각각 용인(육군)·부산(해군)·오산(공군)에서 근무하게 된다는 것이다. 국방위원회 수석전문위원 권기율의 보고서 p.11에서 발췌하여 정리하였음.

선으로 신설된다는 점을 고려하면 실질적인 지휘계선은 5단계로 확대된다고 볼 수 있다. 또한 제1합참차장과 육군 제1참모차장이 현행 3성장군에서 4성장군으로 편제화된다는 점에서 장관급 장교 축소 기조에도 부합하지 않는 측면이 있다.

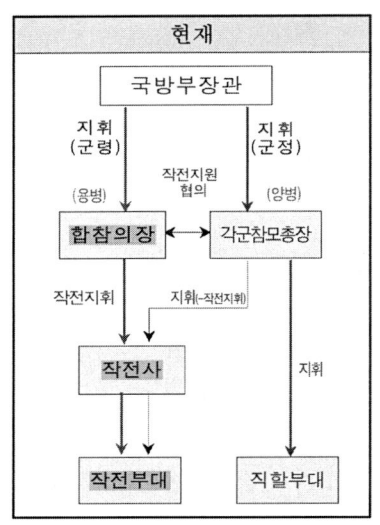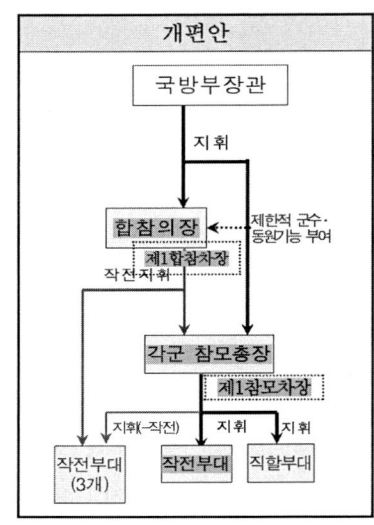

출처: 국방위원회 수석전문위원 권기율, "국군조직법 일부개정법률안 정부 제출 검토보고서"(2012년 9월). p.7.에서 재인용

[그림 9] 상부지휘구조 개편안의 지휘계선 비교

각군 참모총장의 전시 지휘부담 문제의 경우, 찬성 측에서는 각군 본부에 2명의 참모차장을 두어 작전지휘와 작전지원 분야로 나누어 보좌하게 되며 적절한 위임체계를 구축하므로 지휘에 문제가 없다는 입장이었다. 반대 측에서는 전시에 각군 참모총장이 작전지휘에 몰두하게 되므로 군정분야에 소홀해질 수 있어 전쟁지속능력이 저하되는 결과를 초래하게 된다고 주장하였다. 한편, 작전지휘본부와 작전지원본부의 이원화 문제의 경우[47], 찬성 측에

---

[47] 개정안에 따를 경우 각군의 제1참모차장은 작전지휘본부장으로 정보·작전·화력 분

서는 생존성과 융통성 보장차원에서 전·후방 지휘소를 기능별로 유지할 필요가 있다고 보았으며, 작전지휘본부와 작전지원본부가 지리적으로 이원화되어 있어도 C4I체계[48]를 통해 실시간 정보공유 및 작전지휘가 가능하다고 주장하였다. 반대 측에서는 전시에 각군 참모총장이 작전지휘본부와 작전지원본부를 왕래하면서 지휘하는 것은 불가능하며 더욱이 각군 본부에 작전사령부 수준의 지휘상황실을 구축하지 않는 한 C4I체계를 통해 작전지휘는 불가능하다고 주장하였다.

　각군 참모총장 휘하에 2명의 참모차장을 두고 각각 작전지휘와 작전지원 임무를 수행하게 한다는 상부지휘구조 개편안의 계획은 합리적이라고 보기 어렵다. 기존에 합참의장이 각군 작전사령관을 일사분란하게 직접 지휘하여 군령권을 행사하던 방식에서, '합참의장 → 제1합참차장 → 각군 총장 → 각군 제1참모차장 → 각군 작전부대'의 군령 행사 체계로 변경하는 것은, 지휘체계의 효율성과 간명성, 그리고 신속성을 담보하기가 어렵다고 볼 수 있다. 또한 각군 총장의 경우 현행 지휘체계에서는 담당하지 않던 군령권까지 행사해야 하므로 지휘부담이 가중될 수밖에 없는 것이 사실이다. 게다가 작전지휘를 담당하는 제1참모차장을 각군 본부가 있는 계룡대(대전)가 아닌 각군 사령부 소재지인 용인(육군), 부산(해군), 오산(공군)에 근무하게 하고, 각군 본부에는 C4I체계를 신설하여 각군 총장의 작전지휘를 가능하게 한다는 계획 역시 신속하고 효율적인 작전지휘를 담보하기 어려우며 추가적인 예산[49]까지 소요된다는 점에서 경제적이지 않다. 왜냐하면 기존의 각군 작

　　야를 보좌하고, 제2참모차장은 작전지원본부장으로 인사·군수·동원 분야를 보좌하게 되나, 제1참모차장은 현재 각군 작전사령부가 위치한 용인(육군)·부산(해군)·오산(공군)에, 제2참모차장은 계룡대에 위치할 계획임. 국방위원회 수석전문위원 권기율의 보고서 p.11에서 발췌하여 정리하였음.

48) C4I란 Command, Control, Communication, Computer and Intelligence의 약자로 지휘·통제·통신·컴퓨터 및 정보체계 전반을 의미한다.

49) 18대 국회 국방위에서 논의된 바에 따르면 당시 국방부에서는 C4I체계 구축에 소요되는 비용을 300억 정도로 추산했지만, 실제 비용은 천문학적인 수준에 달할 것이라는 국방위 의원의 주장도 있다. 이를 소개하면 다음과 같다. "민주당 안규백 의원: C4I 보

전사령부에는 이미 C4I체계가 구축되어있고, 각군 작전사령관이 합참의장의 군령권에 귀속되어 작전지휘가 수행되고 있기 때문이다.

2. '통합군제'의 위헌 논란 및 합동성 약화 우려

이명박 정부에서 추진하였던 상부지휘구조 개편안은 '강화된 합동군제'라고 명명되었다. 하지만 2010년 12월 국방부의 대통령 업무보고에 따르면, 상부지휘구조 개편의 초안은 '통합군제'라고 할 수 있었다. 기존의 각군 참모총장 직위를 각군 사령관으로 대체하고, 군령권만을 행사하던 합참의장 대신 합동군사령관 직위를 신설하여 군정권까지 부여함으로써, 3군에 대한 군정권과 군령권을 함께 행사하는 형태의 명확한 통합군제였던 것이다.

하지만 합참의장과 각군 총장을 대체하는 합동군사령관 및 각군 사령관 직위의 신설은 위헌 논란을 야기하였으며 해·공군의 강한 반발을 초래하였다. 헌법 89조 16항[50]에 따르면 합동참모의장과 각군 참모총장의 임명은 국무회의의 심의를 거쳐야 하는데, 개헌 없이 국군조직법 개정만으로 합동군사령관과 각군 사령관 직위를 신설할 경우 헌법에 위배된다는 것이다. 또한 군정권과 군령권을 가진 합동군사령관이 3군을 직접 지휘하는 구조가 만들어질 경우, 해군과 공군은 육군 출신 합동군사령관이 지배하는 통합군의 일개 기능사령부로 전락하게 되고, 육군 중심의 전략 및 작전 개념 속에서 해군과 공군의 고유한 역할이 사장되어 결국 합동성을 약화시키게 될 것임을 우

강 예산과 관련해서 잠정 추계가 300억으로 나와 있는데…미군기지 이전과 관련해서 용산에서 평택으로 이전하는 데 C4I 비용이 약 조 단위, 1조가 넘는다고…그런데 어떻게 우리 3군을, 작전사를, C4I 보강 및 새로 KJCCS랄지 이런 것들을 전체적으로 다시 한번 설치 및 보강을 추가로 하는데 300억 가지고 가능합니까?" 국회사무처, "301회 국회임시회 국방위원회 회의록 1호(6월 13일)"(국회사무처, 2011), p. 49.

50) 헌법 제10호(시행 1988. 2. 25) 제2절 행정부 – 제2관 국무회의 – 제89조의 조항은 다음과 같다. "다음 사항은 국무회의의 심의를 거쳐야 한다. 16. 검찰총장·합동참모의장·각군참모총장·국립대학교총장·대사 기타 법률이 정한 공무원과 국영기업체 관리자의 임명"

려하여 개편안에 반발하였다.

통합군제를 둘러싼 위헌 논란과 해군 및 공군의 우려는 이명박 정부에서 처음 제기된 문제가 아니다. 과거 노태우 정부에서도 이명박 정부의 '합동군사령관'에 해당하는 '국방참모총장' 직위를 신설하여 통합군제를 추진하였다가, 문민통제를 약화시킬 수 있다는 야권의 반대와 위헌 논란, 그리고 해군과 공군의 반발로 인해 기존의 합참의장에게 군령권을 부여하는 형태로 원안을 수정하여 추진한 경험이 있다.[51] 이명박 정부 역시 합동군사령관 직위를 신설하는 대신, 군령권을 가진 기존의 합참의장에게 군정권의 일부를 추가적으로 부여하고 각군 총장을 직접 통할하는 형태로 원안을 수정하였고, 이를 '강화된 합동군제'라고 명명하였지만 결국 무산되고 말았다.

합참의장이 군령권을 가지고 3군의 작전부대를 직접 지휘하는 형태의 현행 상부지휘구조는 노태우 정부에서 처음 시행된 이후 현재에 이르고 있다. 육·해·공 3군의 특수성과 고유한 역할을 인정하면서 동시에 3군의 합동성을 강화하는 방향으로 발전해 온 것이다. 그런데 위헌 논란 및 해·공군의 반대에도 불구하고 지휘구조 개편을 시도하는 것은 바람직하지 않다. 오히려 육군 중심의 상부지휘구조를 개선하는 것이 더 시급하다 할 것이다. 합동참모본부 출범 이래 총 38명의 합참의장이 취임하였으나, 그 중에 36명은 육군 출신이었고 해군과 공군은 각 1명[52]에 불과하였다는 사실은 육군 중심의 군 구조를 실증하고 있다.

3. 공군 작전지휘권의 전시 및 평시 변경에 따른 혼선 초래

상부지휘구조 개편안에 따라 합참의장 산하의 공군참모총장이 공군 작전

---

51) 노태우 정부의 국방개혁에 대해서는 김동한, "국방정책레짐 전환과 군 균형발전," 『정책연구』167호, 논문을 참고할 것.
52) http://www.jcs.mil.kr/user/indexSub.action?codyMenuSeq=70956&siteId=jcs&menuUIType=top(검색일: 2014년 3월 30일). 해군 출신 합참의장은 제38대 최윤희 대장이며, 공군 출신은 제25대 이양호 대장이다.

부대에 대한 군령권을 보유하게 되면 평시에는 큰 문제가 없다고 할 수도 있으나, 전시의 경우 한국과 미국의 연합 공군전력은 미국 7공군 사령관이 연합 공군구성군 사령관이 되어 한국과 미국의 연합 공군전력을 지휘하게 됨에 따라 한국 공군참모총장인 4성장군이 3성장군인 미국 7공군 사령관의 지휘를 받게 되는 계급 역전 현상이 발생하게 되는 문제가 있다는 것이다.

공군 작전지휘체계의 전·평시 변경 문제의 경우[53], 찬성 측에서는 전시작전통제권 전환 후에도 연합 공군전력은 한국 합참의 작전통제 하에 미국 7공군사령관('연합 공군구성군' 사령관)이 지휘하고, 한국 공군참모총장은 제1참모차장('연합 공군구성군' 부사령관)을 통해 작전지도 및 지원 임무를 수행하게 됨으로 문제가 없다고 보았다. 반대 측에 따르면 평시에는 공군 참모총장이 공중 작전지휘권을 행사하나, 전시에는 이를 행사할 수 없으므로 전·평시 공중 작전지휘권 변경에 따른 혼선이 발생한다는 것이다.

공군 작전지휘권을 둘러싼 논란의 경우에도 상부지휘구조 개편안이 합리적이지 않음을 발견할 수 있다. 당시 공군참모총장이었던 박종헌 총장은 전·평시 공중 작전지휘권 변경에 따른 혼선뿐만 아니라, 공군 작전의 특수성으로 인해 공군총장이 작전지휘권을 행사하게 될 경우, 공군 군사외교나 방산업무 등을 수행하기 어렵다는 점 또한 지적하였다. 그에 따르면, 공군작전은 10~15분이라는 짧은 시간 내에 상황이 종료되기 때문에, 작전지휘라인 근무자들은 하루 24시간 대부분을 작전상황실 주위에서 대기해야 하는데, 이런 상황에서 공군참모총장이 군사외교와 방산업무 등의 다른 업무를 수행하기가 어렵다는 것이다(조선일보 2011년 4월 11일 ; 중앙일보 2011년 4월

---

53) 현재(전시작전통제권 전환 이전)는, 전시에 한·미간 지상군·해군·공군 구성군사령부가 구성되고, 이들 사령관(지상군사령관: 한국, 해·공군사령관: 미국)이 한미연합사령관(주한미군사령관 겸임)의 작전지휘를 받게 됨. 전시작전통제권 전환(군 상부지휘구조 개편 포함) 이후에는 한국 합참의장이 육·해군 참모총장을 작전지휘하나, 공군의 경우에는 한·미간 '연합 공군구성군사령부'가 구성되고 한국 합참의장이 '연합 공군구성군 사령관'(사령관: 미국, 부사령관: 한국)을 작전통제하게 됨. 국방위원회 수석전문위원 권기율의 보고서 p.12에서 발췌하여 정리하였음.

11일 ; 동아일보 2011년 4월 26일). 또한 평시에는 공군참모총장이 작전지휘권을 행사하다가 전시에는 이를 공군 제1참모차장이 행사한다는 개편안에는, 전시와 평시의 작전지휘권 행사 주체가 변경됨에 따라, 평시에 훈련한 대로 전시에 원활하게 작전을 수행하기가 쉽지 않다는 것이다. 사실 이 같은 기형적인 구조는, 상부지휘구조 개편안에 따라 전시 작전지휘권을 3성장군인 미국 7공군 사령관이 행사하기 때문에 발생하는 계급 역전문제를 해결하기 위한 방편으로 만들어진 것이다. 기존의 시스템에서는 이러한 문제가 전혀 발생되지 않았음에도 불구하고 문제를 만들고 그 문제를 해결하기 위해 더 큰 문제를 만들어내는 무리수가 상부지휘구조 개편안에 내재되어 있음을 부정하기는 어렵다.

소결

이명박 정부에서 추진했던 군 상부지휘구조 개편계획은 역대 정부의 유산이라는 맥락에서 분석할 수 있다. 박정희, 노태우, 김영삼 정부에서도 통합군제를 목표로 상부지휘구조 개편을 시도했었고, 이명박 정부에서도 유사한 맥락 속에서 지휘구조 개편을 추진하였기 때문이다. 이명박 정부의 개편안이 3군의 합동성을 증진하기 위해 '강화된 합동군제'를 추구했다고 하지만, 부분적으로 통합군제를 지향하고 있었다는 의구심을 배제하기는 어렵다. 통합군제를 지향했던 상부지휘구조 개편 계획은 매번 해군과 공군의 거센 반대에 직면했었고 결국 무산되었다는 것이 역사적 사실이자 역대 정부의 경험이었다. 이명박 정부의 개편 계획 역시 해·공군 예비역 장성들과 야당의 반대, 그리고 언론의 부정적 평가에 부딪쳐 난항을 거듭했고 결국 정권의 임기 종료와 함께 폐기되었다.

상부지휘구조 개편으로 대표되는 이명박 정부의 국방개혁은 추진과정에서 변화를 거듭하면서 그 실체를 상실하였다. 이명박 정부 출범 이후 2009년 7월에 발표한 '국방개혁 기본계획 2009~2020'에서는 기존 지휘구조를 유지하되 합동참모본부 조직의 부분적 개편을 통해 전시작전권 전환에 대비한다는 방향을 가지고 있었다. 그러나 2010년에 발생한 천안함 및 연평도 포격도발 사건 이후에는 합동군사령관과 각군 사령관직을 신설하고 합동군사령관이 군령권과 군정권을 모두 행사하는 형태의 통합군제 개편을 천명하였다. 북한의 도발에서 비롯된 안보위기가 육군 중심의 통합군제를 지향하는 상부지휘구조 개편의 명분으로 작용했다고 볼 수 있는 지점이다.

이후 위헌논란 및 개편안에 대한 부정적인 입장 등을 반영하여 기존의 합참의장은 유지하되 군령권과 제한된 군정권을 부여하고, 각군 총장에게는 군령권을 추가로 부여하되 휘하에 2명의 참모차장을 두어 각각 군령권과 군정권을 행사함으로써 각군 총장을 보좌하는 형태로 변경하였으나, 이 역시 지휘계선의 증가, 각군 총장의 지휘부담 가중, 합동성 약화, 작전 지휘본부와 지원본부의 이원화, 공군 작전지휘체계의 전·평시 변경 등의 문제들로 인해 상당한 비판을 받았다. 결국 이명박 정부의 국방개혁은 타당성, 효율성, 합리성 측면이 결여된 실패한 개혁이었다고 평가할 수 있겠다.

상부지휘구조 개편의 역사를 추적해 보면 일관된 맥락이 존재함을 발견하게 된다. 육·해·공군을 하나로 통합하여 각군 사령관직을 신설하고, 단일의 통합군사령관이 각군 사령관을 지휘하는 통합군제 추진이 그것이다. 또한 이 같은 계획은 육군이 중심이 되어 추진해 왔고, 해군과 공군은 이에 반발해 왔으며 언론과 정치권의 평가 역시 부정적이었다는 것이 역사적 사실이다. 따라서 특정군의 시각이 반영된 통합군제를 추진하기보다는, 3군의 특수성과 전문성을 인정하고 동시에 이들 간의 합동성을 강화할 수 있는 현행의 지휘구조를 보완하고 발전시키는 것이 바람직한 방향이며, 이 문제를 검토할 때에는 각군의 이해관계로부터 독립적인 지점에서 국가안보 증진이라는 합목적성 실현을 최상의 준거로 하여야 할 것이다.

2장

김영삼/김대중 정부의 지휘/부대구조 개편 검토:
행정부 검토 단계에서 무산

김영삼 정부의 지휘구조 개편 검토

　1993년 출범한 김영삼 정부는 신한국 창조를 내걸고 국정 전반에 걸쳐 개혁을 추진하였으며, 국방개혁 역시 개혁의 연장선에서 추진하였다. 김영삼 정부의 국방개혁은 인사개혁에서 출발하였다. 군부의 핵심 지위를 장악한 하나회 축출이 군 개혁의 시발점이었던 것이다. 김영삼 정부 집권 1년 동안 군사령관(대장)급 이상 장성 전원, 군단장(중장)급 장성의 73%, 사단장(소장)급 장성의 63%가 교체되었다. 과거 군 출신 대통령 시절 군을 장악했던 육군의 하나회 출신들은 대부분 전역하거나 전역대기 상태 또는 한직으로 밀려난 것이다.[54] 김영삼 정부 출범 초기 단행된 인사개혁은 엄밀한 의미에서 군 사조직인 하나회 청산, 즉 인적청산을 목표로 했다고 볼 수 있다. 인사개혁에 이어 과거와 단절적인 새로운 군의 정체성을 확립하려는 작업 역시 시도되었다. 초대 국방장관인 권영해 장관은 1993년 10월 2일 '군의 탈정치화 선언'을 특별담화문 형태로 발표하였다. 담화문에서 권장관은 "지난날 우리 군의 일부가 국가보위의 명분하에 정치에 직접 또는 간접적으로 관여, 헌정질서와 자유민주주의 이념을 손상시킨 적이 있었다"면서 군의 정치개입

---

[54] 『한겨레신문』 1994년 2월 18일.

사례를 우회적으로 비판했다. 또한 군은 더 이상 정치인의 것도, 군 지도층의 것도, 직업군인들만의 것도 아님을 강조하고 오직 국민 속에 뿌리를 내리고 국민을 위해 존재하는 집단임을 천명함으로써 군이 국민의 군대로 남을 때 생명력이 있다고 언급했다.55) 특별담화문에는 국민의 군대, 정의로운 군의 구현, 역사의식에 투철, 자주국방 태세의 확립이라는 군의 4대 지표가 제시되었다. 이 같은 지표에 따라 군 본연의 임무에 충실할 때, 국민은 군을 신뢰하고 군의 독자적 위상과 자존을 인정할 것이며 군의 희생과 봉사에 대한 적절한 평가에 인색하지 않을 것이라는 내용이 담화의 핵심이었다.56)

이처럼 김영삼 정부 초기 1년 동안 추진된 국방개혁은 군 사조직인 하나회 청산과 군의 탈정치개입을 위한 정체성 확립과 같은 비제도적 측면의 개혁만이 진행되었다. 군의 제도적 개혁은 김영삼 정부 출범 2년째인 1994년에 들어 시작되었다. 1993년 12월에 취임한 이병태 국방장관은 12월 22일 국방부 간부 150여명이 참석한 취임 상견례 자리에서 각군 예하 단위사령부별로 군 개혁 과제에 대해 난상토론을 벌여 그 결과를 연말까지 국방부에 직보하라고 지시하였고, 조성태 국방부 정책실장은 각 사령부의 의견을 취합하여 군의 개혁방안을 마련하기로 하였다.57) 이렇게 하여 1993년 말 17개 주요 부대별로 '7일 합숙팀'을 운영하여 전군의 의견을 수렴한 결과 도출된 5대 개혁과제는 국방태세의 전면적 개혁, 미래지향적 국방정책을 개발, 국방업무의

---

55) 『서울신문』1993년 10월 3일.
56) 군의 4대 지표는 탈정치화 선언이라고 할 수 있다. '군이 국민의 군대가 되어야 한다'는 것은 국민적 합의에 의해 이루어진 헌정질서를 존중하고 조국과 국민에게 충성을 다하는 군대가 되어야 한다는 의미이다. '정의로운 군의 구현'은 군인의 자세를 함축하는 지표로서, 군인은 사사로운 이익이나 집단적 이해를 초월하여 공익과 정의를 사고와 행동의 준거로 삼아야 한다는 것이다. '역사의식에 충실해야 한다'는 지표에는, 군이 역사의식에 투철했다면 헌정사에서 부정적으로 평가된 비극적인 일들, 즉 정치개입은 일어나지 않았을 것이라는 사실이 함축되어 있다. '자주국방 태세의 확립'이라는 지표는, 남북 대치상황뿐만 아니라 통일 이후의 안보상황에서도 자주적인 독립국가로서 민족의 자존과 번영을 보장할 수 있는 국방태세를 기획하고 운용하는 능력을 구비할 것을 지향하고 있다. 국방부, 『1993~1994 국방백서』(대한민국 국방부, 1993), pp. 170-171.
57) 『동아일보』1993년 12월 23일.

투명성과 공정성 및 합리성을 보장, 병무행정의 지속적 개혁, 생활개혁 10대 과제 적극 추진 등이었다.58) 김영삼 정부에서는 국방분야의 제도 개선이 이루어졌고 병무행정 분야를 발전시켰다는 평가를 받고 있다. 또한 군 사조직인 하나회 숙정 역시 군 개혁 작업의 하나로 인식되고 있다.59)

김영삼 정부에서 시도된 국방개혁 작업 중에 주목할 만한 것은, 지휘구조 개편에 해당하는 '통합군 체제'로의 개편 계획이 검토되었다는 사실이다. 통합군제 개편은 병력감축 계획과 연계하여 검토되었는데, 이 같은 계획이 처음 공식화된 것은 1997년 6월말 언론보도를 통해서였다. 당시 언론 보도에 따르면, 신한국당의 정보화특별위원회에서, 현행 60만 명의 육·해·공 3군 체제를 20만 명 규모의 통합군제로 단계적으로 감군하는 방안을 당 지도부에 건의하기로 했다는 것이다.60)

이 계획에 따르면, '육·해·공 3군 본부'를 '육·해·공군 사령부'로 개편하고, 각군본부 기능은 국방부 본부, 합참, 각군 사령부로 분할하여 이관시킨다는 것이었다. 또한 국방부 본부와 합참은 국방정책 및 기획 기능을 전담하도록 기능을 보강하고, 각군 사령부는 기존의 각군 작전사령부, 즉 육군 1·2·3 야전군 사령부, 해군 작전사령부, 공군 작전사령부가 수행하는 기능에 추가하여 최소한의 각군 고유기능을 수행하도록 편성한다는 것이었다. 하지만, 통합군제를 목표로 하여 검토되었던 지휘구조 개편계획은 군내 공감대 미흡으로 추진되지 않았다.61)

통합군제 개편계획이 보도된 이후, 해·공군 측에서는 이에 반대하는 입장을 표명하였다. 반대 견해는 군 조직의 특성상 현역이 아닌 예비역 해·공군 장성들이 주도적으로 제기하였고, 언론 매체를 통하여 보도되었다. 공군 측의 입장으로 일반화하기는 어렵지만, 예비역 공군 중장으로 공군본부 기

---

58) 국방부, 『1994~1995 국방백서』(대한민국 국방부, 1994), pp. 29-31.
59) 신용도·한용섭·민진·김무일, 『국방개혁계획법 제정 추진을 위한 기초연구』(국방대학교 안보문제 연구소, 2005), pp. 1-2.
60) 『동아일보』1997년 6월 30일.
61) 국방부, "국방개혁 기본법안 정부제출 검토보고서"(2005 12. 2)

획·작전참모부장과 공사 교장을 역임한 서진태 장군은 1997년 10월호 『월간조선』에서 "통합군 논의는 군의 화합·단결을 저해한다"는 기고를 통해 통합군제 개편의 부적절성을 지적하였다.

서진태 장군에 따르면, 통합군제 개편 보도(동아일보 97/06/30)는 "특정군의 편협된 이익추구를 위해서 특정군 출신을 주축으로 구성된 연구기획팀으로 하여금 은밀하게 본 사안을 연구하게 한 다음 성사시키기 위한 전초단계로서 자연스럽게 언론에 흘린 것이라는 인상을 준다"는 것이다. 또한 1997년 4월에 시행된 합참의 구조개편에서 군구조 연구 부서를 상설기구화 하였는데, 이는 윤용남 합참의장이 통합군에 대한 강한 소신을 비친 것으로 당시 언론에 보도되었다는 것이다. 그리고 통합군제 개편 보도 내용은 합참의장이 업무 참고용으로 사용하는 것이므로, 관련 기획단 요원 이외에는 일체의 대외 발언을 금지했다는 소문이 있다는 것이다. 즉, 합참의장의 구두지시로 국방부, 합참, 각군본부 요원은 통합군 계획안과 관련된 일체의 의견 개진이나 논평을 하지 말라고 지시했다는 것이다. 이 같은 움직임에 대해 서진태 장군은, "공군참모총장을 비롯하여 공군의 주요 간부들이 공군의 정체성과 정통성에 직접 영향을 끼칠 수 있는 심각한 사안에 대해서 군인 복무규율을 의식하고 소극적으로 관망만 하는 것도 문제"라고 우려를 표명하였다. 서장군이 통합군제 개편에 반대하는 논리는 다음과 같다. 첫째, 고도로 기술화되고 전문화된 정밀 고가장비를 운영하는 공군과 해군을 비 기술군인 육군에 강제로 병합하여 단일군으로 통합하려는 발상은 선진화를 향하는 시대의 요구에 역행하는 작업이라는 것이다. 그에 따르면 개인 소득 1만 달러 이상, 상비군 병력 20만 명 이상을 유지하는 민주주의 국가는 육·해·공군 참모총장을 위원으로 하는 합동 참모회의형 군 제도를 채택하고 있다는 것이다. 즉, 무기체계의 전문기술화와 고가 장비 운영에 따른 예산 집행, 전문기술 인력에 대한 전문가적 지휘 관리의 필요 때문에, 평시 모집·교육훈련·임용·진급·보임·유출 등의 인력관리와 장비유지 관리를 위한 예산의 계획·획득·집행은 각군 출신의 전문가로서의 최고 지휘관인 각군 참모총장 지휘책임 하에 두고 유사시에는 각군 참모총장의 자문과 보필을 받아 전력을 통합 관리할 수 있도록 합참의장에게 용병 책임을 부여하는 3군 합동군제가 대다수 선진국에서 채택하고 있는 군제라는 것이다. 둘째, 통합군제 개편계획은 818계획의 초안과 유사한 것으로서 당시 유보되었음에도 불구하고 다시 제기된 이유는, 육군병력감축이 시대적 대세가 됨에 따라 육군 조직 축소의 피해를 보상하려는 자구적 이익추구 의도가 내재되어 있기 때문이라는 것이다. 즉, 육군의 경우 1·2·3 야전군 사령부의 부분적 해체가 불가피하며 그에 따라 육군 4성장군의 직위가 소멸되기 때문이라는 것이다. 셋째, 통합군제는 민주주의 국가의 권력분립 원리에 위배된다는 것이다. 현역 4성 장군 일인에게 용병권(작전지휘·통제권)과 양병권(교육·임용·진급·보임을 비롯한 인사권 및 예산기획·집행권을 포함)을 모두 허용하는 통합군은 정치적 수락성 측면에서 수용하기 어려운 제도라는 것이다. 통합군제는 통합군 총사령관에게 해·공군의 장성 진급과 보임 등 인사권과 운영예산권을 포함한 일체의 군정권과 군령권을 부여하게 됨으로써, 통합군 총사령관은 문민 신분의 국방장관의 권능에 비견할 권한을 실질적으로 보유하게 되어 정치적 부담이 커질 소지가 있다는 것이다.[62]

예비역 공군대장으로 공군 참모총장을 역임한 김상태 한국항공우주전략연구원장 역시 통합군제에 대한 반대 입장을 표명하였다. 그에 따르면 1989년 818계획에 의해 개편된 군 지휘구조는, 헌법정신에 위배되는 변칙적인 통합군을 전제로 한 편제라는 것이다. 현행 헌법은, 국군의 최고통수권자인 대통령이 문관인 국방장관을 통하여 육·해·공군의 참모총장을 통수하고 각군 참모총장은 육·해·공군을 각각 지휘하는, 군령과 군정의 일원주의 원칙을 지향하고 있다는 것이다. 하지만, 818계획에 따른 현 합동참모본부의 조직은 합참의장 일인에게 육·해·공군의 평시작전지휘권을 부여하고 각군총장에게는 군사 행정권만을 담당하게 함으로써, 군정과 군령의 이원

---

62) 서진태 예비역 공군중장 인터뷰 자료, "통합군 논의는 군의 화합·단결을 저해한다," 『월간조선』1997년 10월호 (서울: 조선일보사, 1997), pp. 362-374.

주의 개념을 근거로 하고 있다는 것이다. 따라서 헌법이 지향하는 군정·군령 일원주의를 회복하기 위해서 각군 참모총장에게 다시 군정권과 군령권을 부여해야 한다는 것이다. 또한 군 운영의 경제성만을 명분으로 한 통합군제 개편은 육·해·공군의 전통과 특성, 군의 전문화를 저해하는 결과를 초래할 수 있으므로 추진되어서는 안 된다고 주장하였다.[63]

해군 측에서는 해군 작전사령관과 참모총장을 지낸 안병태 예비역 해군대장이 통합군제에 대한 반대 입장을 표명하였다. 그에 따르면 제 5공화국 이래로 현재까지 국방조직 개편 연구는 '통합군' 연구로 볼 수 있다는 것이다. 군령과 군정으로 분할된 국방구조를 일원화하여 통합군으로 재조직함으로써 지휘의 효율성과 운영의 경제성을 도모하기 위해 통합군제 연구가 계속되어 왔다는 것이다. 하지만, 그는 통합군제가 가져올 효율성과 경제성이라는 것이 관념적이고 수사적일 뿐 검증된 바가 없다고 주장하였다. 또한 통합군제에 따라 육·해·공군의 군령권과 군정권을 모두 장악한 통합군 사령관이 출현하게 되면, 한국과 같은 특수한 안보상황에서 누구에게나 버거운 존재가 될 것이 분명하다는 것이다. 한편 통합군 계획이 검토될 때마다 해군과 공군은 강력하게 반대해왔고, 그에 따른 대항논리 개발에 치중하느라 군 본연의 임무 수행에 지장을 초래할 정도였으므로, 검증되지 않은 가정에 기초하고 군에 불안을 조성하는 소모적인 통합군 논의는 종식되어야 한다고 주장하였다. 안병태 총장은 통합군제에 대한 반대논리로서 일반행정 단위의 주민이 15만 명을 넘을 경우 효율적인 통합행정이 어렵다는 시민행정의 일반적 견해를 원용하여, 총 병력이 20만 명 이상일 경우에도 통합체제가 비효율적일 것이라는 주장을 제기하였고, 따라서 통합군제가 아닌 3군 균형체제를 효율적으로 운영하는 것이 효과적인 군 개혁임을 강조하였다.[64]

---

63) 김상태, "국군 조직 개편에 대한 소견: 통합군 발상에 대한 의견," 『방위세계』제 16호, 1998년 봄호 (한국항공우주전략연구원, 1997), pp. 7-11.
64) 안병태, "국방개혁에 대한 제언: 막강권력 쥔 통합군 사령관 탄생하면," 『월간조선』 1998년 7월호 (서울: 조선일보사, 1998), pp. 158-164.

통합군제 개편에 대한 해·공군의 반대는 이와 같았으며, 결국 통합군제를 목표로 하여 검토하였던 지휘구조 개편계획은 추진될 수 없었다. 국방개혁 기본법안 정부제출 검토보고서[65]에서는 이 같은 상황을 "군내 공감대 미흡으로 통합군제 개편계획을 추진할 수 없었다."라고 언급하였다. 즉, 통합군제 개편계획은 통합군제 개편이 초래할 수도 있는 해군과 공군의 입지 상실을 우려한 결과, 해·공군이 주도적으로 통합군제 반대 논리를 개발하고 동원하여 이를 확산시킴으로써 계획의 실행을 저지했다고 볼 수 있다. 818계획의 실무자였던 당시 국방부 합참전략기획국 1차장 이석복에 따르면, 군지휘구조 개편에 대한 기존의 논의들은 1969년 이후부터 노태우 정부 이전 시기까지 총 4차례 시도되었다. 지휘구조 개편에 관한 기존 연구들은 군사적 능률성을 과도하게 강조한 결과, 육·해·공 3군의 전통과 특성을 수용하지 않고 군정과 군령을 일원화하는 통합군제를 대안으로 제시하였다. 통합군제 개편이 초래하는 문제점으로는 3군의 이해관계가 상충하게 되고 통합군사령관 1인에게 과도한 권력이 집중되는 점 등이 제기되었다. 그 결과 3군의 공감대를 형성하는데 실패하여 검토 수준에 그치고 말았다는 것이다.[66]

김대중 정부의 부대구조 개편 검토

1958년의 한미합의의사록에서 규정한 한국군의 병력구조에 혁명적인 변화를 초래할 수도 있는 육군부대구조 개편문제가 김대중 정부에서 검토되었다. 김대중 정부에서 검토되었던 육군부대구조 개편 논의는 국방개혁의 연장선에서 검토되었다. 당시 국방부에서 표명한 국방개혁의 배경은 크게 세

---

65) 국방부, "국방개혁기본법안 정부제출 검토보고서"(2005. 12. 2).
66) 이석복, "군구조 개선의 필요성과 내용," 『민족지성』53호 (민족지성사, 1990), pp. 178-179.

가지였다. 국방개혁의 첫 번째 배경 요인으로 '안보환경의 변화와 새로운 도전'을 거론하였다. 미국 등 선진국들에서는 미래 전쟁양상에 부합한 과학기술 군대로의 변혁을 추진하고 있는데, 한국군이 이러한 세계적인 군사혁신 추세에 대처하지 못한다면, 대외 안보의존도와 군사종속도는 더욱 심화될 것이라고 보았다. 따라서 안보환경의 변화에 부합한 군사혁신을 추진할 필요성이 국방개혁의 첫째 배경요인이었다고 할 수 있다. 둘째, '국민과 군 내부의 요청'으로 기존의 관성적인 군사제도와 관습을 탈피하여 한국적 상황에 부합한 군구조, 군사정책, 군사전략, 전쟁수행방식 등을 발전시킬 필요가 있으며, 또한 외환위기 극복을 위한 범국가적 차원의 노력에 부응하기 위해 효율적이고 경제적인 군 운영 방안을 모색해야 한다는 것이다. 셋째, '국가경제난과 국방운영 여건'으로 외환위기로 초래된 국가 경제난은 국방예산의 제약을 초래할 수밖에 없기 때문에, 방위력 개선사업을 전면적으로 검토하는 등의 국방운영 전반에 대한 리엔지니어링이 불가피하다는 것이다.[67]

김대중 정부에서 국방부는 21세기를 대비하여 정보화된 선진형 신국방체계 구축을 목표로 '국방개혁 5개년 계획'(1998년~2003년)을 수립하여 추진하였다. 1998년 4월 15일 국방부 장관 직속기구로 국방개혁추진위원회를 발족시켜 국방개혁 5개년 사업을 주도적으로 추진하였다. 이와 병행하여 육·해·공군도 각각 개혁실무추진위원회를 설치하여 국방부와 각군 간 연계성 있는 개혁을 추진하였다. 국방개혁추진위원회는 '국방개혁 5개년 계획'을 수립하여 1998년 7월 2일 김대중 대통령에게 보고하고 대통령의 재가를 받은 후 본격적으로 국방개혁에 착수하였다.[68]

국방개혁의 주요 내용은 군구조 개편, 방위력 개선, 정보화·과학화 기반 구축, 인사·교육제도 개선, 군수조달 개선, 군 사법제도 개선, 부사관 종합발전계획 추진, 일하는 방식 개선, 한국적 군사혁신 추진 등이었다. 국방개혁의 대상이 주로 국방운영 측면에 집중되었으며, 개혁이라기보다는 개선

---

67) 국방부, 『1998 국방백서』(대한민국 국방부, 1998), p. 165.
68) 국정홍보처 편, 『참여정부 국정운영백서』(국정홍보처, 2008), pp. 183-184.

의 성격을 띠고 있었다고 할 수 있다. 김대중 정부에서 시도된 군구조 개편은 효율적이고 경제적인 군 운용을 목표로 하여 국방부, 합참, 각군본부 등 상부 조직 및 기능을 개편하고 정비하였다.

국방부 조직은 국방 효율성 제고 및 경제성을 향상시키기 위해 획득실, 정보화기획실 등을 신설하였고, 민간 전문가를 외부로부터 영입하여 19개 국 72개과를 16개 국 62개 과로 축소하여 경량화 하였다. 합참은 통신전자참모부와 작전참모본부의 C4I조직을 통합하여 지휘통신참모본부로 개편하였고 인사참모부와 군수참모부를 통합하여 인사군수참모본부로 승격하였다. 그 결과 합참이 통수권자의 전쟁지도를 보좌하고 작전을 효과적으로 기획하고 지원할 수 있는 기능을 제고할 수 있었다. 또한 제대별로 분산되어 지상부대의 전술적 지원위주로 운용되던 육군항공사를 전략적·작전적·공세적 운용이 가능한 육군항공작전사령부로 개편하였다. 화생방전에 신속히 대비할 수 있도록 육군 예하에 화생방방호사령부를 창설하였다가 국군화생방방호사령부로 전환하여 화학전 및 대테러 위협에 대한 대응능력을 보강하였다. 이외에도 전시에 육상, 해상, 공중으로 전략적 수송지원 기능을 강화하기 위하여 육군수송사령부를 모체로 국군수송사령부 창설하였고, 육·해·공군 본부가 위치하고 있는 계룡대 지역에 각군본부별로 편성되어 운영하던 기존의 본부사령실을 단일 지휘체제 하의 계룡대 근무지원단으로 통합하여 인력과 예산을 절감하였다.[69]

상술한 군구조 개편 내용은 국방운영 차원에 있어 효율성과 경제성을 추구하는 군구조 '개선' 차원의 시도였다고 할 수 있다. 이러한 개선 차원을 넘어 개혁의 성격을 갖는 군구조 개편정책이 김대중 정부에서 시도되었는데, 그것은 바로 육군의 부대구조 개편계획이었다. 육군의 1군과 3군 야전사령부를 해체하고 지상작전사령부를 창설하는 혁신적인 계획이 수립되었던 것이다. 김대중 정부의 '국방개혁 5개년 계획' 가운데, 전방의 1군과 3군 야전

---

[69] 국방부, 『1998~2002 국방정책』(대한민국 국방부, 2002), pp. 109-110.

군 사령부를 해체하고 이를 통합하여 '지상작전사령부'를 창설한다는 육군 부대구조 개편계획은 매우 혁신적인 조치였다고 할 수 있다. 이 계획에는 지상작전사령부 창설과 함께 후방의 2개 군단사령부를 해체하고 2군 사령부의 기능을 보완하여 '후방작전사령부'를 창설한다는 계획이 병행하여 추진되었다.[70]

위 계획에 따르면 육군 2개 군사령부가 해체되는 대신 이들 기능 중 작전·정보 임무를 주로 맡을 지상작전사령부가 신설돼 육군 지휘체계에 상당한 변화를 초래하게 되었다. 또한 후방지역의 9군단 및 11군단을 해체하여 향토사단 중심의 작전체제로 변경하는 계획이 검토되었다. 일부 기계화보병사단이 여단 단위로 경량화하며 특전사와 항공사령부도 개편되는 등 군 작전개념 및 부대 운용에도 적지 않은 변화를 초래하게 된 것이다. 국방부는 이 같은 군구조 및 조직 개편이 실행되면 5년간 병력 1만 2천여 명과 4천여억 원의 예산이 절감되고 대장 1명, 중장 2명 등 장성 25명, 영관장교 5백 65명의 감축이 가능할 것이라고 밝혔다.[71] 이 같은 육군 부대구조 개편계획을 나타낸 것이 [그림 10]이다.

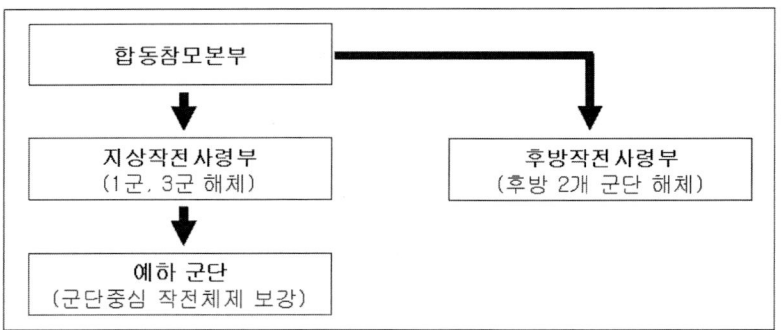

출처: 국방부, 『1999 국방백서』(대한민국 국방부, 1999), p. 152.

[그림 10] 김대중 정부의 육군 부대구조 개편계획

---

70) 국방부, 『1999 국방백서』(대한민국 국방부, 1999), p. 152.
71) 『조선일보』1998년 8월 26일.

김대중 정부에서 검토되었던 육군 부대구조 개편계획은 실행되지 못한 미완의 정책이었다. 당시 육군 부대구조 개편계획이 백지화된 배경에 대한 국방부의 공식적 입장은, "현 안보상황 여건 상 지휘·부대구조 변화로 인한 안보취약점 노출이 우려되고 한미 연합작전 지휘체계에도 중대한 변화가 불가피한 점이 고려되어, 보다 장기적인 미래 군구조 연구와 연계하여 추진하기로 잠정 유보하였다"[72]는 것이다. 육군이 해체하기로 한 1개 야전군과 2개 군단, 일부 후방사단과 특전여단을 해체하지 않은 것은, 부대 해체의 전제조건인 군단 중심의 전술·지휘통제체제(C4I)가 구축되지 못했기 때문이라는 것이다. 또 다른 이유는 작계 5027이 1·3군 체제를 근거로 하고 있기 때문에 부대해체를 위해서는 작계를 수정해야 하는데, 한미연합방위체제에서 이 같은 작업이 용이치 않다는 것이다.[73] 지상작전사령부 창설 문제는 2001년 초에 들어 조성태 국방장관이 북한의 위협이 상존하는 상황에서 육군 1·3군 사령부 체제를 뒤흔들 경우, 전투력 공백이 불가피하고 특히 인력 및 시설 운용의 어려움, 작전계획의 변경, 한미 연합작전상의 문제점 등을 지적하며 김대중 대통령에게 보고하여 백지화 방침으로 결론을 냈다.[74] 특히 틸럴리 한미 연합사령관은 1·3군 통합과 지상작전사령부 창설에 대한 반대견해를 담은 서한을 천용택 국방부장관과 김진호 합참의장에게 보냈다. 틸럴리사령관은 위 서한에서 "지상작전사령부가 8~9개 군단을 한꺼번에 통제하기는 부담스럽다. 현행 1, 3군 야전사령부를 유지하는 것이 바람직하다"는 입장을 밝혔다. 틸럴리 사령관은 또 "현재 한국군의 통신시스템으로는 1개 사령부가 전시에 각군단의 합동작전을 효율적으로 통제하기 어렵다"고 지적했다.[75] 지상작전사령부 창설이 무산된 데에는 한미 연합사령관이 자신의 위상 실추를 우려해 반대한 탓도 있었지만 군사령부와 후방 군단의 자리

---

72) 국방부,『1998~2002 국방정책』(대한민국 국방부, 2002), p. 109.
73)『경향신문』2003년 1월 11일.
74)『조선일보』2001년 2월 11일.
75)『한국일보』1998년 12월 2일.

가 없어지는 것에 반대하는 육군 고위층들의 반발 때문이었다는 견해도 있었다.76) 상술한 바를 토대로 하여 김대중 정부 시기 검토되었던 육군 부대구조 개편계획이 무위에 그친 배경을 추론하면 다음과 같다.

첫째, 공식적인 배경으로 당시 국방부장관과 한미연합사령관의 견해를 들 수 있다. 이는 곧 한국 국방부와 미국의 입장으로 치환하여 인식할 수도 있다. 이들에 따르면, 전방의 1·3 야전군사령부를 해체하여 지상작전사령부를 창설하고 군단중심의 작전체제를 구축하기 위해서는, 전제조건으로 군단 중심의 전술·지휘통제체제(C4I)가 구축되어야 하는데 C4I 구축이 단기간에 완료될 수 없기 때문에 야전군사령부 해체는 유보되어야 한다고 주장하였다. 또한 한미연합방위체제는 1·3군을 전제로 하고 있기 때문에, 이를 해체하게 되면 작전계획을 변경해야 하는데 이 같은 작업이 용이하지 않다는 것이다. 한편 전투력 공백과 인력 및 시설 운용의 어려움 문제도 1·3군 해체를 제지한 요인이었다.

둘째, 언론보도를 통해 유추한 비공식적인 배경 요인으로 지상작전사령부 창설에 따른 육군 고위직의 감소 문제를 들 수 있다. 지상작전사령부 창설은 기존의 제 1야전군사령부와 제 2야전군사령부의 해체를 전제로 하고 있었다. 새롭게 창설되는 지상작전사령부의 사령관은 육군 4성장군이 보임되지만, 기존의 1·3군이 통합되기 때문에 2명의 야전군 사령관 중 육군대장 1명의 보직이 사라지게 된다. 또한 후방의 9군단과 11군단이 해체되면 군단장인 중장 2명과 부군단장인 소장 2명, 참모장인 준장 2명 등 장성급 보직 6개 역시 감소된다.77) 국방부 역시 이 같은 군구조 개편이 진행되는 5년 동안, 병력감축 1만2천명, 예산절감 4천억원, 대장 1명 및 중장 2명 등 장성 25명과 영관장교 5백65명의 감축이 가능해질 것이라고 밝혔다. 따라서 1·3군 해체와 지상작전사령부 창설, 후방의 9·11군단 해체 등과 같은 육군 부대구조 개편계획이 백지화된 것은, 군사령부와 후방 군단의 자리가 사라지는 것에

---

76) 『한겨레신문』 2004년 8월 19일.
77) 『경향신문』 2004년 9월 3일.

반대하는 육군 고위층들의 반발 때문이었다는 견해도 일견 타당해 보인다.

김대중 정부의 육군 부대구조 개편계획은, 부대구조 개편이 가져올 육군의 고위직 감소와 이로 인해 파급될 육군 병력감축에 대한 우려, 그리고 만일의 경우 초래될 수도 있는 안보위협 및 기존 작전체제의 손상 등의 문제들이 복합적으로 작용하여 계획 실행이 백지화되었다고 할 수 있다. 특히 이 과정에서 국방부장관과 한미연합사령관이 직접적이고 주도적인 역할을 했다는 사실은, 육군 부대구조 개편계획이 단순히 국내적 차원의 문제만은 아님을 방증한다고 할 수 있다.

3부

국방개혁 정책의 결정요인 추론

역대 정부에서 추진하였던 국방개혁 정책은 크게 제도화의 성공 여부로 구분할 수 있다. 노태우 정부의 지휘구조 개편과 노무현 정부의 병력구조 개편 정책은 각각 국군조직법 개정과 국방개혁법 제정이라는 제도화에 성공했다고 할 수 있다. 반면 행정부 검토를 거친 후 제도화를 위한 의회심의 단계에서 무산된 경우는 이명박 정부의 지휘구조 개편 정책이다. 한편 김영삼 정부의 지휘구조 개편과 김대중 정부의 부대구조 개편 정책은 행정부 검토 단계에서 무산된 경우에 해당한다.

군구조 개편을 중점으로 한 국방개혁 정책의 결정요인을 추론하기 위해서는 정책학의 주요 개념 및 이론들을 원용하여 적실성 있는 분석틀을 설정하는 것이 필요하며 상기 사례에 대한 면밀한 분석 역시 요구된다. 본 저서의 3부에서는 우선 분석틀을 설정하고 이를 기준으로 국방정책, 즉 군구조 개편 정책의 결정요인들을 추론하고자 한다.

1장 국방개혁 정책의 결정과정 분석틀

　국방정책의 결정과정에는 정치체제의 환경변화, 행정부, 의회, NGO·언론·학계를 망라한 다양한 행위자들이 연관되어 있었다고 할 수 있다. 이들이 국방정책의 결정과정에서 어떤 경로를 통해, 어느 정도로 영향력을 행사했는지 규명하기 위해서는, 다양한 행위자들 모두를 포괄하되 상대적 권력의 분포에 따라 실제적인 영향력의 격차를 분별해 낼 수 있는 분석틀이 필요하다.

　첫째, 앨리슨(Allison & Zelikow 1999)의 조직행태모델에서는 개별 조직이 내리는 결정에 반영된 '조직이기주의'(parochialism)와 '조직의 시각'(organizational sensors)이라는 개념을 원용하여, 군구조 개편정책결정에 있어, 대통령과 국방부 관계 또는 국방부와 육·해·공 3군 관계를 분석할 수 있다. 한편 정부정치모델의 경우, 특정 쟁점에 대해 상이한 입장을 견지하는 정부 관료들이 '협상'(bargaining)을 통해 도달한 정치적 결과물을 정책으로 규정하고 있다는 사실에서, 군구조 개편정책수립을 놓고 육·해·공 3군 간에 벌어진 협상과정 분석에 유용한 모델이 될 수 있을 것이다. 또한 '각군의 우선순위'(parochial priorities)가 협상을 통해 합의에 도달하는 과정에서, 3군 간 상대적 권력의 격차가 투영되는지도 탐색해 볼 것이다.

　둘째, 정치과정모델(Hilsman 1990)에서는 국방정책의 대내적 결정과정이 다양한 행위자들 - 힐즈먼의 개념어를 인용하면 권력중추(權力中樞: power centers)들 - 간의 '정치과정'(political process)이며, 이들이 권력중추연합(또는 정책연합: coalition of power centers)을 구성하고, 이들의 '상대적 권력'(relative power)의 격차가 정책에 반영된다는 개념들을 인용하여, 군구조 개편정책의 의회심의과정과 다양한 행위자들의 영향력 분석에 적용할 것이다.

셋째, 군구조 개편정책의 정책변동적 성격은 윌슨의 정책레짐모델(policy regime model)의 주요 개념을 원용할 때 적실성 있는 설명이 가능하다(Wilson 2000). 이 모델에 따르면, 특정 정책이 장기간에 걸쳐 안정성을 유지할 수 있는 것은, 권력분포, 정책패러다임,[1] 정책을 결정하고 집행하는 정부조직, 정책레짐의 목적을 구현하는 정책 때문이라는 것이다. 동시에 이러한 요소들은 곧 정책레짐의 구성요소이기도 하다. 정책레짐의 변동과정은 일단 외부요인이 정책레짐에 충격을 가하면, 정책패러다임이 전환되고 권력분포도 변화하며 조직구조와 정책 역시 변화하게 된다는 것이다. 윌슨은 이 과정이 반드시 순차적으로만 일어난다고 보지 않는다. 정책패러다임의 변화가 정책변동을 유발할 수도 있고, 때로는 권력분포의 변화에 의해 정책변동이 일어날 수도 있다는 것이다.

조직행태모델, 정부정치모델, 정치과정모델, 그리고 정책레짐모델의 구성개념들 중에서, 군구조 개편정책의 결정과정을 분석함에 있어 강한 설명

---

[1] 정책패러다임은 일종의 해석의 구조 또는 추론의 구조라고 할 수 있다. 정책패러다임은 정책문제를 정의하는 학문적 담론에 기여하는 연구자들이나 지식인들, 쟁점에 직접적으로 관련된 전문가들, 특정의 정책의제를 진전시키는 이익집단의 지도자들과 조직들, 이들과 상호작용하는 정책결정자들에 의해 구축된다. 이렇게 구축된 정책 패러다임은 미디어(도서, 잡지, 학술지, 신문, TV, 라디오)와 일상적인 담론(정치적 연설, 의회에서의 논쟁, 대통령 보좌진들과의 토론, 직장·술집·강의실·거리·가정에서의 대화)을 통해 유포된다. 정책패러다임은 '지배적 정책패러다임'(dominant policy paradigm)과 '대안적(alternative) 정책패러다임'으로 구분된다. 지배적 정책패러다임은 현존 정책레짐을 지탱하는 기능을 하면서 대안적 정책패러다임과 긴장관계를 형성한다. (Wilson 2000, 257-258).

력을 가진 개념들을 추출하여 복합적으로 적용하게 되면, 유의미한 인과적 설명이 가능한 분석틀을 도출할 수 있으며, 이는 [그림 11]과 같다.

정책레짐의 변동과정을 설명한 윌슨의 정책레짐모델은 거시적인 정책변동의 흐름을 잘 설명해 준다. 하지만 정책연합을 형성하는 다양한 행위자들의 상대적 권력의 격차나 그러한 권력격차가 정책내용에 투영되는 과정에 대해서는, '권력분포'(power arrangement)[2]라는 개념만을 제시하는 선에서 그치고 있다. 반면에 정책결정에 영향을 미치는 다양한 행위자들의 상대적 권력의 격차가 정책내용에 투영된다고 본 힐즈먼은, 이들의 권력분포를 상대적 권력의 격차에 따라 세 개의 '권력환'(權力環: ring of power)에 분포시키고, 또한 이들 행위자들이 정책선호를 중심으로 구축하는 연합을 '권력중추연합'(또는 정책연합)으로 개념화하였다. 이 같은 힐즈먼의 정치과정모델을 분석틀에 적용한 것이 [그림 11]의 정책연합에 해당한다.

정책연합을 구성하는 행위자들은 그들의 상대적 권력의 격차에 따라 권력환의 차등적인 분포선에 위치하게 된다. 내부에 있는 '권력의 중심환'에는 행정부와 의회가, '권력의 경계환'에는 언론과 NGO가, 그리고 '권력의 외부환'에는 여론과 학계가 분포되어 있다. 각각의 권력환에 분포한 행위자들은 그들이 보유한 권력의 격차에 따라 정책결정에 미치는 영향력 또한 달라진다고 할 수 있다.

힐즈먼의 정치과정모델은, 정책연합을 형성하는 행위자들의 상대적 권력의 격차가 정책결정에 투영되는 과정을 개념화하고 있지만, 구체적으로 개별 권력환에 분포한 행위자들 사이의 권력분포와 행태를 설명하지 못하고 있다. 특히 군구조 개편정책의 경우 구체적인 정책 내용이 행정부에서 결정되었으므로, 행정부 내부의 행위자들에 대한 면밀한 분석이 필요하다. 이를

---

[2] 권력분포에는 정책레짐을 지지하는 한 개 이상의 강력한 이익집단의 존재가 수반(隨伴)된다. 즉, 특정 정책으로 인해 이익을 향유하는 단일 이익집단 또는 소수의 전문가 집단, 소수의 경쟁적인 이익집단 또는 이들의 연합, 그리고 광범위한 지지기반을 가진 연합들이 포함된다. 또한 권력분포에는 권력중개자(power broker) 또는 주요한 행위자로서의 국가가 포함된다(Wilson 2000, 257-258).

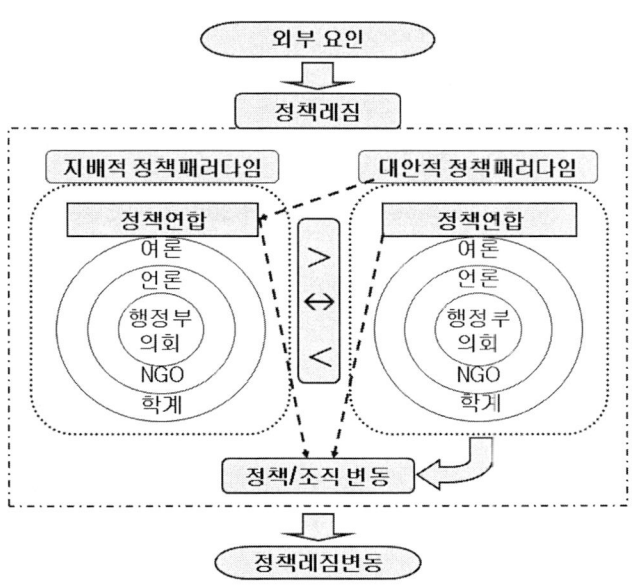

[그림 11] 국방정책의 결정과정 분석틀

위해서는 앨리슨의 조직행태모델과 정부정치모델의 주요 개념이 분석틀에 반영되어야 한다. 조직행태모델에서는 '조직이기주의'와 '조직의 시각'이라는 개념이, 군구조 개편정책결정에 있어 대통령과 국방부 관계 또는 국방부와 3군 관계를 분석하는 지표가 될 수 있다. 또한 정부정치모델에서는 군구조 개편정책의 수립을 놓고 3군 간에 벌어진 '협상'의 과정에서, '각군의 우선순위'가 정책으로 반영되는 정도는, 각군의 '상대적 권력의 격차'에 상당 정도 결부되었을 것이라고 볼 수 있다. [그림 11]의 분석틀에는 행정부 내부의 역학관계가 표시되어 있지는 않지만, 상술한 바와 같은 개념들이 기본적인 분석의 지표로 내재되어 있음을 밝혀둔다.

2장 국방개혁 정책의 주요 결정요인 추론

외부요인: 압박요인 및 가능요인

윌슨에 따르면, 정책레짐은 권력분포, 정책패러다임, 정책결정 및 집행구조로서의 정부조직, 정책레짐의 목적을 구현하고 있는 정책으로 구성되어 있다고 했다. 이 같은 정책레짐은 한 번 형성되면 쉽게 변하지 않고 장기적으로 안정적인 상태를 유지하는 것이 일반적이다. 이 같은 정책레짐의 변화를 추동하는 레짐 외부의 요인을 '외부요인'이라고 한다. 외부요인에는 정책레짐에 충격을 가하는 '압박요인'과 레짐변동을 가능하게 하는 '가능요인'이 있다. 이들 외부요인은 정책레짐을 약화시키고 레짐변동에 우호적인 조건을 창출하거나 레짐변동의 촉매제 역할을 담당한다. 이들은 조직의 구조에 압박을 가하며 지배적인 정책패러다임이 반영하지 못하는 문제들(anomalies)을 강조하거나 새로운 문제들의 발견가능성(visibility)을 증대시킨다. 이들은 여러 집단들이 대안적 정책의제를 형성하는 과정에서 전략적 이점을 창출하여 도움을 주기도 한다. 이런 과정을 거쳐 외부요인들은 현존 구조의 정당성(legitimacy)에 대한 의문을 제기함으로써 레짐변동의 가능성과 기회를 만들어 낸다.3)

---

3) Carter A. Wilson, op. cit., pp. 257-262.

노태우 정부의 지휘구조 개편정책은, 1978년 한미연합사 창설과 함께 개막된 한미연합방위체제에서 지휘구조의 이원화 문제[4]가 제기된 지 약 10년 만에 정책으로 수립되었다고 할 수 있다. 노무현 정부의 병력구조 개편정책은, 1958년 한미 간 합의를 통해 구축되어 그 기본틀이 큰 변화 없이 유지되어왔던 육·해·공군의 병력구조[5]를 처음으로 개편하고자 시도한 것이었다. 지휘구조의 경우 기존의 3군 병립제라는 정책레짐이 10년 동안 유지되었고, 병력구조의 경우에도 기존의 육군중심 병력구조 정책레짐이 47년 이상 고수되어왔었다.

이처럼 장기적 안정성을 유지한 기존의 군구조 정책레짐에 대해, 미국의 군사전략 변화, 대통령(보좌진)의 군구조 개편 의지, 북한의 군사위협에 대한 인식 변화라는 외부요인들이 작용하여 정책레짐의 변동을 촉발하였다고 할 수 있다. 특히 미국의 군사전략 변화는 정책레짐의 변동을 압박한 압박요인(stressors)이라고 할 수 있으며, 대통령(보좌진)의 의지와 북한의 위협 요인은 레짐변동을 가능하게 한 가능요인(enablers)이라고 할 수 있다. 이러한 외부요인 중 군구조 개편정책의 결정과정에 직·간접적인 영향력을 행사하는 요인은 대통령(보좌진)의 정책선호라고 할 수 있다. 지휘구조 개편정책과 병력구조 개편정책의 결정과정에서 노태우 대통령과 노무현 대통령 모두 일

---

4) 1948년에 제정된 국군조직법에 의하면, 군 통수계통이 대통령→국방부장관→각군총장으로 되어있지만, 한미연합작전 지휘체제에서는 각군총장이 작전지휘계통에서 제외되고, 대신 한미연합사령부의 차상급 의사결정기구인 군사위원회에 한국의 합참의장이 참여하여, 군령(軍令) 분야의 정책결정에 대한 한국군의 의사를 반영하는 구조로 이루어져 있었다. 하지만 합참의장에게는 군령권이 부여되어 있지 않았고 단순히 군령에 대해 국방장관을 보좌하는 기능만이 주어져있었다. 따라서 한국군 통수계통의 각군총장과 한미연합작전 지휘체제의 합참의장이 이원적인 지휘구조 하에 놓이게 되었다. 국방군사연구소, 『국방정책 변천사: 1945~1994』(국방군사연구소, 1995), p. 5.
5) 1958년의 한미합의의사록에 따르면, 육군 565,000명, 해군(해병대 포함) 42,600명, 공군 22,400명 등 총 병력 630,000명 수준으로 한국군 병력구조가 결정되었다. *1958 Revision of 1954 Agreed Minutes Appendix B*. 2007년의 한국군 병력구조를 보면 육군 548,000명, 해군(해병대 포함) 68,000명, 공군 65,000명으로 총 병력 681,000명 수준을 유지하고 있는 것으로 볼 때, 1958년 체제가 큰 변화 없이 그대로 온존하고 있음을 알 수 있다.

정 부분 자신들의 정책선호를 반영하기 위해 영향력을 행사하였기 때문이다.

지배적 정책패러다임(dominant policy paradigm)

윌슨에 따르면, 정책패러다임은 일종의 '해석의 구조' 또는 '추론의 구조'라고 할 수 있으며, 정책문제 관련 연구자·지식인·전문가, 특정의 정책의제를 형성시키는 이익집단의 지도자들과 다양한 조직들, 그리고 이들과 상호작용하는 정책결정자들에 의해 구축된다고 했다. 특히 '지배적 정책패러다임'은 문제가 정의되는 방식과 해법, 그리고 정책의 유형을 규정하는 것으로 보았다.[6]

군구조 개편정책에 있어 정책패러다임은 지휘구조와 병력구조 개편정책의 결정과정 모두에 영향을 미쳤다. 노태우 정부의 지휘구조 개편정책의 경우, 탈냉전에 따른 미국의 군사전략 변화의 일환으로 주한미군의 일부 병력 감축과 한국으로의 작전권 이양 문제 등이 거론되면서, 기존의 3군 병립제를 개편해야할 필요성이 제기되었다. 당시 정책결정에 관련된 행위자들 가운데 야당 의원들을 제외한 여타의 행위자들은, 기존의 지배적 정책패러다임이라 할 수 있는 3군 병립제 개편의 필요성에 공감하였던 것이다. 단지 대안적 정책패러다임을 설정하는 문제에 있어 통합군제와 합동군제 사이에서 견해가 충돌했을 뿐이었다.

노태우 정부와 비교할 때, 노무현 정부의 병력구조 개편정책이 결정되는 과정에서 정책패러다임의 영향력은 지대했다고 볼 수 있다. 행정부 원안에 대한 의회심의과정을 면밀히 관찰해보면, 기존의 지배적 정책패러다임이었던 육군중심 병력구조 유지정책 패러다임이, 대안적 정책패러다임인 병력구조 개편정책 패러다임을 압도하고 있음을 발견하게 된다. 그 결과 병력구

---

6) Carter A. Wilson, op. cit., pp. 257-258.

조 개편정책의 지지연합을 구성하는 행위자들이, 자신들의 정책선호를 변경하여 병력구조 개편정책에 반대하는 반대연합에 합류하게 되었다. 이렇게 하여 지배적 정책패러다임을 공유하는 반대연합에 의해 행정부 원안의 핵심조항이 수정될 수 있었던 것이다.

노무현 정부의 병력구조 개편정책의 결정과정에서 나타난 것처럼 육군중심 병력구조를 유지할 수 있게 하는 지배적 정책패러다임의 실체는 무엇인가? 필자는 당시 국회회의록과 언론보도, 국방백서 등을 근거로 하여 한미연합방위체제, 북한의 군사적 위협과 한반도 전장환경의 특수성 요인을 지배적 정책패러다임의 핵심 구성 요소로 상정하였다. 아래에서는 이 같은 요인들을 중심으로 육군중심 병력구조 유지정책 패러다임의 실체를 규명하고자 한다.

1. 한미연합방위체제

국방백서에서는 1953년 10월 1일에 체결된 '한미상호방위조약'과 1966년 7월 9일 체결된 '한미주둔군지위협정'(SOFA: Status of Forces Agreement)을 한미안보협력체제의 법적 근거로 기술하고 있다. 또한 1968년부터 연례적으로 개최하고 있는 '한미안보협의회의'(SCM: Security Consultative Meeting)와 1978년에 창설된 '한미연합군사령부'(CFC: Combined Forces Command), 그리고 1991년 체결된 '전시지원협정'(WHNS: Wartime Host Nation Support)을 한미안보협력체제의 근간으로 간주한다.[7] 한미연합방위체제의 핵심은 한미연합군사령부라고 할 수 있다. 1978년 11월 7일 창설된 한미연합군사령부는 연합방위체제의 실질적 운영 주체로서 미군 4성장

---

7) 국방부 군사편찬연구소, 『한미 군사 관계사, 1871~2002』(국방부 군사편찬연구소, 2002), p. 600에서는, 한미안보체제의 근간을 한미상호방위조약, 한미연례안보협의회의, 한미연합군사령부라는 세 가지 요소로 간주하고 있다. 이 같은 요소들로 구성되는 한미연합방위체제가 한반도 방위의 기본 축이 된다는 것이다.

군이 사령관이 되고 한국군 장성이 부사령관이 되며, 사령부 참모의 구성은 한미간 동률보직 원칙에 따라 편성함으로써, 어느 한 쪽의 일방적 의사결정을 배제한 실질적인 한미연합지휘기구라고 할 수 있다.8)

한반도 유사시 미 증원전력의 한반도 전개계획은 유엔사 및 연합사 작전계획을 지원하기 위하여 평시부터 계획을 수립하여 준비하고 있다. 미 증원전력은 육·해·공군 및 해병대를 포함하여 69만여 명(2개 군단, 2개 해병원정군 등)으로 구성되어 있으며, 다양한 임무를 수행할 수 있는 육군사단, 핵잠수함, 이지스함 및 최신에 전투기를 탑재한 5개 항모전투단, B-1, B-52 폭격기, F-117 스텔스 전폭기, F-15 F-16, FA-18 전폭기 등 항공기 2,500여 대를 동원하는 전투비행단, 오키나와 및 미 본토의 원정군을 포함한다. 한반도 증원전력의 주축인 시차별부대전개제원(TPFDD: Time Phased Force Deployment Data)9) 내의 전력은 1990년대 초반에는 48만여 명, 1990년대 중반 이후 63만여 명에서 2000년대 이후 69만여 명의 병력과 함정 160여 척,

---

8) 한미상호방위조약은, 전문과 본문 6개 조로 구성되어 있는데, 전문에는 외부로부터의 무력공격에 대한 공동방위의 결의가 명기되어 있으며, 본문에는 일국이 외부로부터의 무력공격에 의해 위협을 받을 경우 서로 협의하고 피침시 각각 자국의 헌법 절차에 따라 공통의 위협에 대처할 것을 규정하고 있다. 한미주둔군지위협정은, 한국에 주둔하는 주한미군의 원활한 업무수행을 위해 토지 및 시설의 제공과 반환, 형사재판권·민사청구권·노무·출입국관리·통관과 관세 등 여러 분야에서 이들에게 일정한 특권과 면제를 부여하는 한편, 한국의 관련 법규를 준수하도록 규정하고 있다. 전시지원협정은 한반도 유사시 증원되는 미군의 도착, 이동, 전투지속능력을 보장하기 위한 포괄협정으로 1991년 한미안보협의회에서 체결되었다. 이 협정에 따라 한반도 유사시 미국은 전투병력 위주의 증원군을 신속히 전개·배치하고, 한국은 미 증원군에 대한 군수지원을 제공하게 되었다. 국방부, 『1997~1998 국방백서』(대한민국 국방부, 1997), pp. 70-75.

9) 유엔사/연합사 작전계획 시행을 위해 연합사령관이 요구하는 미 증원부대의 부대 전개 목록 및 제원을 말한다. 시차별부대전개제원에는 신속억제방안(FDO: Flexible Deterrence Option)과 전투력증강(FMP: Force Module Package)이 포함되어 있다. 신속억제방안은 전쟁발발 이전에 위기가 발생하면 시행되는 외교·정치·경제·군사적 방안으로서 약 130여 개의 항목으로 구성되어 있다. 전투력증강은 신속억제방안 등으로 전쟁억제에 실패할 경우에 대비하여 초전에 긴요하다고 판단되는 주요 전투부대와 전투지원부대를 증원하는 조치로, 긴급전개 항공기, 항모전투단 등 주요 전력이 포함되어 있다. 국방부, 『국방백서 2006』(대한민국 국방부, 2006), p. 50.

항공기 2,000여 대의 전개 계획을 유지하고 있다. 그러나 첨단 지휘통제체제 및 무기의 발달과 이에 따른 군사전략, 작전개념의 변경, 미 국방정책의 변화 등으로 이 같은 증원전력 규모는 줄어들 것으로 보인다. 전개 전력으로는 개전 초 승리를 보장하기 위해 전방에 밀집한 적 포병을 타격하기 위한 전력, 입체적인 해상작전을 구사할 수 있는 항모전투단, 공중우세를 확보하고 방공작전과 적지 타격을 위한 공중전력과 대량살상무기에 대응하기 위한 전력들이 다수 포함되어 있다. 한반도 유사시 증원전력의 원활한 전개를 보장하기 위해 한국군과 미군은 1994년부터 한미연합사 주관으로 연합전시증원(RSOI: Reception, Staging, Onward Movement, and Integration) 연습을 연례적으로 실시해 오면서 전개 수행체계 및 수송수단의 운용성 등을 점검하고 있다.[10]

상술한 바와 같이 한미연합방위체제는 한반도 유사시 한미연합사령부를 중심으로 대규모 미 증원전력과 한국군이 연합하여 적을 격퇴하는 시스템으로 구축되어 있다. 그런데 노무현 정부에서 추진한 전시작전권 환수 결정이 한미연합방위체제를 무력화하고 게다가 북한이 핵실험까지 실시하였으므로 한국만의 일방적인 병력감축은 불가하다는 주장이, 의회심의과정에서 반대연합의 조성태, 황진하 의원으로부터 제기되었다. 열린우리당의 조성태 의원과 한나라당의 황진하 의원이 공통적으로 제기한 문제는 병력감축의 전제 조건이 실현되었을 때, 병력감축이 가능하다는 것이다. 병력감축의 전제조건은 한미연합방위체제 유지와 북한의 군사적 위협 소멸 및 상호군축 합의를 말한다. 하지만, 노무현 정부의 전시작전권 환수결정으로 한미연합방위체제가 와해 상태에 있는데다가, 북한이 핵실험까지 실시하여 북한의 군사적 위협은 매우 높은 수준에 있다는 것이다. 따라서 위의 전제조건이 선행되었을 때에만 병력감축이 실행되는 것으로 국방개혁 기본법의 핵심조항을 수정할 필요가 있다는 주장이 이들로부터 제기되었다. 이들의 주장을 인

---

10) 김일영·조성렬, 『주한미군 역사, 쟁점, 전망』(서울: 한울아카데미, 2003), pp. 168-169; 국방부, 『국방백서 2006』(대한민국 국방부, 2006), p. 50.

용하면 다음과 같다.

조성태 위원: …국방개혁기본법을 만드는데 한미동맹에 관한 사항이 전혀, 앞에서 끝까지 어디에도 없어요.…만일 한미동맹이 변화된다면, 유지되지 않는다면 이 기본계획은 근본적으로 달라지지 않겠습니까?…제가 사실은 93년도에 50만 규모로의 군비축소안을 기획해서 그것을 2급비밀로 계속 유지해 왔는데 그 때의 전제는 두 가지입니다. 남북 간의 군사적 신뢰구축을 포함해서 군축의 공감대가 형성됐을 때의 우리의 대안이 첫 번째였고, 두 번째는 그럼에도 불구하고 북한의 동원체제와 남쪽의 동원체제가 전혀 다른 체제이기 때문에 한미동맹은 계속 유지된다는 전제였습니다.

황진하 위원: …존경하는 조성태 위원님께서도 이런 지적을 여러 가지 하셨는데, 제일 첫 번째가 병력을 50만으로 줄이겠다고 했던 기본 상정에 있어서는 신뢰구축이 되어 있다고 하는 사전조건 플러스 한미연합방위체제가 굳건하게 유지된다는 상정을 하면서 만들었던 50만 병력의 규모를 갑작스럽게 국방개혁기본법에 집어넣어 가지고, 국방개혁2020에 집어넣어서 추진하려고 하는데 지금 현재 북한의 위협은 상존하고 있다는 것이 군사당국에서의 여러 가지 판단입니다.…두 번째는 한미연합방위체제가 존속이 된다고 상정해 놓고 나서 50만을 생각했던 것인데 한미연합방위체제가 굳건하다고 얘기를 합니다마는 지금 우리 군이 오히려 먼저 전시작전권을 완전 환수하겠다는 얘기를 자꾸 내세우고 있습니다. 그러다 보니까 전시작전권을 완전 환수해 버렸을 때 한미연합방위체제에서는 어떤 결과가 옵니까? 주한미군은 독립작전을 할 수 밖에 없는 상황이 될 것입니다. 그러면 한반도에서 전시작전권을 완전히 한국군이 행사하는데 미군이 어떻게 해서 남아 있는 것이냐, 물론 여러 가지 방법을 통해서 보완을 시키겠지만 이렇게 한미동맹관계에 있어서 근본적인 변화를 예고하는 것을 우리가 자초하고 있으면서 한미연합방위체제가 튼튼한 것처럼 상정을 하고 50만으로 줄이겠다, 이것이 되는 말이냐.[11]

황진하 위원: …전제조건이 다 변화된 상황이니까…핵실험했을 때 어떻게

---

11) 국회사무처, "258회 국회 임시회 국방위원회 회의록 10호(2006. 2. 16)" (국회사무처, 2006a), pp. 32-34.

할 것이다, 전작권은 어떻게 될 것이다, 이것을 충분히 반영 안 한 상태로 지금 보여지니, 그것이 처음에 법을 상정했을 때하고 지금 상황이 틀려졌다 이 말이에요.…안보상황은 더 악화가 됐다. 그러니까 병력을 지금 줄여서는 안 된다.12)

이러한 주장에 대해 캐스팅 보트(casting vote)를 쥔 민주당의 김송자 의원이 전적으로 지지하였으며, 열린우리당의 여타 의원들 역시 대체적으로 공감하는 분위기였다. 단지 열린우리당의 김명자 의원만이 치밀한 반론을 제기하였을 뿐이었다.

조성태·황진하 의원의 논리 전개 방식을 보면, 노무현 정부의 전시작전권 환수 결정이 한미동맹을 약화시켜 한미연합방위체제를 훼손하고 있기 때문에, 병력감축은 불가하다는 논리구조를 가지고 있다. '전시작전권 환수결정과 이에 따른 한미연합방위체제의 훼손'이라는 이들의 주장이 실체적 사실이라면, 병력감축은 허용되어서는 안 되는 계획이라고 할 수 있을 것이다. 사실 '전시작전권 환수결정→한미동맹 약화→한미연합방위체제 훼손→병력감축 불가'라는 논리전개 구조는 이들 변수들이 이 같은 인과적 관계 속에 존재하는지 여부가 검증되어야 한다. 하지만 이는 본 논문의 연구범위를 넘어서는 또 하나의 주제가 될 수 있다. 따라서 여기에서는 상술한 논리구조에 대한 반례와 실례를 동시에 소개하되, 인과관계 여부에 대한 판단은 유보할 것이다.

노무현 정부는 병력구조 개편을 핵심으로 하는 국방개혁2020을 수립한 이후, 2005년 10월 21일 서울에서 개최된 제 37차 한미안보협의회의에서 윤광웅 국방부 장관이 럼스펠드 미 국방장관에게 국방개혁안을 설명하였고, 다음과 같은 사항을 공동성명으로 발표하였다.

12. 윤광웅 장관은 한국군 '국방개혁2020(안)'의 배경과 과정 및 향후 추

---

12) 국회사무처, "262회 국회 정기회 국방위원회 회의록: 법률안 등 심사소위원회 3호 (2006. 11. 22)" (국회사무처, 2006h), p. 14.

진방향을 설명하였다. 럼스펠드 장관은 한국 측 국방개혁안의 기본방향에 대해 이해를 표명하였으며, 미국의 지원 의사를 전달하였다. 또한, 윤장관은 국방개혁안이 '협력적 자주국방 계획'과 같은 맥락에서 한국군을 기술지향적이고 질 위주의 전력구조로 전환시키기 위해 추진되고 있음을 설명하였다. 양 장관은 이러한 국방개혁안이 앞으로 동맹의 발전을 뒷받침해 줄 것이라는데 의견을 같이 하였다.13)

37차 SCM에 드러난 '한국 국방개혁안에 대한 미국 국방부장관의 공식적인 입장'은, 국방개혁안에 대한 이해와 지원, 그리고 한미동맹 발전에 기여할 것이라는 원론적인 수준이었다. 또한 37차 SCM에서는 국방개혁안에 대한 논의 이외에 전시작전통제권 환수 협의도 진전시켜 나가기로 합의하였다. 다음해인 2006년 10월 20일 윤광웅 국방부장관과 럼스펠트 미국 국방부장관은 제 38차 SCM 자리에서 전시작전통제권 문제를 논의하여 보다 구체화된 합의를 도출하였다. 한미 양측은 2009년 10월 15일 이후 그러나 2012년 3월 15일 보다 늦지 않은 시기에 신속하게 한국으로의 전시작전통제권 전환을 완료하기로 합의하였다. 목표 연도 설정에 대해 럼스펠드 장관은 새로운 지휘구조로의 전환은 한반도 전쟁 억제 및 한미 연합방위 능력이 유지·강화되는 가운데 진행될 것임을 보장하였다. 럼스펠드 장관은 한국이 충분한 독자적 방위능력을 갖출 때까지 미국이 상당한 지원전력을 지속 제공할 것임을 확인하였다. 또한 럼스펠드 장관은 동맹이 지속되는 동안 미국이 연합방위를 위해 미국의 고유역량을 지속 제공할 것이라는 점을 강조하였다.14)

---

13) 공동성명의 원문을 발췌하면 다음과 같다. 12. Minister Yoon Kwang Ung explained the background, process, and future direction of the draft ROK Defense Reform Plan. Secretary Rumsfeld expressed his understanding of the basic approach of the ROK's draft Defense Reform Plan and conveyed the United States' support. Minister Yoon further explained that the proposal, in line with the 'Cooperative Self-reliant Defense Plan', is being pursued to transform the ROK armed forces into a technology-oriented, qualitative defense force. The Minister and the Secretary shared the view that the draft plan will support the future development of the Alliance. **The 37th Security Consultative Meeting Joint Communiqué**, October 21, 2005. Seoul.

2007년 11월 7일에는 김장수 국방부장관과 로버트 게이츠 미국 국방부장관이 참석한 가운데 제39차 한미안보협의회의가 서울에서 개최되었다. 이 자리에서 한미 양국의 국방부장관은 전시작전통제권 환수문제와 관련하여 다음과 같은 사항들을 논의하고 합의하였다. 한미 국방부장관은 2007년 2월 23일 양국 국방장관회담 시 전시 작전통제권을 2012년 4월 17일부로 전환하기로 합의한 이후 진전된 상황을 점검하였다. 게이츠 장관은 이러한 양국의 노력을 바탕으로 한반도 전쟁억제 및 연합방위태세를 유지하는 가운데 전시 작전통제권 전환이 추진될 것임을 보장하였으며, 한국이 충분한 자주적 방위역량을 갖출 때까지 미국이 상당한 지원전력을 지속적으로 제공할 것임을 확인하였다. 또한 게이츠 장관은 동맹이 지속되는 동안 미국이 연합방위를 위해 미국 고유의 전력을 계속 제공할 것이라는 점을 강조하였다. 양 장관은 전시 작전통제권 전환이 한반도에서의 전쟁 억제력을 강화시킬 것이라는 점에 공감하면서 전시 작전통제권 전환과 관련하여 합의된 과제와 추진일정을 준수할 것임을 확약하였다. 또한, 양 장관은 상호 긴밀한 협력 하에 전시 작전통제권 전환을 통해 수립될 새로운 한국주도-미국지원의 지휘관계에 기초한 새로운 작전계획을 발전시키고 확고한 준비태세 유지를 위한 연합연습계획을 강력히 추진해 나가기로 하였다.15)

　　한국이 주도적으로 제기하여 합의한 전시작전통제권 환수 문제에 관하여 미국 측의 공식 입장이 담긴 SCM 공동성명서에는, 전시작전통제권 환수가 한미동맹을 약화시키고 그 결과 한미연합방위체제를 와해시킨다는 입장 표명은 없다. 또한 병력구조 개편문제를 핵심으로 하는 국방개혁2020을 지원할 것이며, 그 같은 한국의 국방개혁정책이 한미동맹의 발전에 기여할 것이라는 평가를 하고 있을 뿐이다.

　　하지만, 2007년 3월에 주한미군사령관이 미국 하원군사위원회 청문회에서 증언한 내용을 보면, SCM 공동성명서에서 발표된 미국의 공식 입장과 상

---

14) "제38차 SCM 공동성명서"(2006. 10. 20).
15) "제39차 SCM 공동성명서"(2007. 11. 7).

치된 면도 발견된다. 주한미군사령관은 청문회에서 '한국 정부가 예비역을 포함해 370만 명인 병력을 2020년까지 200만 명 수준으로 줄이려는 데 대해, 북한군이 비슷한 규모로 줄이지 않는 한 신중히 고려해야 한다'라는 발언을 하였다는 것이다.[16] 이는 전시작전통제권 환수와 한미연합방위체제 훼손 문제 간의 인과관계를 뒷받침하고 있지는 않지만, 한국의 병력감축 계획이 부적절하다는 입장을 표명한 것으로 보인다.

병력감축 문제에 대한 의회심의과정에서 전시작전통제권 환수 결정이 한미동맹을 약화시키고 한미연합방위체제를 훼손한다는 주장은 가능성의 영역인 것 같다. 한국 측이 전시작전통제권 환수를 계기로 한미연합방위체제를 경시하고 한국군 중심의 독자적인 안보노선을 견지한다면, 한미동맹과 한미연합방위체제는 약화될 것이다. 하지만, SCM 공동성명서에 나타난 바와 같이 한미 양국은 동맹과 연합방위체제의 중요성을 상호 인식하고 있기 때문에, 군사전략의 변화에 부합한 새로운 형태의 연합방위체제가 구축될 것이다. 이 같은 인식은 39차 SCM 공동성명서에 잘 나타나 있다. 한미 양국의 국방부장관은 "상호 긴밀한 협력 하에 전시 작전통제권 전환을 통해 수립될 새로운 '한국주도-미국지원의 지휘관계'[17]에 기초한 새로운 작전계획을 발전시키고 확고한 준비태세 유지를 위한 연합연습계획을 강력히 추진해 나가기로 합의"[18]한 사실을 고려할 때, 전시작전통제권 환수 문제가 한미연합방위체제를 무력화할 것 같지는 않다.

하지만, 전시작전통제권 환수 결정이 한미연합방위체제를 훼손한다는 담론의 정치적 힘은, 병력감축 조항에 대한 의회심의과정에서 실제적 영향력을 행사한 것으로 보인다. 조성태·황진하 의원이 이 같은 주장을 계속하였고, 이에 설득된 여타 의원들이 결국 병력감축 관련 핵심 조항의 수정을 지지

---

16) 『동아일보』 2007년 3월 9일.
17) 미국 측 공동성명서에서는 이를 "the new supporting-to-supported command relations structure"로 표기하고 있다. **The 39th Security Consultative Meeting Joint Communiqué**, November 7, 2007, Seoul.
18) "제 39차 SCM 공동성명서"(2007. 11. 7).

하였기 때문이다. 이 같은 사실은 한미연합방위체제가 한국의 안보 문제에 있어 핵심적인 비중을 차지하기 때문이다. 이는 한미연합방위체제의 중핵이라고 할 수 있는 주한미군에 대한 국민의식 조사결과에서도 드러난다.

주한미군 주둔에 대한 국민인식은 2003년에 77.1%, 2004년에 63.9%가 중요하다고 응답하였다. 또한 주한미군 철수시기에 대해서도 '평화정착 시', '자력으로 대처 가능 시', '통일 시'라는 세 개의 선택지를 하나의 범주로 묶어내면, 2003년에 81.1%, 2004년에 75.4%가 대안 없는 주한미군 철수에 반대하고 있음을 알 수 있다. 이는 우리 국민이 한반도 평화에 있어 주한미군의 존재가 매우 중요하다고 인식하고 있음을 알 수 있다. 이처럼 병력구조 개편정책에 있어 한미연합방위체제 요인은 한국의 안보문제 담론을 지배하는 '지배적 정책패러다임'으로 규정할 수 있다고 본다.

〈표 33〉 주한미군에 관한 국민의식 조사

설문항	선택지	2003년 조사	2004년 조사
주한미군 주둔의 중요성	중요	77.1%	63.9%
	보통	14.5%	24.4%
	중요치 않음	7%	10.9%
	잘 모름	1.4%	0.8%
주한미군 철수시기	가능한 빨리	8.9%	13.4%
	평화정착 시	34%	35.2%
	자력으로 대처가능 시	27.6%	26.9%
	통일시	19.5%	15.3%
	통일 이후에도 주둔	8.8%	7.2%
	기타, 잘 모름	1.3%	2%

출처: 김기정, "국민 안보의식 변화와 한반도 평화," 『협력적 자주국방과 국방개혁』(서울: 오름, 2004), pp. 146-147의 〈표 4-8〉과 〈표 4-9〉를 필자가 재구성.

2. 북한의 군사적 위협과 한반도 전장환경의 특수성

의회심의과정에서 병력감축 문제에 대한 반론의 논거로 제시된 요인이 북한의 군사적 위협과 한반도 전장환경의 특수성이었다. 북한의 위협은 변화하지 않고 있으며 오히려 2006년 10월 9일에 실시한 핵실험으로 인하여 위협의 정도는 심화되고 있다는 것이다. 또한 한반도 전장환경은 대규모 육군이 소요되는 특수성을 가지고 있으므로 육군 중심의 병력감축은 불가하다는 주장이 열린우리당의 조성태 의원과 한나라당의 황진하 의원에 의해 주도적으로 제기되었다. 이들의 주장을 인용하면 다음과 같다.

> **조성태 위원**: ⋯한반도의 전장 특성은 현대적 무기만 가지고 하는 현대전과는 상당히 거리가 있을 수 있다는 점이 특징입니다. 그렇기 때문에 결국 줄이면 전부 지상군에서 다 줄여야 되는데, 해·공군을 줄일 수는 없잖아요? 그렇기 때문에 그런 부분에 대한 우려를 하는 사람들이, 지금 윤 장관께서 말씀하시는 '전력을 첨단화하는 것으로 전부 커버할 수 있다' 그것 가지고는 절대로 그 우려를 불식시킬 수 없습니다.[19]

> **황진하 위원**: ⋯한반도 작전환경은 현대화 무기만 가지고 이루어지는 것이 아니라 분명히 북한군의 특성을 고려했을 때도 그들은 수많은 비정규전 병력을 가지고 있고 한반도의 산악지형은 엄청난 병력을 소요하는 전쟁환경입니다. 그런데 무기만 현대화시키면 전부 다 북한을 이길 수 있다고 하는 그런 꿈과 같은 생각은 잘못된 판단이다. 이런 것을 지적하지 않을 수가 없습니다.[20]

의회심의과정에서 제기된 북한의 군사적 위협과 한반도 전장환경의 특수성 문제는, 한국 사회에 확산되어 있는 지배적인 패러다임이라고 할 수 있다. 이춘근(2007)은 북한의 군사적 위협을 구체적으로 분석한 결과, 북한을 군사화된 '병영국가'라는 개념으로 규정하고 있다. 인구 2,290만 대비 현역이 110만 명이 넘고 예비군이 470만이라는 사실은 성인 남자의 절반이 군인이라는 의미이며, 게다가 학생들로 구성된 '붉은 청년 근위대' 100만 명을 합치

---

19) 국회사무처, "258회 국회 임시회 국방위원회 회의록 10호(2006. 2. 16)" (국회사무처, 2006a), p. 32.
20) 국회사무처, "258회 국회 임시회 국방위원회 회의록 10호(2006. 2. 16)" (국회사무처, 2006a), p. 34.

면 북한의 모든 성인 남성은 군인이라고 해도 과언이 아니라는 것이다. 이 같은 병력숫자보다 더 막강한 것은 북한의 군사력 구조라고 할 수 있는데, 북한 군사력은 전시동원이 매우 쉬운 구조로 되어 있다. 예비군이라고 할 수 있는 인민경비대 10만 명, 교도대(남: 17~45세, 여: 17~30세, 년 500시간 훈련) 170만 명, 노농적위대(46~50세, 년 160시간 훈련) 400만 명 등이며, 이들 예비병력은 유사시 바로 동원되도록 구조화되어 있다는 것이다. 병력뿐만이 아니라 장비면에서도 북한이 남한에 비해 우월하다고 할 수 있는데, 특히 육군의 경우, 북한군의 위력이 남한을 압도한다고 할 수 있다. 탱크의 경우 성능에서 열세이긴 하지만 한국군이 보유한 숫자의 두 배에 이르는 전차를 보유하고 있다. 대포의 경우 북한은 각종 포를 17,900문 이상 보유함으로써 10,774문의 한국군에 비해 상당한 우위를 차지하고 있다는 것이다. 한국군의 육군 장비가 북한군의 장비에 비해 질적으로 우수하다 할지라도 북한군의 양적인 우위를 상쇄할 정도는 아니라는 것이다. 북한 육군의 특성은 방어보다 공격 위주의 편제로 조직·배치되어 있다는 점이다. 북한군의 주력은 휴전선으로부터 100km이내에 밀집 배치되어 있으며, 특히 북한이 보유한 특수전 부대는 숫자 및 능력에서 세계 제 1의 부대라고 해도 과언이 아니라는 것이다. 88,000명의 특수전 요원은 적의 후방 깊숙한 곳에 침투하여 교란작전, 즉 게릴라전을 벌이는 것을 목표로 하고 있다는 것이다. 해군의 경우 전술적인 차원에서는 북한보다 남한이 우위에 있다고 조심스럽게 말할 수 있으나, 잠수함 전력이 열세에 있어 한국 해군만으로는 북한의 위협에 완벽하게 대응할 수준은 아니라는 것이다. 공군의 경우, 한국 공군은 2000년대에 들어 질적인 면에서 북한 공군을 크게 앞서고 있으며 양적인 면에서도 북한 공군에 근접하는 수준에 있다는 것이다. 하지만 한국 공군이 제공권을 완전히 장악하고 육군을 충분히 지원할 수 있을 정도의 능력을 갖추었다고 보기는 어렵기 때문에, 미 공군의 지원이 충분하게 이루어진다는 전제 하에서 제공권의 확실한 장악이 가능할 것이라고 보았다.[21] 또한 2004년에 한국국방연구원에서 연구한 남·북한의 종합 전쟁수행 능력 비교에서, 한국군은 북

<표 34> 남·북한 군사력 비교

(2006. 12 기준)

구분			한국	북한
병력 (평시)	계		67만 4천여 명	117만여 명
	육군		54만 1천여 명	100만여 명
	해군		6만 8천여 명	6만여 명
	공군		6만 5천여 명	11만여 명
주요전력	육군	부대	군단(급)	12	19
			사단	50	75
			기동여단	19	69
		장비	전차	2,300여 대	3,700여 대
			장갑차	2,500여 대	2,100여 대
			야포	5,100여 문	8,500여 문
			다련장·방사포	200여 문	4,800여 문
			지대지유도무기	20여 기	80여 기
	해군	수상함정	전투함정	120여 척	420여 척
			상륙함정	10여 척	260여 척
			기뢰전함정	10여 척	30여 척
			지원함정	20여 척	30여 척
			잠수함정	10여 척	60여 척
	공군		전투기	500여 대	820여 대
			특수기	80여 대	30여 대
			지원기	190여 대	510여 대
	헬기(육·해·공)			680여대	310여 대
예비전력(병력)				304만여 명	770만여 명

출처: 국방부, 『국방백서 2006』(대한민국 국방부, 2006c), p. 224.

한군 대비 육군 80%, 해군 90%, 공군 103%에 그쳐 여전히 북한군에 비해 열세에 있다고 하였다.[22] 사실 이 같은 분석은 국방부가 발간한 국방백서에서

---

21) 이춘근, "남북한 군사력 비교,"(자유기업원, 2007).
22) 『중앙일보』2004년 8월 30일.

도 공유하고 있는 시각이기도 하다. 국방부의 남·북한 군사력 비교를 나타낸 것이 〈표 34〉이다.

육군병력 감축이 불가하다는 주장의 배경은, 100만 명에 달하는 북한 육군의 상비병력 규모와 신속한 전시동원이 가능한 770만 명의 예비전력, 그리고 게릴라전을 목적으로 하는 8만 8천명의 특수전 요원에 대한 우려, 그리고 이 같은 북한의 군사적 위협에 대한 대칭적 군사력 건설의 필요성 때문이라고 할 수 있다. 물론 이 같은 평가에 비판적인 입장을 견지하는 연구 결과도 있다. 함택영과 서재정(2006)은 남·북한 군사력을 '물적 역량' 중심의 '단순개수비교'(bean-counts)에 의해 분석하고 그 정태적 결과만을 공개하는 국방부의 비교방식을 비판하였다. 이들이 비판의 근거로 삼는 주된 논지는 다음과 같다.

첫째, '현존무력'만 중시하는 것은 동원능력을 포함하지 않기 때문에 남·북한 군사력을 충실히 반영하지 못한다. 둘째, '단순개수비교'는 병력·무기·조직의 질적 요소를 포함하지 않고 있다. 셋째, 워게임 등 동태적 비교를 살펴볼 때에도 북한의 수도권 함락 위협은 최악의 경우를 가정한 시나리오일 뿐이다. 넷째, 군사자본재 재고(군사투자비 누계)가 인적·물적·조직적 요소비용의 총합을 반영하는 정태적 비교의 가장 우월한 척도이다. 그러나 공식적인 국방예산이나 추정치는 신뢰할 만한 국방비의 척도가 아니다. 군원·감가상각 등을 포함한 보다 객관적인 추정에 의거한 남·북한의 군사비의 누계를 비교하는 것이 바람직하다.[23] 북한의 군사적 위협에 대한 이 같은 평가는 한국 사회의 안보 담론에서 주변적 지위를 차지하고 있을 뿐이며 그 실제적 영향력은 미약하다고 할 수 있다.

2005년 9월에 실시된 여론조사[24] 내용을 보면 '북한의 군사적 위협에 대

---

[23] 함택영·서재정, "북한의 군사력 및 남북한 군사력 균형," 경남대학교 북한대학원 편, 『북한군사문제의 재조명』(서울: 한울 아카데미, 2006), pp. 339-410.
[24] 김성곤, 『국방개혁관련 여론조사 보고서』, 2005 정기국회 정책자료집-3 (국방위원회, 2005), pp. 41-42

한 인식'을 묻는 설문항에 대해 '위협적'이라는 응답이 56.8%, '비위협적'이라는 응답이 41.4%인 것을 볼 때, 국민 다수는 여전히 북한의 군사적 위협을 실존적 사실로 체감하고 있음을 알 수 있다. 북한의 군사적 위협에 대한 국민 다수의 인식은 육군병력 감축 불가론과 동일 선상에 있으며, 이는 병력구조 개편 논의를 지배하는 패러다임으로 작용한다고 할 수 있다. 따라서 북한의 군사적 위협과 한반도 전장환경의 특수성으로 인한 '육군중심의 병력구조 유지'는 지배적 정책패러다임으로 기능하고 있다고 볼 수 있다.

정책연합의 상대적 권력분포

앨리슨의 관료정치모델(또는 정부정치모델)에 따르면, 집단적 의사결정에 조직의 대표로 참가하는 행위자는 조직이기주의(parochialism)로부터 자유로울 수 없으므로 조직의 목표에 민감하게 된다는 것이다. 이때 조직의 대표는 집단적 의사결정 과정에서 논의되는 다양한 쟁점들을 '조직의 시각'(organizational sensors)으로 분석하고, 그 결과 상정 가능한 대안들에 '조직의 우선순위'(parochial priorities)를 부여하여 협상에 임하게 된다고 보았다. 앨리슨은 협상결과에 미치는 영향력의 정도를 결정하는 것이 행위자들의 '권력'(power: 정부의 결정과 행위에 효율적으로 미치는 영향력)이라고 보았다. 이들의 권력은 사용 가능한 자산(공식적 권한과 책임, 행동을 수행하는데 필요한 자원에 대한 통제, 문제의 성격을 규정하는데 필요한 정보에 대한 접근과 통제, 개인적인 설득력), 자산을 활용하는 기술과 의지, 그리고 다른 경기자들이 이를 인식하는 정도에 따라 결정된다는 것이다. 한편 앨리슨의 조직행태모델에 따르면, 조직이 제안하는 정책 대안들에는 기본적으로 조직이기주의와 조직의 시각이 반영되어 있기 때문에, 정부 지도자가 이를 바탕으로 정책결정을 하게 될 경우, 적절하지 않은 선택이 될 수도 있다는 점을 언급하고 있다.[25] 또한 힐즈먼은 외교정책이나 국방정책 결정 과정의 정치과정적 특성에 주목하여, '정책결정이 곧 정치'(Policy making is politics.)임을 주장한다. 그에 따르면 정책결정 과정을 정치과정으로 간주할 때, 정책결정을 둘러싸고 벌어지는 '분쟁과 투쟁, 협상, 제휴, 절충, 합의 도출'과 같은 문제들이 설명될 수 있다는 것이다. 따라서 정책결정과정은 참여자들의 상대적 권력의 분포에 의해 영향을 받게 된다는 것이다. 상대적 권력의 격차가 정책결정과정에서 영향력의 격차로 이어지는 것을 예방하기 위해, 정책결정과정에 참여하는 행위자들은 정책연합을 통해 자신들의 정책선호를 반영하기도 한다고 보았다.[26] 앨리슨의 조직행태모델과 정부정치모델, 그리고 힐즈먼의 정치과정모델을 적용하여 818계획과 국방개혁2020의 정책수립과정을 개편정책의 지지여부에 따라 형성된 정책연합 중심으로 분석하면 다음과 같다.

노태우 정부의 818계획과 노무현 정부의 국방개혁2020 모두 국방부 차원에서 기본정책이 수립되었다. 818계획의 경우, 정책수립과정에서 해·공군과 육군 간에 정책선호의 차이가 발생하였고, 정책선호를 둘러싼 양자 간 갈등은 3군의 상대적 권력의 분포에 따라 처리되었다. 먼저 818계획 입안 초기에는 통합군제 추진을 놓고 육군은 지지하고 해·공군은 반대하는 구도가 형성되었다. 물론 육군 대 해·공군의 상대적 권력분포는 육군이 우월하다고 할 수 있지만, 통합군제 문제가 워낙 민감한 사안이라 해·공군의 반발뿐만 아니라, 야당과 언론의 반대를 고려하여 합동군제로 전환하였다. 합동군제의 구체적 내용을 논의하는 단계에서는 국방참모총장의 3군 윤번제 임명과 국방참모본부의 구성비율, 그리고 주요 작전지휘관에 대한 국방참모총장의 임명동의권 문제를 놓고 해·공군과 육군 간에 대립 구도가 형성되었

---

25) Graham T. Allison & Philip Zelikow, op. cit., pp. 163-185, 294-312.
26) 힐즈먼은 정책연합을 권력중추연합(the coalition of power centers)으로 정의하고 있는데, 권력중추란 정책결정과정에 참여하는 다양한 행위자들을 말한다. Roger Hilsman, op. cit., pp. 71-81.

다. 하지만, 국방부에서 수립된 818계획의 최종안에는 해·공군의 정책선호가 반영되지 못했다. 국방개혁2020의 경우, 노무현 대통령의 병력구조 개편에 대한 정책선호에도 불구하고 국방부의 초기 국방개혁안에는 병력구조 문제가 포함되지 않았다. 이후 윤광웅 국방보좌관을 국방부장관으로 임명(2004. 7. 29), 대통령 직속의 국방발전자문위원회 신설(2005. 3. 14), 대장급 군 수뇌부 인사 단행으로 국방개혁 동력 확보(2005. 3. 22), 국방부 업무보고 자리에서 질적 구조로 군구조 개편 지시(2005. 4. 28), 국방개혁위원회 발족(2005. 6. 1) 등과 같은 일련의 과정을 거쳐 창군 이래 최초의 대규모 육군병력 감축계획이 도출되었다. 이 같은 과정에서 노무현 대통령은 최고 통치자의 인사권을 매개로 하여 육군이 선호하지 않는 정책결정을 만들어낼 수 있었다.

818계획의 경우, 앨리슨의 개념어들을 차용하여 설명한다면, 해·공군과 육군은 각각 자군의 조직이기주의, 조직의 시각, 조직의 우선순위에 따라 지휘구조 개편정책의 각론에 대해 협상하였으나, 상대적 권력의 우위를 확보한 육군의 정책선호가 그대로 반영되었다고 할 수 있다. 국방개혁2020의 경우에는 병력구조의 개편을 선호하지 않는 국방부 측과 이를 관철하려는 대통령 양자 간의 구도에서 상대적 권력의 우위를 확보한 대통령이 자신의 정책선호를 실현시킨 것으로 볼 수 있다. 이 같은 결과는 육·해·공 3군의 최고수장인 국방부장관과 3군의 주요 작전부대에 대한 군령권을 보유한 합참의장의 출신 군종을 통해서도 부분적인 설명이 가능하다. 역대 국방부장관과 합참의장을 출신 군종 중심으로 정리한 것이 〈표 35〉이다.[27]

---

27) 역대 국방장관과 합동참모의장 관련 자료는 국방부 홈페이지(www.mnd.go.kr), 합동참모본부 홈페이지(www.jcs.mil.kr/main.html), 로마켓 홈페이지(www.lawmarket.co.kr)의 인물정보검색, 국방군사연구소, 『건군 50년사』(국방군사연구소, 1998), pp. 539-542. 등의 자료를 종합하여 필자가 정리한 것이며 공화국별, 정부별 역대 국방부장관은 다음과 같다. 1공화국(1대 이범석~7대 김정렬), 2공화국(8대 이종찬~11대 현석호), 3·4공화국(12대 장도영~21대 노재현), 5공화국(22대 주영복~26대 오자복), 노태우 정부(27대 이상훈~29대 최세창), 김영삼 정부(30대 권영해~33대 김동진), 김대중 정부(34대 천용택~37대 이준), 노무현 정부(38대 조영길~40대 김장수) 등이다.

역대 국방부장관의 출신을 보면, 1·2공화국 당시에는 문민출신 국방부장관이 많이 임명되었으나, 3공화국부터는 모두가 군 출신으로 임명되었다. 역대 국방장관을 군종별로 분류해 보면 총 43명의 국방부장관 중에 육군 출신 28명, 해군 출신 3명, 공군 출신 3명, 광복군 출신 1명, 그리고 순수 문민장관이 6명이었다. 특히 3공화국 이후 국방부장관의 출신 군종을 보면, 총 32

〈표 35〉 역대 국방부장관 및 합참의장 현황

국방장관				합참의장			
역대	성명(출신)	역대	성명(출신)	역대	성명(출신)	역대	성명(출신)
1	이범석(광복군)	23	윤성민(육군)	1	이형근(육군)	23	정호근(육군)
2	신성모(문민)	24	이기백(육군)	2	정일권(육군)	24	이필섭(육군)
3	이기붕(문민)	25	정호용(육군)	3	유재흥(육군)	25	이양호(공군)
4	신태영(육군)	26	오자복(육군)	4	백선엽(육군)	26	김동진(육군)
5	손원일(해군)	27	이상훈(육군)	5	최영희(육군)	27	윤용남(육군)
6	김용우(문민)	28	이종구(육군)	6	김종오(육군)	28	김진호(육군)
7	김정렬(공군)	29	최세창(육군)	7	김종오(육군)	29	조영길(육군)
8	이종찬(육군)	30	권영해(육군)	8	김종오(육군)	30	이남신(육군)
9	현석호(문민)	31	이병태(육군)	9	장창국(육군)	31	김종환(육군)
10	권중돈(문민)	32	이양호(공군)	10	임충식(육군)	32	이상희(육군)
11	현석호(문민)	33	김동진(육군)	11	문형태(육군)	33	김관진(육군)
12	장도영(육군)	34	천용택(육군)	12	심흥선(육군)	34	김태영(육군)
13	송요찬(육군)	35	조성태(육군)	13	한 신(육군)	35	이상의(육군)
14	박병권(육군)	36	김동신(육군)	14	노재현(육군)	36	한민구(육군)
15	김성은(해군)	37	이 준(육군)	15	김종환(육군)	37	정승조(육군)
16	최영희(육군)	38	조영길(육군)	16	류병현(육군)	38	최윤희(해군)
17	임충식(육군)	39	윤광웅(해군)	17	윤성민(육군)		
18	정래혁(육군)	40	김장수(육군)	18	김윤호(육군)		
19	유재흥(육군)	41	이상희(육군)	19	이기백(육군)		
20	서종철(육군)	42	김태영(육군)	20	정진권(육군)		
21	노재현(육군)	43	김관진(육군)	21	오자복(육군)		
22	주영복(공군)			22	최세창(육군)		

명의 국방부장관 중 해군과 공군 출신이 각 2명씩 임명되었을 뿐 나머지 모두는 육군 출신이 독점하였다. 합참의장 역시 해군과 공군 출신이 각 1명씩 임명된 경우를 제외하고는 나머지 모두를 육군이 독점해왔다.

주요 국방정책이 수립되는 국방부의 수장을 육군 출신이 장악하고 있다는 사실은, 육군 편향적인 국방정책이 수립될 개연성이 높을 것이라는 추론을 가능하게 한다. 육군 출신이 독점해왔던 국방부장관에 해군 출신인 윤광웅 장관이 임명된 것은 노무현 정부에서였다. 노무현 대통령은 육군병력구조 개편정책의 수립을 위해 윤광웅 국방보좌관을 국방부장관으로 임명하여 국방개혁2020을 도출해 낸 것으로 보인다. 또한 국방부장관직을 육군이 독점해왔을 뿐만 아니라 주요 정책을 입안하고 결정하는 국방부 과장급 이상의 육:해:공군 비율이 53:5:8이고, 합동참모본부 부장급 이상의 각군 비율은 11:2:3에 달했다.[28] 국방부 주요 직위의 3군 비율에 대한 보다 최근의 자료로는 2008년 『신동아』10월호 기사가 존재한다. 이 기사에 따르면, 국방부 실·국장은 총 22명인데 이 중 현역이 7명이고 민간 공무원이 15명이다. 그런데 현역 7명 모두가 육군이며 민간 공무원 15명 중에서도 7명이 예비역 육군 장성이다. 또한 실무를 담당하는 현역 과장 29명 중 해군과 공군이 각각 4명씩 보임되어 있지만, 작전과 정책을 다루는 핵심부서를 육군이 독점하고 있다.[29]

이처럼 군사력의 소요판단, 계획, 집행, 평가를 담당하는 핵심부서가 육군 위주로 편성되어 있어서 3군의 견해를 반영한 종합적인 정책결정이 어렵고 육군 편향적인 정책결정이 이루어지기 쉬운 구조가 국방부에 형성되어 있다고 할 수 있다. 특히 노무현 정부에서 추진되었던 군구조 개편정책이 국방부

---

28) 이 같은 통계자료는 2000년도 국정감사자료집에 실려 있는 내용으로서 1999년 10월을 기준으로 한 것이다. 이 자료는 박후병, "동맹체제하에서의 군구조 결정요인 분석: 한국과 일본의 사례를 중심으로,"(국방대학원 석사학위논문, 2003), pp. 96-97에서 재인용한 것이다.
29) 조성식, "이상희 국방, 리더십 & 정책," 『신동아』2008년 10월호 (서울: 동아일보사, 2008), p. 197.

차원에서 입안되는 과정에서 정책결정에 참여한 과장급 이상 실무자의 3군 구성비가, '협력적 자주국방 추진위원회'는 '육군4:해군1:공군0'이었으며, '국방개혁실무위원회'는 '육군6:해군1:공군1'이었다.30) 특히 국방개혁2020을 추진하기 위해 2007년에 신설된 국방개혁실의 4개 장군 직위와 전력정책관의 1개 장군 직위 모두에 육군이 보임되었다는 사실31)은, 국방부 내부의 정책결정과정에 내재한 육군과 해·공군의 현격한 권력격차를 보여주는 사례들이라고 할 수 있다.

이처럼 지휘구조 및 병력구조 개편정책이 행정부 차원에서 결정되는 과정을, 앨리슨의 정부정치모델과 조직행태모델을 적용하여 설명하는 것이 가능하다. 육·해·공 3군 간에 분포된 상대적 권력의 격차가 정책결정과정에 반영된다고 할 수 있으므로, 3군의 상대적 권력격차 요인은 국방부 차원의 정책결정과정을 설명하는 핵심 요인이 될 수 있다고 본다.

행정부 차원에서 입안된 군구조 개편정책을 의회에서 심의하는 과정에서도 역시 정책선호에 대한 지지여부에 따라 상호 대립적인 정책연합이 형성되었다.

지휘구조 개편정책의 경우, 여당인 민자당이 216석을 차지하여 절대 과반을 확보하고 있었으며, 국방위에서도 민자당 12석, 평민당 4석의 절대 우위를 유지하고 있었다. 여기에 미국의 군사전략 변화에 따른 주한미군병력의 일부 철수 및 한국으로의 작전권 이양 계획 등이 발표되자, 한국군 지휘구조 개편의 필요성이 제기되었다. 보수성향의 언론은 이 같은 안보환경의 변화와 지휘구조 개편의 필요성에 공감하였고, 학계 일부에서도 국군조직법 개정안의 일부 조항이 위헌논란에 휩싸이자 합헌해석의 입장을 표명하여 여당과 국방부를 지원하였다. 이처럼 지휘구조 개편정책을 옹호하는 지지연합의 상대적 권력은 반대연합을 압도하였으며, 그 결과 내용 일부는 수정되었으나 원안의 기본틀은 유지될 수 있었다.

---

30) 국방위원장, "2008 국정감사 국방부 제출자료: 노무현 정부 국방개혁"(2008c).
31) 『문화일보』2007년 10월 18일.

병력구조 개편정책의 경우에는 보다 중층적이고 유동적인 상태에서 정책결정이 이루어졌다. 17대 총선 결과 열린우리당이 152석, 한나라당이 121석을 차지함으로써 집권여당인 열린우리당이 과반수 의석을 확보하게 된 것이다. 국방위에서도 열린우리당 소속 김성곤 의원이 위원장에 임명되었으며, 국방위 위원들은 열린우리당 9명, 한나라당 7명, 민주당 1명, 국민중심당 1명으로 구성되었다. 병력구조 개편정책에 대해 한나라당은 반대 입장을 표명하였으나 민주당이 비판적 지지입장에 있었기 때문에, 산술적으로는 국방위와 국회 본회의 모두에서 정부안의 통과가 가능한 구도였다. 하지만 의회심의과정에서 병력감축이 불가함을 설파한 열린우리당 조성태 의원과 한나라당 황진하 의원의 논리에 공감한 민주당의 김송자 의원이 병력감축의 실행을 제한하는 수정조항의 삽입을 지지하게 되었고, 열린우리당 내부에서도 김명자 의원만이 이에 강력히 반발하였을 뿐 여타 의원들은 이를 방조함으로써, 정부안의 핵심조항이 수정되었다. 이 과정에서 병력감축에 반대하는 보수성향의 NGO와 학계의 논리가 공청회를 통하여 동원되었고, 보수성향의 언론 역시 북한의 핵실험과 노무현 정부의 전시작전통제권 환수 결정을 계기로 병력감축 반대의 강도를 높여나갔다.

상술한 내용을 군구조 개편정책에 대한 지지여부에 따라 형성된 정책연합의 주요 행위자와 상대적 권력분포를 중심으로 정리한 것이 〈표 36〉이다.

지휘구조 개편정책의 결정과정은 정책연합의 상대적 권력의 격차가 정책결정과정에 그대로 투영되었다고 할 수 있으나 병력구조 개편정책의 경우에는 그렇지 않았다. 의회의 다수당이 여당인 열린우리당이었음에도 불구하고, 대통령과 여당이 지지하는 국방부 원안이 의회심의과정에서 변경됨으로써 대규모 육군병력감축의 실행을 매우 어렵게 만드는 결과를 가져왔다. 〈표 36〉에 나타난 바와 같이 지휘구조와 병력구조 개편정책 모두 보수성향 정당과 언론, 그리고 육군의 정책선호가 최종적인 군구조 개편정책으로 반영되었던 것이다. 이 같은 결과를 가져오게 된 것은 전술한 바와 같은 지배적 정책패러다임때문이라고 할 수 있다. 한국적 안보상황에서 병력감축이 용

〈표 36〉 정책연합의 행위자와 상대적 권력분포

구 분		지지연합	반대연합
지휘구조 개편 정책	행위자	대통령 민주자유당(여당) 보수성향 언론 합헌해석 학계 육군	평화민주당(야당) 진보성향 언론 위헌해석 학계 해·공군
	상대적 권력의 분포	강	약
병력구조 개편 정책	행위자	대통령 열린우리당(여당) 민주당(초기) 진보성향 언론·NGO·학계 해·공군	한나라당(야당) 민주당(후기) 보수성향 언론·NGO·학계 육군
	상대적 권력의 분포	강 → 약	약 → 강

인되지 않는 지배적 정책패러다임이 존재하고, 이는 정책결정과정에서 영향력을 행사하는 행위자들에 대한 설득의 근거로 작동하였다고 볼 수 있다. 즉, 군사안보 문제를 규정하는 지배적 정책패러다임은, 군구조 개편정책에 대한 지지 여부에 따라 형성된 정책연합들의 상대적 권력 분포로부터 자유로운 지점에서, 정책연합의 정책선호까지 변경할 수 있는 정치적인 힘을 내재하고 있다고 할 수 있다. 육군중심 병력구조 유지의 당위성을 제공하는 지배적 정책패러다임에 대해서는 앞에서 살펴보았다. 이제 남아있는 문제는 이 같은 지배적 정책패러다임을 정책결정 관련 행위자들에게 확산·이해·설득시키는 역할을 담당하는 행위자에 대한 분석과 개념화이다.

의회심의과정의 '지배적 행위자'(dominant actor)

앨리슨은 정부정치모델에서 정책결정과정에 참여하는 행위자들의 영향력의 정도는, 행위자들의 '권력'에 의해 좌우된다고 보았다. 앨리슨은 권력 개념을, 사용 가능한 자산(공식적 권한과 책임, 행동을 수행하는데 필요한 자원에 대한 통제, 문제의 성격을 규정하는데 필요한 정보에 대한 접근과 통제, 개인적인 설득력), 자산을 활용하는 기술과 의지, 그리고 다른 행위자들이 이를 인식하는 정도라고 규정하였다. 또한 이러한 권력은 정책결정과정에 관련된 행위자들 모두가 보유하고 있으나, 그 정도에 있어 격차를 나타내는 상대적 권력 개념임을 밝히고 있다. 협상의 과정에서 상대적 권력의 우위를 확보한 행위자의 정책선호가 정책결정에 더 많이 투영될 수 있다고 본 것이다.[32]

열린우리당의 조성태 의원은 병력구조 개편정책의 의회심의과정에서 강력한 영향력을 행사하였다. 병력감축 문제에 대한 입장 차이에 따라 형성된 지지연합과 반대연합의 대립구도에서, 조의원은 지지연합을 이탈하여 병력감축에 반대하는 치밀한 논리를 전개하였다. 이를 통해 병력감축 지지연합의 구성원들을 설득하여 수정조항을 삽입함으로써 병력감축 실행이 어려운 구조를 창출하였다. 의회심의과정에서 병력감축 문제를 두고 조성태 의원이 국방위 위원들을 상대로 설명하고, 이해시키고, 설득하는 과정을 인용하면 다음과 같다.

> **조성태 위원**: …지금 정책기획관하고 토론해서 될 문제가 아니고 근본적으로 이 문제는 제가 조금 정리를 해 드릴 필요가 있습니다. 제가 정책실장 할 때 1994년도에 한반도 국방운영의 장기플랜을 만들었는데 그때 전제가 북한 김일성이 만날 '남북이 10만으로 줄이자' 이렇게 제안을 계속해 오고 있는데 우리는 아무런 답도 못 했어요.…그 문제를 해결하기 위해서 '21세기 위원회'라는 것을 만들어서 거의 2년 동안 그 구조를 연구했습니다. 그때 만들어낸 것이 사실은 남북한이 같이 군축을 하면서 50만으로 가는 것이 가장 합리적이다. 왜냐하면 북한이 30만이다 10만이다 하지만 북한은 군비축소를 거짓으로 할 수 있기 때문에 우리가 꼭 가져야 할 필수량을 50만으로 규정

---

32) Graham T. Allison & Philip Zelikow, op. cit., pp. 294-312.

했고 이번 국방개혁2020이 그 틀을 받아들여서 했습니다.…그런데 그때는 한미연합작전태세나 동맹 이런 전제가 살아있었고 북한이 핵을 갖는다는 것은 전혀 배제되어 있는 상황이었지만, 지금은 상황이 악화되어서 그 전제가 완전히 소멸되어 버렸어요. 사실 국방개혁2020 자체에 대해서는 지금 성립조건 자체가 안 되어 있어요.…그렇지만 법안이 여기까지 왔으니까 그 전제조건을 달아서 법안을 통과시켜 주면, 그 전제조건이 실현이 안 되면 이 법안은 항상 뒤로 밀리도록 되어 있으니까… 우리가 심의하면서 전제조건을 달면 제가 볼 때 반대할 필요가 없지 않겠느냐고 생각합니다.

김송자 위원: …조성태 장관님께서 전문가적인 입장에서 말씀하신 것으로, 저희들은 문외한이니까 수용하고 동의를 합니다.

조성태 위원: …가장 중요한 것은 감군입니다. 65만을 50만으로 줄이는 것입니다. 그러니까 줄이는 것은 안 된다는 거예요.

조성태 위원: …제가 대안을 제시하겠습니다.…'단, 군사력 감축은 북한의 핵문제 해결, 한반도 평화체제 구축, 남북 간 군사적 신뢰가 구축될 때 착수하여야 한다' 이렇게 단서를 달아 주면, 군사력 감축 부분만 제동을 걸어 놓으면 다른 부분은 사실 계획 지향적으로 가는 게 저는 맞다고 봐요.[33]

조성태 위원: …'50만 명 수준을 목표로 하되, 북한의 핵을 포함한 대량살상무기 등 위협평가' 그러면 재래식무기와 대량살상무기를 함께 한다 이런 뜻이에요.[34]

위원장 김성곤: 12년 전부터 이 계획의 실무를 맡았던 우리 조성태 위원님께서 배경 설명을 잘해 주신 것 같습니다. 이미 법안심사소위에서 상당한 논의가 있었고 또 여야가 이 법을 통과시키기로 양당 대표 또 정책위의장, 간사 간에 합의가 된 만큼…의결을 했으면 좋겠는데 이의 없습니까?(없습니다 하는 위원 있음)…그러면 가결되었음을 선포하겠습니다.[35]

---

33) 국회사무처, "262회 국회 정기회 국방위원회 회의록: 법률안 등 심사소위원회 3호 (2006. 11. 22)" (국회사무처, 2006h), p. 3, 4, 11, 15.
34) 국회사무처, "262회 국회 정기회 국방위원회 회의록: 법률안 등 심사소위원회 5호 (2006. 11. 29)" (국회사무처, 2006i), p. 8.
35) 국회사무처, "262회 국회 정기회 국방위원회 회의록 11호(2006. 11. 30)" (국회사무처,

병력감축 문제에 대한 심의과정을 보면, 조성태 의원이 자신의 군 경력을 바탕으로 국방위 위원들에게 병력감축 계획의 기원과 전제조건, 그리고 전제조건이 소멸된 현재 상황을 설명하였고 심지어 병력감축 관련 조항의 수정조문을 예시하는 등, 일련의 심의과정을 주도하였다. 군사문제가 전문적이면서도 중요 사항은 거의 비밀로 분류해 놓기 때문에, 국방위 위원이라고 할지라도 군 고위직의 경력이 없는 순수 민간인 출신 의원들은 전문성을 확보하기 어렵다. 따라서 병력감축 문제와 같이 매우 전문적이면서도 국가기밀에 속하는 의제의 경우, 군 경력을 바탕으로 군사문제에 정통한 의원이 심의과정을 주도하기가 쉽다. 조성태 의원의 경우에도 마찬가지라고 할 수 있는데, 문제는 조성태 의원의 역할을 어떻게 개념화할 것인가에 있다.

　앞서 언급한 앨리슨의 '권력' 개념만으로 조성태 의원의 역할을 포괄하기에는 한계가 있다. 앨리슨은 정책결정과정에 관련된 행위자의 자산, 자산 활용의 기술과 의지, 그리고 이에 대한 다른 행위자들의 인식 정도를 '권력'으로 개념화하였으며, 이 같은 권력이 행위자의 영향력을 좌우한다고 보았다. 그렇다면 의회심의과정에 나타난 조성태 의원의 역할도 앨리슨의 권력 범주에 포함시킬 수는 있다. 하지만, 앨리슨의 권력 개념이 행위자들 간의 상대적 권력의 격차를 전제하고 있다는 점과 협상의 과정을 거쳐 상대적 권력의 우위를 확보한 행위자의 정책선호가 더 우월하게 반영된다는 점을 고려하게 되면, 조성태 의원의 역할을 앨리슨의 권력 개념으로 범주화하기는 어렵다. 왜냐하면 병력구조 개편문제에 대한 의회심의과정에서 조성태 의원과 여타 의원들 간에는 '상대적 권력의 격차'가 아닌 매우 '현격한 격차'가 존재했으며, 의원들 간 논의 과정도 협상이라고 하기에는 무리가 있기 때문이다.

　일반적으로 의회심의과정에서 표결에 의해 가부가 결정될 때, 여러 그룹들 사이에서 협상을 통해 최소승자연합(minimum winning coalition)을 구축함으로써, 타협과 절충에 도달하는 과정에서 중심적인 역할을 담당하는

2006j), p. 8.

행위자를 '중추적 행위자'(pivotal actor)라고 한다.36) 하지만 조의원의 경우, 표결 국면에서 승리하기 위해 최소승자연합 구축을 시도하지 않았다. 대신 여타 의원들을 설득하여 자신의 정책선호를 실현시켰다고 할 수 있으므로 중추적 행위자 범주로 개념화할 수는 없다. 한편 '자신이 선호하는 미래의 정책을 위하여 자신의 자원을 투자하기 원하는 사람'으로 정의되는 '정책활동가'(policy entrepreneurs)라는 개념도 있다.37) 정책활동가는 자신의 정책선호를 실현시킬 기회를 포착하여 위험부담을 감수하며 인적·물적 네트워크를 형성하여 목표를 달성하는 행위자를 말한다. 조성태 의원의 역할은 정책활동가처럼 조직적이지 못하다는 점에서 정책활동가 범주로 개념화하기도 어렵다. 또 다른 개념으로 '정책학습'(policy learning)이 있는데, 이는 '최종적인 목적을 보다 낫게 달성하기 위하여 과거의 정책의 결과나 새로운 정보에 비추어 정책의 목표나 기법을 조정하려는 의식적인 활동'38)으로 정의되기도 하고 또 '경험의 결과 발생하는 비교적 장기간에 걸친 행태의 변화로서 외부적인 정책환경의 변화에 대한 반응으로 발생하는 것'39)으로 정의되기도 한다. 정책학습은 학습의 당사자가 해당 정책에 대해 상당한 정도의 전문성을 가지고 기존 정책의 개선을 위해 주체적으로 학습에 나서는 능동적 과정을 말한다.40) 그렇다면 병력구조 개편정책에 대한 의회심의과정에서 나타난 여타 행위자들의 반응은 정책학습의 범주로 개념화하기에도 어렵다고

---

36) Joe D. Hagan & Philip P. Everts, & Haruhiro Fukui, & John D. Stempel, "Foreign Policy by Coalition: Deadlock, Compromise, and Anarchy," *International Studies Review*. Vol.3. No.2. (2001), pp. 169-216.
37) John W. Kingdon, *Agenda, Alternatives, and Public Policies* (Boston: Little, Brown and Co., 1984), p. 214. 정책활동가 개념은 유훈, "정책변동과 정책활동가," 『행정논총』제 39권 1호 (2001), pp. 25-26에서 재인용.
38) Peter A. Hall, "Policy Paradigms, Social Learning, and the State: The Case of Economic Policymaking in Britain," *Comparative Politics* (April 1993), p. 6.
39) Hugh Heclo, *Modern Social Policies in Britain and Sweden* (New Haven: Yale University Press, 1974), p. 306.
40) 정책학습에 대한 Hall과 Heclo의 개념정의는 유훈, "정책학습과 정책변동," 『행정논총』제 44권 3호(2005), p. 95에서 재인용 하였음.

할 수 있다.

　조의원의 설명에 대한 민주당 소속 김송자 의원의 반응 - 조성태 장관님께서 전문가적인 입장에서 말씀하신 것으로, 저희들은 문외한이니까 수용하고 동의를 합니다 - 과 열린우리당 소속 김성곤 국방위원장의 반응 - 12년 전부터 이 계획의 실무를 맡았던 우리 조성태 위원님께서 배경 설명을 잘해 주신 것 같습니다 - 을 보면, 조성태 의원의 역할은 중추적 행위자, 정책활동가, 그리고 정책학습과는 다른 범주에서 개념화되어야 할 것으로 보인다. 필자는 조성태 의원의 역할을 '지배적 행위자'라는 차원으로 개념화를 시도하였다. 조성태 의원은 의회심의과정에서의 논의를 주도하면서 국방부 원안의 수정을 이끌어냈다. 조성태 의원은 국방부 정책기획국장, 1군단장, 국방부 정책실장, 2군 사령관, 국방부장관을 지낸 군사전문가였다. 군사분야에 대한 조성태 의원과 여타 의원들 간의 전문성 차이는 상대적인 수준을 뛰어넘는 절대적인 것이었다고 할 수 있다. 조성태 의원은 군구조 문제에 대한 전문성을 독점하고 있었으며 이를 바탕으로 여타 국방위원들을 이해시키고 설득하여 원안의 핵심조항을 수정하였던 것이다. 필자는 이 같은 과정이 병력감축 문제에 대한 의회심의과정에서 발현된 것으로 보았으며, 조성태 의원의 역할을 '지배적 행위자'(dominant actor)로 개념화하였다.

군구조 개편정책의 결정과정 및 결정요인

　지금까지 지휘구조 개편정책과 병력구조 개편정책의 결정과정 분석을 통해 군구조 개편정책의 결정요인을 규명하였으며 이를 정리하면 〈표 37〉과 같다.
　〈표 37〉에 정리된 정책결정요인들을 각각 설명하면 다음과 같다. 첫째, 군구조 개편정책이 결정되는 과정에서 일종의 해석의 구조 또는 추론의 구

〈표 37〉 군구조 개편정책의 정책결정요인

정책결정요인	영향력 행사 단계
지배적 정책패러다임	정책연합 형성, 정책결정과정
대통령의 정책선호	국방부 차원의 정책입안, 의회심의
정책연합의 상대적 권력분포	
지배적 행위자	의회심의

조로 작동하는 지배적 정책패러다임 요인으로 ①한미연합방위체제 유지, ②북한의 군사적 위협과 한반도 전장 환경의 특수성을 고려한 육군중심 병력구조 유지를 도출하였다. 이 같은 지배적 정책패러다임은 정책연합의 정책선호를 변경할 수 있는 정치적 힘이 내재된 요인이었다. 둘째, 대통령의 정책선호 요인은 군구조 개편정책의 결정과정에 직·간접적인 영향을 미치는 것으로 드러났다. 셋째, 정책연합의 상대적 권력분포 요인으로, 이는 국방부 차원에서 이루어지는 군구조 개편정책의 수립단계와 의회심의과정에서 유형적으로 드러난다고 할 수 있는데, 개편정책의 지지여부에 따라 지지연합과 반대연합이 형성되며 이들 간의 상대적 권력분포는 정책결정에 영향을 미치는 것으로 나타났다. 특히 정책연합을 구성하는 행위자 또는 집단들의 정치성향은 비교적 동질적이었으며 이들의 정책선호 역시 정치성향에 따라 구분되었다. 넷째, 의회심의과정의 지배적 행위자 요인으로 군구조 개편문제와 같이 전문적인 지식과 경험을 요하는 군사 분야의 경우, 군사전문가가 군사분야에 대한 전문성을 독점함으로써 의회심의과정 전반을 지배하여 자신의 정책선호가 정책결정에 반영되도록 할 수 있다는 사실이 드러났다.

상술한 정책결정요인들 가운데 군구조 개편정책의 결정과정에서 주요한 영향력을 행사하는 핵심 요인들은 대통령의 정책선호 요인, 정책연합의 상대적 권력분포 요인, 지배적 정책패러다임 요인, 그리고 지배적 행위자 요인이라고 할 수 있다. 군구조 개편정책의 결정요인들에 인과적 설명 구조를 부과하여 군구조 개편정책의 결정과정을 분석한 것이 [그림 12]이며, 여기서 음영 처리를 통해 강조한 부분들이 위에서 언급한 핵심 정책결정요인들에 해당된다.

[그림 12]에 따라 병력구조 개편정책의 결정과정을 설명하면 다음과 같다. 기존의 '육군중심 병력구조 정책레짐'에 미국의 군사전략 변화, 북한의 군사적 위협에 대한 인식 변화, 이에 대한 대통령의 인식과 병력구조 개편 방향에 대한 정책선호 등과 같은 외부요인들이 작용하여 기존 정책레짐의 변동을 촉발시킨다.

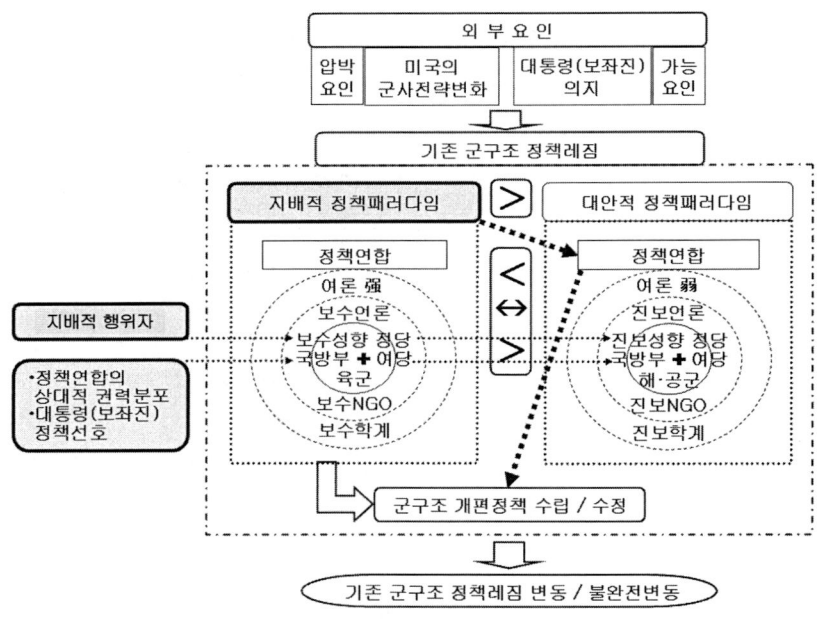

[그림 12] 군구조 개편정책의 결정과정 및 정책결정요인

이 같은 외부요인들은 '대규모 육군병력 감축과 무기체계 현대화를 통한 전력강화'라는 대안적 정책패러다임을 부상하게 함으로써, 기존의 지배적 정책패러다임의 정당성에 도전하게 된다. 기존의 지배적 정책패러다임은 '한미연합방위체제 유지'와 '북한의 군사적 위협 및 한반도 전장환경의 특수

성에 따른 육군중심 병력구조 유지'를 근간으로 하고 있다. 병력구조 개편정책에 영향력을 행사할 수 있는 행위자들은 각자 선호하는 정책패러다임을 지지하게 되고 그 결과 양대 정책연합이 형성된다. 양대 정책연합의 행위자들은 정책결정과정에 미치는 영향력으로 치환 가능한 상대적 권력의 격차에 따라 3개의 차등적인 '환'(環, ring)에 분포한다. 권력의 중심환에는 병력구조 개편정책에 핵심적인 영향을 미치는 행위자들로 국방부와 여당, 그리고 야당이 위치한다. 또한 언론과 NGO는 권력의 경계환에, 여론과 학계는 권력의 외부환에 분포하게 된다.

국방부 차원에서 이루어지는 병력구조 개편정책의 입안 단계에서는, 육·해·공 3군의 권력격차가 정책입안 과정에 그대로 투영된다고 할 수 있는데, 육군의 경우 기존 병력구조를 유지하려고 하는 반면, 해군과 공군은 3군 균형발전을 위해 육군중심 병력구조의 개편을 선호하게 된다. 그 과정에서 상대적 권력의 우위를 확보한 육군의 정책선호가 관철되기 쉽다. 하지만, 대통령의 정책선호가 병력구조 개편에 있다면, 대통령은 국방부 차원의 정책입안 단계에서 발생하는 '3군의 권력격차' 요인을 상쇄할 수 있는 대안으로, 자신이 신임하는 인사를 국방부장관과 군 수뇌부에 임명하여 자신의 정책선호를 대리하여 실현할 수 있는 기반을 조성하게 된다.

국방부 차원의 정책입안단계를 지나 법제화를 위한 의회심의과정에서는, 병력구조 개편정책 지지연합 대 반대연합의 대립구도가 더욱 명확해진다. 병력구조 개편정책의 경우, 의회 차원의 지지연합과 반대연합은 단순히 의석수에 따라서만 상대적 권력의 크기가 결정되지는 않는다. 여기서는 지배적 행위자의 존재와 역할이 매우 중요하게 나타난다. 군사문제에 정통한 지배적 행위자는 병력구조 개편의 전제조건이 되는 지배적 정책패러다임을 여타 행위자들에게 이해시킨다. 또한 지배적 정책패러다임을 훼손하는 병력구조 개편정책은 적절하지 않다는 사실도 인식시킨다. 지배적 행위자는 주로 예비역 육군장성 출신으로서 국방부 고위직과 풍부한 군 경험을 가지고 있다. 이처럼 지배적 행위자와 여타의 행위자들 간에 존재하는 '군사 경력 및 정보의 비대칭성'으로 인하여, 지배적 행위자에게는 군사문제에 관한 권위가 부여되고 이를 바탕으로 자신의 정책선호를 실현시킬 가능성이 높아진다. 한편 병력구조 문제에 대한 지배적 정책패러다임은 육군과 보수 성향의 정당·언론·NGO·학계 등이 공유하고 있으며 이를 지지하는 여론 역시 높기 때문에, 이들의 상대적 권력이 대안적 정책패러다임을 공유하는 정책연합보다 우월하다고 할 수 있다.

병력구조 개편에 반대하는 보수성향의 정책연합은 지배적 정책패러다임을 바탕으로 국방부 차원에서 수립된 병력구조 개편정책을 수정하였다. 수정방향은 지배적 정책패러다임에 내포된 병력감축의 전제조건(한미연합방위체제 유지, 북한의 군사적 위협 소멸)이 선행될 때에만 병력감축이 가능하다는 것이다. 그 결과 기존의 육군중심 병력구조 정책레짐은, 병력구조 개편정책이 수립되었음에도 불구하고 개편정책의 핵심내용이 수정되었기 때문에, 불완전한 정책레짐 변동으로 귀결되었다. 정책레짐 변동이 불완전한 것은, 전제조건에 변화가 발생할 경우 언제든지 병력감축 계획을 수정할 수 있다는 사실을 의미하기 때문이다. 이처럼 병력구조 개편정책에는 근본적인 한계 요인이 배태되어 있다고 할 수 있다.

지휘구조 개편정책의 경우는 병력구조 개편정책에 비해 그 결정요인이 단순하다고 할 수 있다. 외부요인으로는 미국의 군사전략 변화와 대통령의 의지만이 작용하였고, 보수성향의 정책연합이 지휘구조 개편을 지지하였다. 국방부 차원의 지휘구조 개편정책 입안단계에서 3군의 권력격차는 정책내용에 투영되었지만, 의회심의과정에서 지배적 행위자는 존재하지 않았으며, 여당과 야당의 의석분포를 기준으로 표결처리 되었다. 지휘구조 개편의 정당성을 담보하는 정책패러다임은 '합동·연합작전능력 향상'과 '3군의 작전부대에 대한 작전지휘의 효율성 제고'였다. 이는 탈냉전에 따른 미국의 군사전략 변화에 의해 추진될 주한미군병력의 일부 철수와 한국으로의 작전권 이양에 따른 결과였다. 이 같은 정책패러다임은 초기에 보수성향 정당(여당인 민주자유당)과 국방부(육군)에 의해 제기되어, 기존의 3군 병립제 정책레짐의 변동을 촉발하는 대안적 정책패러다임으로 기능하였으나, 보수성향 정책연합의 지지를 받아 지배적 정책패러다임으로 부상하였다. 그 결과 보수성향의 정책연합과 진보성향의 정책연합이 대립구도를 형성하였지만, 상대적 권력의 우위를 확보한 보수성향 정책연합의 정책선호가 큰 변화 없이 반영되었다. 이러한 과정을 거쳐 지휘구조 개편정책이 수립되었고, 그에 따라 기존의 3군 병립제 정책레짐이 합동군제 정책레짐으로 변동되었다. 지휘구조 개편정책의 실제 사례가 비교적 단순한 과정을 거쳐 진행되었지만, 병력구조 개편정책의 경우와 유사하게 [그림 12]의 전 과정을 거친다고 하더라도, 병력구조 개편정책의 결정과정과 유사한 경로를 거칠 것으로 예측할 수 있다.

에필로그

역대 정부의 국방개혁 비교 분석과 정책적 함의

역대 정부의 군구조 개편 계획 비교 분석

지금까지 역대 정부의 군구조 개편 계획을, 유의미한 제도화에 성공한 사례(노태우/노무현정부)와 무위에 그친 경우(김영삼/김대중/이명박정부)로 구분하여 분석하였다. 역대 정부에서 추진 또는 검토되었던 군구조 개편 계획들을 비교하게 되면 몇 가지 중요한 점들을 발견할 수 있으며 이를 정리한 것이 〈표 38〉이다.

〈표 38〉 역대 정부의 군구조 개편 계획 비교

구 분	제도화 여부	개편 핵심	대두 배경	개편 내용
노태우 정부	'국군조직법'개정 (제도화 성공)	지휘구조	• 미국의 군사전략 변화 • 대통령 의지	• 초기:통합군제 → 해·공군 반발 • 합동군제로 변경
노무현 정부	'국방개혁법'제정 (제도화 성공)	병력구조	• 미국의 군사전략 변화 • 대통령 의지	• 육군병력 감축 (17만7천 명)
김영삼 정부	검토단계에서 백지화 (제도화 실패)	지휘구조	• 군 개혁의 일환 (하나회 청산 후 제도개혁 시도)	통합군제
김대중 정부	계획수립 후 백지화 (제도화 실패)	부대구조	• 경제적·효율적 군 운영(IMF 위기)	• 1,3군 해체 • 지작사 창설 • 9,11군단 해체
이명박 정부	의회 심의 중 백지화 (제도화 실패)	지휘구조	• 북한의 도발 • 대통령 의지	• 초기:통합군제 → 해·공군 반발 • 강화된 합동군제로 변경

첫째, 역대 정부에서 군구조 개편문제가 대두된 배경 요인과 정책수립 여부 간에는 유의미한 상관관계가 존재한다는 사실이다. 노태우 정부와 노무현 정부에서는 미국의 군사전략 변화라는 대외적 안보환경 요인의 변동이 한국군구조 개편 문제를 직접적으로 추동하였다. 한국군의 작전계획은 한

미연합작전체제를 기본축으로 하고 있기 때문에, 미국의 군사전략 변화는 한국군구조 개편문제를 대두시키는 핵심 요인이라고 할 수 있다. 반면에 김영삼 정부의 경우, 하나회 청산이라는 인적 쇄신을 완료한 이후 제도개혁 차원에서 지휘구조 개편을 검토하였다. 또한 김대중 정부의 경우, IMF 이후 경제적·효율적 군 운영 차원에서 부대구조 개편 문제를 검토하였다. 한편 이명박 정부의 경우, 천안함 폭침과 연평도 포격도발이란 북한의 군사 도발이 한국군 지휘구조 개편을 촉발하였고 이에 대한 대통령의 의지 역시 강력하였다. 김영삼 정부와 김대중 정부의 경우, 군구조 개편문제가 대외적 안보환경의 변수가 아닌 대내적 차원의 변수에 의해 촉발되었고, 그 결과 군구조 개편이 당위적이고 필수적인 문제임을 인정받을 수 없었다. 따라서 군구조 개편과 관련된 3군의 정책선호에 따라 정책수립 여부가 결정되고 말았던 것이다. 반면에 이명박 정부의 경우에는 북한의 군사도발이라는 대외적 변수가 지휘구조 개편을 촉발하긴 했지만, 해군과 공군이 수용하기 어려운 통합군제를 추진했기 때문에 결국 무산되었다는 점에서 차이를 보인다. 이처럼 대외적 안보환경의 변화, 특히 미국의 군사전략 변화 요인은 한국군구조 개편문제를 대두시켜 정책의제로 만들고, 최종적인 정책산출을 이끌어 내는 핵심 동력으로 작용한다고 볼 수 있다.

둘째, 노태우, 김영삼, 이명박 정부에서 추진되었던 군구조 개편 계획이 통합군제를 목표로 했던 지휘구조 개편이라는 점에서 유사한 측면을 보인다. 노태우 정부에서는 군 지휘구조 개편의 초기 목표가 통합군제였으나 해·공군의 반대로 인해 합동군제로 변경되었고, 김영삼 정부에서는 통합군제 개편을 검토하였으나 역시 해·공군의 반대로 백지화되었다. 한편 이명박 정부에서는 노태우 정부와 유사하게 통합군제 개편을 추진하다가 해·공군의 반대에 직면하게 되자, 변형된 형태의 통합군제를 유지하기 원했으나 결국은 무산되고 말았다. 이 같은 사실은 통합군제 개편이 해·공군 측에서 수용 불가능한 대안임을 잘 보여준다고 할 수 있다.

셋째, 김대중 정부와 노무현 정부에서 추진하였던 군구조 개편 계획이 각각 부대구조 개편과 병력구조 개편을 목표로 하고 있었지만, 노무현 정부의 병력구조 개편에는 김대중 정부에서 검토하였던 부대구조 개편계획이 모두 포함되어 있다는 점에서 양자가 유사하다고 할 수 있다. 그리고 김대중 정부의 육군 부대구조 개편계획을 백지화시키는 과정에서 주도적 행위자로 역할했던 조성태 국방부장관은, 노무현 정부의 병력구조 개편 계획의 핵심 내용을 수정하는 과정에서 주도적 역할을 담당했던 열린우리당의 조성태 의원과 동일 인물이라는 점에서 매우 흥미롭다. 조성태 의원은 열린우리당 17대 의원으로 육군사관학교를 졸업하였고, 국방부 정책기획국장, 1군단장, 국방부 정책실장, 2군 사령관, 국방부장관을 지냈다. 조성태 의원의 군 경력을 고려할 때, 육군 부대구조 개편이나 대규모 육군병력 감축 문제에 있어 그가 보여준 대응 방식을 육군의 이해관계와 결부하여 분석하는 것도 무리한 추론은 아닌 것으로 보인다.

〈표 38〉에 나타난 바와 같이 역대 정부에서 추진했던 군구조 개편 계획이 일정 부분 의미 있는 성과를 낼 수 있었던 사례로는 노태우 정부와 노무현 정부를 거론할 수 있을 것이다. 노태우 정부에서는 국군조직법을 개정하여 합동참모의장에게 군령권을 부여하였으며, 노무현 정부에서는 국방개혁법을 제정하여 대규모 육군병력 감축과 3군 균형발전에 대한 좌표를 정립했다는 점에서, 여타 정부에서 추진했던 군구조 개편 계획과 비교할 때 진일보한 사례라고 할 수 있을 것이다. 반면 김영삼, 김대중, 이명박 정부에서는 군구조 개편 계획이 무위에 그치고 말았다는 점을 고려할 때, 상기 사례들을 비교해 보면 군구조 개편의 성과를 좌우하는 요인을 규명할 수 있을 것이다.

우선 노태우 정부와 노무현 정부의 경우, 미국의 군사전략 변화라는 외적 요인과 군구조 개편에 대한 대통령의 강력한 의지라는 내적 요인이 의미 있는 성과를 만들어냈다고 할 수 있다. 반면에 하나회 청산에 이은 군대의 제도적 개혁이나 IMF 경제위기에 따른 경제적 군 운용과 같은 단순한 내적 요인들만으로는 군구조 개편을 추동할 수 없었다는 것이 김영삼 정부와 김대중 정부의 경험이었다. 또한 통합군제 개편 문제는 3군 불균형을 심화시키고 합동성을 약화시킬 것이라는 우려로 인해 해군과 공군 측에서 수용하기 어려운 대안임이 노태우, 김영삼, 이명박 정부 시기에 진행되었던 군구조 개편 추진과정에서 드러났다. 끝으로 노태우 정부에서 추진했던 상부지휘구조 개편을 완료하기 위해서는 국군조직법을 개정해야 했고, 노무현 정부에서도 병력구조 개편과 군 균형발전의 일관성을 담보하기 위해서 국방개혁법을 제정했다는 점에서, 군구조 개편의 최종 단계는 의회심의과정이라고 할 수 있다. 따라서 관련 내용을 심의하는 소관 상임위인 국방위원회의 인적구성과 심의 과정에서 핵심적 역할을 담당하는 지배적 행위자의 출신 및 성향이 심의 결과에 영향을 미치는 메커니즘이 구조화되어 있다는 추론이 가능하며, 이는 노무현 정부의 국방개혁법 제정 과정에서 확연하게 드러났다. 국회 국방위에서는 군사분야에 관한 전문성과 경력 면에서 여타 의원들을 압도하는 육군 고위 장성 출신 의원이 심의 과정을 '지배'[1]하는 수준의 영향력을 행사하고 있으며, 이를 바탕으로 육군의 정책선호가 훼손되지 않도록 관리하고 있다고 할 수 있다.

역대 정부에서 추진되었던 군구조 개편정책의 결정과정 분석을 통해 군구조 개편정책의 결정요인을 추론하면 다음과 같다. 첫째, 외부요인으로는 미국의 군사전략 변화와 대통령의 인식 및 의지를 거론할 수 있으며, 특히 대통령의 정책선호 요인은 군구조 개편정책의 결정과정에 직·간접적인 영향을 미치는 것으로 드러났다. 둘째, 군구조 개편정책이 결정되는 과정에서 일종의 해석의 구조 또는 추론의 구조로 작동하는 지배적 정책패러다임 요인으로 ① 한미연합방위체제 유지, ② 북한의 군사적 위협과 한반도 전장 환경의 특수성을 고려한 육군중심 병력구조 유지를 도출하였다. 이 같은 지배적 정

---

[1] 국방위원회에 포진하고 있는 육군 고위장성 출신 의원들이 군구조 개편 문제를 심의하는 과정에서 육군의 선호가 최종안에 반영되도록 관리하고 있다는 것은 일정 부분 사실이라고 할 수 있다. 필자는 "한국군 구조개편정책의 결정요인 분석"이라는 논문에서 이러한 역할을 담당하는 행위자를 '지배적 행위자'로 개념화했다. 자세한 내용은 다음 논문을 참고할 것. 김동한, "한국군 구조개편정책의 결정요인 분석," 『한국정치학회보』제43집 4호(한국정치학회, 2009).

책패러다임은 정책연합의 정책선호를 변경할 수 있는 정치적 힘이 내재된 요인이었다. 셋째, 육·해·공 3군의 권력격차 요인으로, 이는 국방부 차원에서 이루어지는 군구조 개편정책의 수립단계에서 정책결정에 영향을 미치는 것으로 드러났다. 넷째, 정책연합의 정치성향과 상대적 권력의 분포 요인으로, 이는 법제화 또는 기존 법의 개정을 위한 의회심의과정에서 유형적으로 드러난다고 할 수 있는데, 개편정책의 지지여부에 따라 지지연합과 반대연합이 형성되며 이들 간의 상대적 권력분포는 정책결정에 영향을 미치는 것으로 나타났다. 특히 정책연합을 구성하는 행위자 또는 집단들의 정치성향은 비교적 동질적이었으며 이들의 정책선호 역시 정치성향에 따라 구분되었다. 다섯째, 의회심의과정의 지배적 행위자 요인으로 군구조 개편문제와 같이 전문적인 지식과 경험을 요하는 군사 분야의 경우, 군사전문가가 군사 분야에 대한 전문성을 독점함으로써 의회심의과정 전반을 지배하여 자신의 정책선호가 정책결정에 반영되도록 할 수 있다는 사실이 드러났다. 군구조 개편정책의 결정요인 규명 결과를 토대로 한국군 구조개편정책의 결정구조를 추론하여 도식화한 것이 [그림 13]이다.

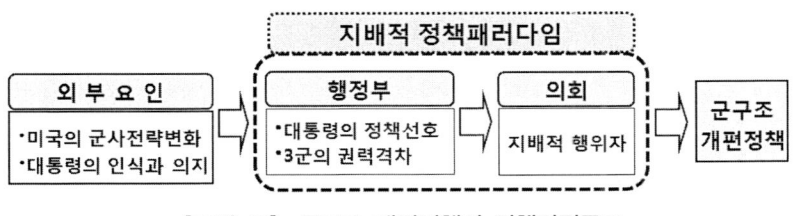

[그림 13] 군구조 개편정책의 정책결정구조

미국의 군사전략 변화와 대통령(보좌진)의 인식 및 정책의지에 의해 기존 군구조 정책의 개편문제가 대두되면, 행정부 차원에서는 대통령의 정책선호와 3군의 권력격차 요인이 국방부의 정책입안과정에 영향력을 행사한다. 의회심의과정에서는 보수성향 정책연합이 과반수 의석을 확보하고 있을 경우, 수적 우위를 바탕으로 그들의 정책선호를 실현하게 된다. 하지만 보수성향 정책연합이 수적 우위를 확보하지 못할 경우에도 이들의 정책선호를 실현할 수 있는 기제로서 '지배적 행위자'가 존재한다. 지배적 행위자는 군구조 문제에 관한 지배적 정책패러다임을 양대 정책연합의 구성원들에게 설명·이해·설득시킴으로써, 지배적 정책패러다임이 훼손되지 않는 범위 내에서 최종적인 군구조 개편정책이 산출되도록 관리한다. 이러한 정책결정구조에서는 행정부 차원에서 입안한 군구조 개편정책이 군구조 문제에 관한 지배적 정책패러다임을 위배하였다고 하더라도, 의회심의과정을 거치면서 현상유지 상태로 복원될 수 있다. 따라서 군구조 정책의 경우, 지배적 정책패러다임을 공유하는 보수성향 정책연합의 정책선호가 최종적인 군구조 개편정책으로 산출되는 구조가 한국사회에 공고화되어 있으며, 그러한 정책결정구조가 장기적 안정성을 유지할 것으로 예측할 수 있다. 이는 결과적으로 특정군 중심의 의사결정구조를 고착시킴으로써 국가안보에 취약요인으로 작용할 수 있을 것이다.

정책적 함의

역대 정부에서 추진되었던 국방개혁은 크게 지휘구조, 병력구조, 그리고 부대구조로 범주화할 수 있다. 지휘구조의 경우 원래는 통합군제로의 개편을 추진하였지만 해·공군과 야당 및 언론의 반대에 부딪쳐 매번 무산되었다. 반면에 병력구조와 부대구조의 경우에는 육군의 반대에 직면하여 원안이 일정부분 변경되거나 무산되었다. 혹자는 이러한 결과만을 두고 자군 이기주의의 폐해를 논하기도 하지만, 개혁안에 대한 반대 견해들을 단순하게 자군 이기주의로만 치부할 수는 없다. 역대 정부에서 추진하였던 국방개혁안을 통해 정책적 함의를 발견하고 이를 추후에 반영함으로써 국가안보의 증진이라는 국방정책의 합목적성을 실현할 수 있을 것이다. 따라서 과거 국방개혁 사례 분석을 통해 드러난 문제점들을 반추하고 이를 보완할 방향을 조명하는 작업은 매우 의미 있는 시도이며 이를 정리하면 다음과 같다.

1. 통합군제 추진의 맹점:
문민통제 약화, 육군 중심 군구조 심화, 위헌 논란

노태우 정부에서 추진되었던 군 지휘구조 개편안에 대해 당시 언론은 "기존의 3군 병립체제를 재편하여 통합군사령부(국방참모본부)를 창설하고, 신설된 통합군사령관(국방참모총장)에게 3군의 군령권을 부여한다는 것, 즉 각군 참모총장은 그대로 유지돼 행정과 군수지원 업무인 군정권은 행사하나 군 작전지휘권한인 군령권은 국방참모총장에게 귀속시켜 강력한 통합지휘체제를 구축하는 것이 군구조 개편의 핵심"이라고 보도하였다.[2] 기존에 각군 참모총장이 행사하던 군령권과 군정권 중에서 군령권만을 분리하여 국방참모총장에게 부여한다는 개편안에 대해 당시 야당이 집중적으로 제기한 문제는, 국방참모총장이 3군에 대한 군령권을 장악하게 되면 이를 견제할 수 있는 제도적 장치가 사라지게 됨으로써 군(軍)이 다시 정치에 개입할 개연성이 높아지게 되고 군에 대한 문민통제의 원칙 또한 지켜지기 어렵다는 것이었다.[3] 해군과 공군 측에서도 "통합군제 개편은 국방부장관에게 부여된 군령권과 군정권 중에서 실질적인 군령권 행사를 국방참모총장이 장악할 것이므로 문민통제 원칙에 위배되며, 국방참모총장직의 3군 윤번제가 법제화되지 않으면 육군이 이를 독점할 것이고 해군과 공군은 육군의 일개 병과나 기능사령부로 전락할 것이기 때문에 통합군제 개편에 반대한다"고 주장하였다.[4]

---

[2] 『조선일보』1989년 10월 15일.
[3] 국회사무처, "147회 국회 정기회 국회본회의 회의록 6호(1989. 10. 13)", p. 48. ; 국회사무처, "148회 국회 임시회 국방위원회 회의록 4호(1990. 3. 3)", pp. 15-20.
[4] 『동아일보』1989년 10월 2일.

이명박 정부에서 추진하였던 지휘구조 개편의 원안은, 합동군 사령관에게 군령권과 군정권을 부여하여 각군 사령관을 직접 지휘하게 하는 구조였으며, 이는 오히려 노태우 정부의 지휘구조 개편보다 통합군제에 더 가까웠다고 할 수 있다. 이 같은 개편안에 대한 해군과 공군의 분위기는 당시 언론 보도에 잘 드러나 있다. 당시 해·공군의 분위기를 보도한 언론매체에는, "현재도 주요 의사결정은 육군이 다 한다. 새 합동군사령관과 주요 보직도 육군 차지가 될 게 뻔하다. 합동군사령관 아래 3군 사령관이 지휘를 받는다면 균형은 고사하고 각군의 특성마저 약화된다. 합동군 사령관에게 3군 지휘권을 집중시키면 너무 막강해져 쉽게 말해 마음만 먹으면 쿠데타를 일으킬 수도 있다. 내부 견제가 없지 않은가? (합동군 사령부 개편은) 괴물군을 탄생시키는 것"[5]이라는 격앙된 반응의 글이 실려 있다.

민주화된 국가에서 군에 대한 문민통제는 가장 기본적인 전제조건이라고 할 수 있다. 문민통제의 상징적 기관인 국방부 내부에서도 주요 의사결정 직위을 육군이 독점하고 있는 현실을 고려할 때, 군령권과 군정권을 장악한 1인의 합동군사령관을 문민 국방장관이 효과적으로 통제할 수 있을지는 미지수이다. 2011년 1월 6일을 기준으로 국방부 국장급 17명의 분포를 보면 육군 현역장성 5명, 육군 예비역장성 4명, 해군 현역장성 1명, 순수 민간 출신 7명으로 육군 출신이 과반수를 넘는 9명에 이르고 있다.[6] 2013년 10월 21일 기준 국방부 실장급 6명의 출신을 보면, 행시 출신 기조실장 1명을 제외한 나머지 5명 모두가 육군의 전·현직 장성이었다. 정보본부장은 현역 육군 중장이었고 나머지 4명은 모두 예비역 육군장성인데, 이들 모두는 육군사관학교 선·후배 관계였다.[7] 게다가 국방장관에 예비역 육군장성 출신을 임명하는 것이 일반화된 현실에서 합동군사령관까지 육군이 독점하게 되면 문민통제 약

---

5) 『중앙SUNDAY』2011년 1월 9일.
6) 『내일신문』2011년 1월 6일.
7) 『서울신문』2013년 10월 21일. 한국언론진흥재단 사이트에서 검색하였음. http://www.kinds.or.kr/(검색일: 2014년 4월 30일)

화뿐만 아니라, '국민의 군대'인지 아니면 '육군의 군대'인지 구분하기 어려운 정체성의 위기마저 초래할 수 있으며, 이로 인해 육군 중심의 군구조는 극도로 심화될 수밖에 없을 것이다.

한편 지휘구조 개편에 위헌적 요소가 있다는 주장은 노태우 정부와 이명박 정부에서 모두 제기되었다. 노태우 정부에서 추진하였던 국방참모총장과 이명박 정부의 합동군사령관 직위 신설이 헌법에 위배된다는 것이다. 헌법 89조 16항에 따르면 "합동참모의장과 각군 참모총장의 임명은 국무회의의 심의를 거쳐야한다"고 규정되어 있는데, 국방참모총장과 합동군사령관을 신설하게 되면 위 조항에 명시되어 있는 명칭과 달라 위헌이라는 것이다. 지휘구조 개편에 대한 위헌논란은 노태우 정부에서도 제기되었었다. 국방참모총장직을 신설하는 것이 위 헌법 조항에 위배된다는 것이었다. 위헌 여부에 대한 논쟁은 노태우 정부 시기에 매우 구체적으로 전개되었는데 이를 정리하면 다음과 같다.

국군조직법 개정안에 위헌 요소가 있다고 주장한 학자들은 허영(연세대), 이승우(경원대) 교수 등이었다. 이들에 따르면, 헌법 제 89조 '국무회의 심의 사항'에 대한 규정에 '합동참모의장'이 명시돼 있기 때문에, 헌법에 규정된 군 조직의 핵심 수뇌부를 하위법인 국군조직법으로 개폐하는 것이 위헌이라는 것이다.[8]

반면에 국군조직법 개정안의 합헌론을 주장한 학자들은, 강경근(숭실대) 교수, 임덕규(육군사관학교) 교수, 박윤흔(경희대) 교수, 국방부 등이었으며, 합헌의 근거는 다음과 같았다. 첫째, 헌법 제 89조 16항에서 규정하고 있는 검찰총장, 합동참모의장, 각군참모총장, 국립대학교총장 및 대사는 동일한 조항에서 규정하고 있는 법률이 정한 공무원 중 중요 직책을 예시적으로 열거한 것에 지나지 않는다는 것이다. 둘째, 위 헌법규정의 기본취지는 고위 공직자의 임명은 국무회의의 심의를 거치도록 함으로써 중요직 임명에 대한

---

8) 『동아일보』 1990년 2월 24일.

내각의 통제와 임명행위의 신중성 및 공정성을 확보하는데 있으므로, 법률에서 직책의 명칭을 달리하더라도 국무회의의 심의를 거치도록 하면 합헌으로 해석할 수 있다는 것이다. 셋째, 국방참모총장은 그 존립근거나 편성 및 권한 내용 등을 헌법이 규정하여야 하는 헌법기관이 아니고, '국군의 조직과 편성은 법률로 정한다'는 헌법 제 74조 2항의 규정에 따라 국군조직법에 의하여 창설된 기관이므로 그 구성이나 임무, 명칭 등은 법률로 정할 수 있는 입법사항이라고 보아야 한다는 것이다. 넷째, 헌법상으로 표현된 자구나 명칭 하나라도 소홀히 해서는 안된다는 취지라면 이는 존중되어야 하지만, 헌법 정신과 취지에 전혀 위배되지 않는 자구나 명칭을 고치기 위하여 매번 헌법 개정 절차를 거쳐야 한다면 사실상의 개정 곤란으로 인하여 '국군은 국가의 안전보장과 국토방위의 신성한 임무를 수행함을 사명으로 한다'(헌법 제 5조 2항)는 취지와 '대통령은 국가의 독립, 영토의 보존, 국가의 계속성과 헌법을 수호할 책무를 진다'(헌법 제 66조)는 정신에 배치될 우려가 있으므로, 헌법 제 89조 16항의 합동참모의장의 명칭을 존치시키되, 국군조직법 개정 시에 헌법 및 다른 법률에서 규정하고 있는 합동참모의장은 국방참모총장으로 본다는 규정을 둔다면, 위와 같은 모순과 규범충돌을 방지할 수 있다는 것이다. 다섯째, 1973년 10월 10일 국군조직법 개정 시 헌법을 개정하지 않고 그 임명에 있어 국무회의의 심의를 거치도록 되어 있던 해병대사령관 제도를 폐지하였다가 1980년 10월 27일 헌법 개정 시에 사후 정리한 사례도 있다는 사실을 들어 합헌론을 주장하였다.[9]

노태우 정부에서는 국방위 법안 심사 소위원회 심의 결과 합참의장이라는 헌법상의 명칭을 하위 법령인 국군조직법에서 개정하는 것이 위헌 논란을 야기해 온 점을 감안하여, 개정안의 국방참모총장과 국방참모본부라는 명칭을 합참의장과 합동참모본부로 수정하기로 하였다.[10] 이명박 정부에서는

---

9) 전정호, "한국 국방조직 법령 고찰: 818 군구조 개편 법령을 중심으로," 『군사법연구 10호』(육군본부, 1992), p. 119-120.
10) 국회사무처, "148회 국회 임시회 국방위원회 회의록 5호(1990. 3. 12)", p. 1.

무산되긴 했지만, 합동군사령관직을 신설하지 않고 군령권을 가진 기존의 합참의장에게 군정권까지 부여하는 것으로 위헌논란을 피해가려고 하였다. 군 상부지휘구조 개편에 따른 위헌논란으로 인해 편법적인 명칭 변경과 기능의 변화만을 부가한다면, 굳이 위헌논란을 감수하며 군구조의 대폭적인 변동을 시도하는 것보다는 기존의 합동참모본부가 제 기능을 발휘하도록 3군 균형보임을 통해 합동성을 구현하는 것이 최적의 선택일 수 있다.

2. 병력구조 개편 과정을 지배한 육군의 헤게모니

노무현 정부에서 추진하였던 '국방개혁 2020'의 핵심은 군 구조 개편에 있었으며, 그 중에서도 병력구조 개편, 특히 육군병력의 대규모 감축이 그 중핵을 이룬다고 할 수 있었다. 노무현 정부의 국방개혁이 법제화되는 과정을 살펴보면, 군 구조 개편의 하위범주인 병력감축문제를 놓고 형성된 대척점(對蹠點)이 발견된다. 이러한 논쟁 구도가 국회 국방위원회에만 한정되어 형성된 것이 아니라, 구체성과 전문성에서 차이는 있겠지만, 언론과 비정부기구에도 그대로 투영(投影)되어 있었다. 이 같은 사실은 병력감축 문제를 놓고 정당, 언론, 비정부기구 내부에 균열(cleavage) 라인이 형성되었음을 의미한다. 병력감축을 중심 균열축(龜裂軸)으로 하여 '행정부(대통령·국방부)-열린우리당-진보성향 언론·NGO'(현상타파연합) 대(對) '한나라당-보수성향 언론·NGO'(현상유지연합)라는 구도로, 양대 '권력중추연합'(the coalition of power centers)이 형성되었다고 볼 수 있다. 소위 병력감축을 놓고 '현상타파연합'(육군병력의 대규모 감축 찬성) 대 '현상유지연합'(반대)의 대결 구도가 구축된 것이다. 이 구도에서 특이점은 당시 여당이었던 열린우리당의 조성태 의원이 현상타파연합에 가담하지 않고 현상유지연합에 들어가 주도적인 역할을 했다는 점이다.

국방개혁 기본법안을 국방위에서 심의하는 과정에서 조성태 위원의 영향력은 지대했다고 볼 수 있다. 조성태 위원은 국방부 정책실장 및 국방장관 경력을 바탕으로 논의를 주도하였다. 심의 과정에서 조성태 위원은 당시의 변화된 안보환경, 이로 인한 원안의 수정방향 등을 설명함으로써 여타 위원들을 이해시키고 설득하였다. 그 결과, 조성태 위원은 '전제조건이 실현되지 않을 경우 병력감축을 실행하기가 매우 어려운 구조'로 국방개혁기본법의 내용을 수정하는 과정에서, 핵심적이고 주도적인 역할을 담당하였다.[11]

병력구조 개편과 관련한 국방부의 원안이, 국방위 심의를 거치면서 핵심적인 부분에 있어 변화를 가져오게 되었다. 특히 상비병력 규모의 경우, 원안에서는 "2020년까지 연차적으로 50만 명 수준으로 '조정'한다"고 하는 단정적이고 구속력 있는 문구로 규정되어 있었다. 하지만, 수정안에서는 "2020년까지 50만 명 수준을 '목표'로 한다"는 유동적인 규정과 함께, 신설된 ②항에서 "병력 감축의 목표 수준을 정할 때 북한의 군사위협·군사적 신뢰구축·평화상태 진전 상황을 감안하여 3년 단위로 기본계획에 반영"하게 함으로써, 안보환경에 대한 해석에 따라 정책 방향이 결정되는 구조로 변화하게 되었다. 신설된 ②항은 병력감축에 대한 전제조건으로서, 현재의 남북관계 하에서는 병력감축이 불가함을 규정한 것이라 할 수 있겠다. 이 같은 변화는 열린우리당의 조성태 의원과 한나라당의 황진하 의원이 병력감축에 관한 논쟁을 주도하면서 이끌어낸 결과였다.

국방개혁기본법안의 국회심의과정에서 병력감축 관련 조항을 둘러싸고 벌어진 논쟁에서 포착되어야 할 중요한 점은 세 가지 정도로 압축할 수 있다. 첫째, 병력감축 반대 의견을 주도적으로 제시하고 이를 견지하는 측이 초당적 연합을 형성하고 있었다는 점이다. 열린우리당의 조성태 의원과 한나라

---

[11] 국방개혁기본법의 국방위 의결은 병력감축 문제를 놓고 큰 이견 없이 원만하게 처리될 수 있었다. 이는 이미 여야 합의를 통해 국방개혁기본법을 통과시키기로 결정하였으며 또한 부분적인 문제 제기에 대한 조성태 위원의 배경설명 때문이라고 할 수 있다. 국회사무처, "262회 국회 정기회 국방위원회 회의록: 법률안 등 심사소위원회 3호(2006. 11. 22)" (국회사무처, 2006h); 국회사무처, "262회 국회 정기회 국방위원회 회의록: 법률안 등 심사소위원회 5호(2006. 11. 29)" (국회사무처, 2006i); 국회사무처, "262회 국회 정기회 국방위원회 회의록 11호(2006. 11. 30)" (국회사무처, 2006j).

당의 황진하 의원이 병력감축에 공히 반대하였고, 이들은 모두 육군 출신으로 안보문제에 대한 전문성에서 여타 의원들을 압도했다는 점이다. 둘째, 병력감축에 반대하는 논리가 동일했다는 점이다. 북한의 군사적 위협이 해소되지 않았고 한미동맹이 불안정하게 변화하고 있으며, 한반도 전장 환경의 특성 상 육군의 역할이 긴요하기 때문에, 육군 중심의 병력감축은 불가하다는 것이다.

사실 병력감축 문제와 같은 안보문제에는 절대선(絶對善)이 존재하지 않는다. 왜냐하면 안보문제의 경우 안보환경에 대한 해석, 위협에 대한 인식, 구상하는 대응 전략 등에서 안보관(安保觀)에 따라 차이를 보이기 때문이며, 더욱이 여러 대안들을 객관적으로 검증하여 최선의 대안을 합리적으로 선택하는 것은 거의 불가능에 가깝기 때문이다. 상충하는 대안들이 합의점을 찾지 못하게 될 때, 힘의 논리가 작용되기 쉽다. 상대적 권력의 분포 정도에 따라, 우위에 있는 권력중추연합의 목표가 관철되기 쉽다는 것이다.

병력감축 논쟁 과정을 보면, 현상유지연합의 상대적 권력이 우세했던 것으로 보인다. 그 결과 국방부에서 제안한 '국방개혁 기본법안' 내용 중 병력감축에 관련된 핵심 조항[12]이, 현상유지연합의 목표에 부합한 방향으로 수정되었다고 할 수 있다. 특히 국회 국방위 소위에서 진행된 심의 과정에서는, 안보문제에 대해 독점적 지위를 확보한 열린우리당의 조성태 의원과 한나라당의 황진하 의원의 견해가 과다 대표된 것으로 볼 수 있다. 이들은 모두 육군 고위 장성 출신으로 안보문제에 관한한 여타 위원들을 압도하였다고 할 수 있다. 그 결과 수정된 '국방개혁에 관한 법률' 제26조[13] 규정에 의해, 병력

---

12) 상비병력 규모의 경우, '국방개혁 기본법안' 제30조 ①항에서는 "국군의 상비병력 규모는 군 구조의 개편에 연계하여 2020년까지 연차적으로 50만 명 수준으로 '조정'한다"고 하는 단정적이고 구속력 있는 문구로 규정되어 있었다.
13) '국방개혁에 관한 법률' 제26조는 다음과 같이 병력감축의 전제조건을 규정하고 있다. ①국군의 상비병력 규모는 군구조의 개편에 연계하여 2020년까지 50만 명 수준을 목표로 한다. ②제 1항의 목표 수준을 정할 때에는 북한의 대량살상무기와 재래식 전력의 위협 평가·남북 간 군사적 신뢰 구축 및 평화 상태의 진전 상황 등을 감안하여야 하며, 이를 매 3년 단위로 국방개혁 기본계획에 반영한다.

감축 계획은 3년 주기로 안보환경을 재검토하여 국방개혁 기본계획에 반영하도록 하였다.

수정조항 '제 26조 ②항'의 힘은 막강하다. 노무현 정부에서 국방개혁을 법제화하려고 했던 이유는, 국방개혁(특히 병력감축)이 일관되게 지속적으로 추진될 수 있도록 법적 구속성을 확보하기 위함이었다. 하지만 수정조항에 따르면, 병력감축이 시행되기 위해서는 안보환경 평가라는 전제조건을 충족시켜야만 한다. 안보환경 해석에 따라 병력감축 여부가 결정되는 구조로 변화된 것이다. 이는 노무현 정부의 국방개혁 법제화 목표를 역전(逆轉)시키는 조항으로서, 국방개혁의 일관성과 법적 구속성을 파기시켰다고 볼 수 있다. 국방개혁의 당위성을 옹호하는 '현상타파연합'이 국방개혁, 특히 병력감축의 부적절성을 주장하는 '현상유지연합'에 압도된 것으로 볼 수 있다.

노무현 정부의 국방개혁정책 중에서, 군 구조 개편, 특히 병력감축 문제는 여러 행위자들의 역학 관계와 안보환경이라는 변수들의 복합적 작용의 결과물로 설명될 수 있다. 병력감축을 규정한 핵심조항(국방개혁기본법 제 30조 ①항)이 수정조항(국방개혁에 관한 법률 제 26조 ①·②항)으로 변경된 것처럼, 이 문제를 놓고 형성된 '현상유지연합'의 상대적 권력의 우위 관계는, 앞으로도 상당 기간 한국의 안보문제를 지배할 것으로 보인다. 또한 국방부 차원에서뿐만 아니라 국회 국방위원회의 주요 의사결정 과정을 주도하고 있는 육군 출신 국회의원 주도의 의회심의 과정 역시 지속될 것으로 보인다.

국회 국방위원회의 경우 군사문제에 정통한 군 출신 의원들이 논의 과정을 주도하기 쉽다. 그런데 문제는 육군 출신 국방위 위원들이 증가하고 있으며 이들이 심의과정을 지배하는 수준에 있다는 것이다. 육군 출신 국방위 위원을 보면 17대 국회의 경우 2명, 18대 5명, 19대 5명에 달한다.[14] 반면에 타군의 경우 19대 국방위에서 해군 출신 1명[15]만이 활동하고 있을 뿐 전무하

---

14) 17대~19대 국방위 위원 중 육군 출신 국회의원은 다음과 같다. 17대 2명(조성태, 황진하) ; 18대 5명(김장수, 서종표, 이진삼, 김성회, 김옥이) ; 19대 5명(김종태, 송영근, 백군기, 한기호, 손인춘).

다는 점에서, 육·해·공 3군을 아우르는 균형 잡힌 국방정책심의가 어렵다고 할 수 있다. 노무현 정부에서 추진했던 국방개혁, 그 중에서도 육군병력 감축 문제에 대한 국방위 심의과정에서 드러난 육군 출신 국회의원 조성태, 황진하 의원의 주도적인 역할을 상기해 볼 때, 육군 편향적인 의사결정 구조가 국방정책의 합목적성을 훼손하고 있지는 않은지 반추해 보아야 할 것이다.

의회 수준에서 개선되어야 할 점은 국회 국방위 소속 의원의 전문성 제고와, 특정군 출신 의원들의 견해가 과다 대표되는 편향성 문제의 해소이다. 일반적으로 국회에 진출한 예비역 고위 장성 출신 국회의원은 상임위를 선택할 때 자신의 전문성을 발휘하기 쉬운 국방위를 선호하는 경향이 있다. 이들 군 출신 의원들은 군 고위직 경력에서 기인한 전문성을 바탕으로 의회심의과정을 주도한다. 민간 출신 의원과 군 출신 의원 사이에 존재하는 군사경력과 정보의 비대칭성은 심의과정에서 영향력의 격차로 나타나기 마련이다. 문제는 군 출신 의원들이 특정 군의 입장을 편향되게 대변할 경우에 발생한다. 최근의 국방위 소속 군 출신 의원들의 분포를 보면 육군 출신 의원들이 압도적임을 발견하게 된다. 만약 육군 출신 국방위 위원들이 자군 중심주의에 경도되어 있다면, 중요 사안을 심의할 때 국가 차원에서 최적의 결정을 내리기보다 특정 군에 편향된 의사결정을 내릴 개연성이 존재하며 이는 국가적으로 큰 손실이라 할 수 있다. 따라서 육군 출신 국회의원들의 육군 중심 안보 패러다임이 압도하고 있는 국회 국방위원회를 정상화하는 것도 시급한 과제 중의 하나일 것이다. 이 같은 상황을 방지하려면 국방위 소속 민간 출신 의원들의 전문성이 제고되어야 하며 동시에 각 정당이 비례대표 후보로 군 출신 인사를 영입할 때 3군 출신 인사를 적절히 안배해야 할 것이다.

---

15) 19대 국방위 위원 중 김성찬 의원만이 해군 출신이다.

3. 가칭 '국방개혁 추진위원회'의 인적 구성에 관한 제언

군 지휘구조나 병력구조 개편 문제에는 3군의 이해관계가 밀접하게 연관될 수밖에 없다. 따라서 각 군의 입장이 첨예하게 대립되는 사안의 경우, 힘의 논리에 따라 정책결정이 이루어지거나 아니면 최적 이하의 절충안이 도출될 수도 있다. 노태우 정부의 818계획이나 노무현 정부의 국방개혁2020, 그리고 이명박 정부의 307계획 모두 이 같은 사실을 극명하게 보여준다. 따라서 이러한 문제를 완화하기 위한 행정부 차원의 대안을 제시하면 다음과 같다.

첫째, 행정부 차원에서 가칭 '국방개혁 추진위원회'를 구성할 때, 순수 민간 군사전문가의 비율이 전체 위원의 과반수를 상회하도록 편성해야 한다. 나머지 과반 미만의 위원은 군 출신 전문가 또는 현역 장교로 구성하되 3군의 균형을 맞추도록 해야 한다. 노태우 정부의 국방참모총장과 국방참모본부, 이명박 정부의 합동군사령관과 합동군사령부 등의 통합군제 지휘구조가 실제로 시행되었다고 가정한다면, 군 상부지휘구조의 대규모 지각변동을 촉발했을 것이다. 조직의 변화는 3군의 이해관계와 결부될 수밖에 없는데, 이를테면 '국방참모총장(합동군사령관)이라는 3군의 최고위직을 어느 군이 담당할 것이냐?'라는 문제뿐만 아니라 '국방참모본부(합동군사령부)의 주요 직위의 배분을 어떻게 할 것이냐?'와 같은 매우 민감한 사안들이 부상하게 될 것이다. 만약 국방개혁 추진위원회의 인적 구성이 '육군' 대 '해·공군' 동수 비율로 되어 있다면, 3군의 이해관계와 밀접하게 연관된 이 같은 문제들의 결론이 국가 수준에서 최적화되지 못하고 각군의 이해관계를 절충한 수준에서 마무리될 것이다. 민간 군사전문가의 비율을 과반수 이상으로 편성함으로써 이 같은 한계를 극복할 수 있을 것이다. 우선, '육군'과 '해·공군'의 선호가 상충되어 절충점을 찾지 못하고 교착 국면에 봉착해 있을 때, 의결권을 확보한 과반 이상의 민간 군사전문가들이 이를 타개할 수 있을 것이다. 또한 3군 출신 위원들이 각군의 이해관계를 보장할 수 있는 적정 수준에서

타협하고자 할 때, 민간 군사전문가들이 자군 중심주의를 넘어선 국가 수준의 최적안을 도출해낼 수 있을 것이다.

둘째, 군 출신 전문가와 현역 장교를 가칭 '국방개혁 추진위원회'에 편성할 때 전투병과와 비전투병과 간의 균형을 맞추어야 한다. 2010년 5월에 결성된 국가안보총괄점검회의를 예로 들자면, 총 15명의 의원 중 민간 출신 5명, 군 출신 10명으로 군 출신이 과반 이상으로 편성되었다.[16] 이 같은 인적 구성은 상술한 한계점, 즉 자군 중심주의에 기반한 상호 타협의 결과로 국가 수준의 최적안을 도출하기 어렵다는 문제를 배태하고 있었다. 한편 군 출신 10명도 육군은 보병, 해군은 항해, 공군은 조종 병과 일색으로 구성되어 있어서 군 전체를 조망하지 못하고 특정 병과의 입장이 과다 대표되는 결과를 초래할 위험이 내재되어 있었다. 물론 국가안보총괄점검회의의 경우, 상기한 문제점을 해결하기에는 너무 적은 수의 인원 구성이었다. 하지만 향후 국방개혁 문제를 논의하기 위한 위원회를 구성할 때에는, 특정 병과 중심이 아닌 다양한 병과를 함께 편성해야 병과 이기주의에서 탈피하고 군 전체의 시각에서 최적의 개혁안을 도출해낼 수 있을 것이다.

4. 국방개혁의 핵심은 상부 지휘구조 정상화

노태우 정부에서 추진했던 상부 지휘구조 개편에 따라 국군조직법[17]이 개정되었고, 이후 대통령령인 '합동참모본부직제' 역시 개정되었으며 13조 2항에는 공통직위에 대한 육:해:공 비율을 2:1:1로 한다고 규정되어있다.[18]

---

[16] 국가안보총괄점검회의 위원 명단은 다음과 같다. 민간위원은 5명으로 의장에 이상우 전 한림대 총장, 김동성 중앙대 교수, 김성한 고려대 교수, 현홍주 전 주미대사, 홍두승 서울대 교수 등이었다. 군 출신 위원은 10명으로 박세환 향군회장, 안광찬 전 국가비상기획위원장, 이희원 안보특보, 이성출 전 한미연합사 부사령관, 김종태 전 기무사령관, 박정성 전 해군 2함대 사령관, 윤연 전 해군작전사령관, 배창식 전 공군작전사령관, 박상묵 전 공군교육사령관, 김인식 전 해병대 사령관 등이었다. 군종(軍種)별로는 육군 5명, 해군 2명, 공군 2명, 해병대 1명이었다. 『동아일보』, 2010년 5월 10일.

[17] 국군조직법(법률 제 4249호: 1990. 8. 1)

이후 현재까지 이 조항은 변함없이 유지되고 있다.[19] 하지만 필수직위의 경우, 818계획의 후속 조치로 개정된 '합동참모본부직제'에는 '임무 및 기능을 고려하여 각 군별 필수직위를 설정한다'고 규정되어 있으나, 노무현 정부에서 시행된 국방개혁2020의 후속조치로 개정된 내용에는 "각 군의 '균형발전'과 임무 및 기능을 고려하여 각 군별 필수직위를 설정한다"[20]고 규정되어 있다. 이는 합동참모본부의 주요 직위를 육군이 독식하는 과거의 관행을 개선하고자 의도한 바로 볼 수 있다. 818계획을 검토하던 시기에 합참의 '육:해:공군 비율'이 '8:1:1'[21]이라는 기형적인 구조였음을 고려할 때 타당한 조항이라고 할 수 있다.

대통령령인 합동참모본부직제에서 3군의 구성비를 규정하고 있음에도 불구하고, 현재 합참의 3군 구성비는 818계획을 검토하던 1990년의 수준을 넘어서지 못하고 있다. 최근의 신문보도에 따르면 합참의 육:해:공군 장교 비율은 '2.4:1:1' 수준을 유지하고 있다고 한다. 합참의 전체 장교 비율만을 보면 3군의 구성비가 균형을 이루고 있다고 할 수 있다. 하지만 중요한 의사결정을 내리는 부장급 이상 직위의 경우 이러한 구성비는 무색해진다. 합동참모본부의 의장, 차장, 본부장, 부장 등 총 18명의 주요 직위의 육:해:공군 비율은 '7:1:1'(2010년 5월 31일 기준)로서 1990년의 상황과 크게 다를 바 없었다.[22] 합동참모의장의 경우에도 총 38명 중 36명이 육군 출신이었으며, 25대 이양호 합참의장과 38대 최윤희 합참의장만이 각각 공군과 해군 출신이었다.[23] 합동참모본부의 주요 직위들을 육군이 독점하고 있는 현실은 3군

---

[18] 합동참모본부 직제 13조 2항(대통령령 제13109호: 1990. 10. 1)
[19] 합동참모본부 직제 14조 2항(대통령령 제24255호: 2013. 1. 1)
[20] 합동참모본부 직제 16조 2항(대통령령 제21379호: 2009. 4. 1)
[21] '8:1:1'이라는 3군 구성비는 1990년 3월 8일 148회 국회 임시회 국방위원회 회의에서 이상훈 국방장관이 답변한 내용에 포함되어 있다. 자세한 내용은 다음 문헌을 참고. 국회사무처, "148회 국회 임시회 국방위원회 회의록 4호(1990. 3. 8)", p. 35.
[22] 『중앙일보』2010년 6월 21일.
[23] http://www.jcs.mil.kr/user/indexSub.action?codyMenuSeq=70956&siteId=jcs&menuUIType=top(검색일: 2014년 3월 30일). 해군 출신 합참의장은 제38대 최윤희 대장이며, 공군 출신은 제25대 이양호 대장이다.

의 균형발전 뿐만 아니라 합동성 실현에도 장애 요인으로 작용하게 된다. 이같은 합참의 구조가 2010년 3월의 천안함 폭침과 11월의 연평도 포격 도발 시 한국군이 효과적으로 대처하지 못한 근본 원인을 제공했다고 볼 수도 있다.

육군에 편중된 인적 구성은 합동참모본부뿐만 아니라 국방부의 경우에도 심각한 수준이다. 역대 국방부장관의 출신 군종(軍種)을 보면, 3공화국 이전에는 문민출신 국방부장관이 많이 임명되었으나, 3공화국부터는 국방장관 모두가 군 출신으로 임명되었다. 12대 장도영 장관부터 43대 김관진 장관까지 총 32명의 군 출신 장관 중 28명이 육군 출신이었고 단지 4명만이 해군과 공군(해군 2, 공군 2) 출신이었다. 국방부 국장급 17명도 육군 출신이 9명, 해군 1명, 순수 민간 출신 7명(2011년 1월 6일 기준)으로 육군 출신이 과반수를 넘는 9명이었다.[24] 국방부 실장급 6명 역시 육군 예비역장성 4명, 육군 현역 장성 1명, 순수 민간 출신 1명(2013년 10월 21일 기준)으로 육군 출신이 독점하고 있었다.[25] 이처럼 합참과 국방부의 핵심직위를 육군이 독점하고 있기 때문에 3군의 견해를 반영한 종합적인 의사결정이 어렵고 육군 편향적인 정책결정이 이루어지기 쉬운 구조가 합참과 국방부에 형성되어 있다고 할 수 있다.

따라서 주요 의사결정 직위의 육군 독점 탈피와 3군 불균형 해소는 반드시 실현되어야 한다. 이 같은 육군 중심의 의사결정 구조를 개선하지 않고 단순히 군제 개편만을 주장한다면, 3군 균형발전과 합동성 강화는 요원할 수밖에 없다. 합참이나 국방부의 주요 의사결정 직위가 육군에 편중될 수밖에 없는 이유로 해·공군의 고급 장성 인원이 부족해서 인력 운용이 여의치 않다는 사실이 거론되기도 한다. 이는 역설적으로 해군과 공군의 계급 구조가 육군에 비해 과소 책정되어 있다는 사실을 방증한다. 4성장군의 경우 2010년 10월 기준으로 육군이 6명임에 비해 해군과 공군은 각 1명에 불과하다[26]는 사

---

24) 『내일신문』 2011년 1월 6일.
25) 『서울신문』 2013년 10월 21일. 한국언론진흥재단 사이트에서 검색. http://www.kinds.or.kr/(검색일: 2014년 4월 30일)

실은, 3성장군 이하 계급구조의 3군 비율 역시 유사할 것임을 추론할 수 있다. 반면에 미국의 경우에는 4성장군의 분포가 육군 11, 해군 11, 공군 13, 해병대 4, 해안경비대 1명으로 각 군별 균형을 이루고 있다.[27] 이 같은 사실을 고려해 볼 때, 한국군이 합동성을 증진하기 위해 선행되어야 할 본질적인 과제가, 계급구조의 균형 및 주요 의사결정 직위에 대한 3군 균형 보임을 통해 국방부와 합동참모본부를 정상화하는 것이라고 할 수 있다.

---

26) 물론 2014년 5월 1일 기준으로 해군 출신 최윤희 대장이 제38대 합참의장직을 수행하고 있기 때문에 해군 대장은 2명이다. 하지만 총 38명의 합참의장 중 해군과 공군 출신은 단 2명에 불과했기 때문에 국군의 전체 4성장군 중 해군과 공군은 각 1명에 불과한 것이 지금까지의 현실이었다.
27) 『중앙일보』2010년 10월 20일.

I. 1차 자료

1. 관련법률
국군조직법 개정법률안(의안번호 130718: 1989. 11. 21)
국군조직법 개정법률안(의안번호 11909: 2011. 5. 25)
국군조직법 개정법률안(의안번호 1414: 2012. 8. 30)
국군조직법 개정법률안 정부제출 검토보고서(1989. 11. 21)
국군조직법(법률 제 4249호: 1990. 8. 1)
국방개혁 기본법안(의안번호 3513: 2005. 12. 2)
국방개혁 기본법안 정부제출 검토보고서(2005. 12. 2)
국방개혁에 관한 법률(법률 제 8097호: 2006. 12. 28)

2. 국회 회의록
국회사무처. 1989a. "147회 국회 정기회 국회본회의 회의록 6호(1989. 10. 13)"
_____. 1989b. "147회 국회 정기회 국방위원회 회의록 10호(1989. 12. 4)"
_____. 1990a. "148회 국회 임시회 국방위원회 회의록 4호(1990. 3. 8)"
_____. 1990b. "148회 국회 임시회 국방위원회 회의록 5호(1990. 3. 12)"
_____. 1990c. "150회 국회 임시회 국방위원회 회의록 5호(1990. 7., 6)"
_____. 1990d. "150회 국회 임시회 국방위원회 회의록 7호(1990. 7. 11)"
_____. 1990e. "150회 국회 임시회 본회의 회의록 11호(1990. 7. 14)"

_____. 2006a. "258회 국회 임시회 국방위원회 회의록 10호(2006. 2. 16)"
_____. 2006b. "259회 국회 임시회 국방위원회 회의록: 국방개혁 기본법안 심사 특별 소위원회 1호(2006. 4. 7)"
_____. 2006c. "259회 국회 임시회 국방위원회 회의록: 국방개혁 기본법안 심사 특별 소위원회 2호(2006. 4. 12)"
_____. 2006d. "259회 국회 임시회 국방위원회 회의록: 국방개혁 기본법안 심사 특별 소위원회 3호(2006. 4. 14)"
_____. 2006e. "259회 국회 임시회 국방위원회 회의록: 국방개혁 기본법안 심사 특별 소위원회 4호(2006. 4. 20)"
_____. 2006f. "259회 국회 임시회 국방위원회 회의록: 국방개혁 기본법안 심사 특별 소위원회 5호(2006. 4. 28)"
_____. 2006g. "262회 국회 정기회 국방위원회 회의록: 법률안 등 심사소위원회 2호(2006. 11. 21)"
_____. 2006h. "262회 국회 정기회 국방위원회 회의록: 법률안 등 심사소위원회 3호(2006. 11. 22)"
_____. 2006i. "262회 국회 정기회 국방위원회 회의록: 법률안 등 심사소위원회 5호(2006. 11. 29)"
_____. 2006j. "262회 국회 정기회 국방위원회 회의록 11호(2006. 11. 30)"
_____. 2006k. "262회 국회 정기회 법제사법위원회 회의록 25호(2006. 12. 1)"
_____. 2006l. "262회 국회 정기회 국회 본회의 회의록 16호(2006. 12. 1)"
_____. 2011a. "301회 국회임시회 국방위원회 회의록 1호(6월 13일)"
_____. 2011b. "301회 국회임시회 국방위원회 회의록 3호(6월 22일)"
_____. 2011c. "301회 국회임시회 국방위원회 회의록 4호(6월 24일)"
_____. 2011d. "303회 국회정기회 국방위원회 회의록 3호(11월 21일)"
_____. 2012. "311회 국회정기회 국방위원회 회의록 2호(9월 24일)"

3. 국방부 단행본 및 자료

국방부. 1990a. 『국방조직변천사』. 대한민국 국방부.
_____. 1990b. 『1990 국방백서』. 대한민국 국방부.
_____. 1993. 『1993~1994 국방백서』. 대한민국 국방부.
_____. 1994. 『1994~1995 국방백서』. 대한민국 국방부.

_____. 1997. 『1997~1998 국방백서』. 대한민국 국방부.
_____. 1998. 『1998 국방백서』. 대한민국 국방부.
_____. 1999. 『1999 국방백서』. 대한민국 국방부.
_____. 2002. 『1998~2002 국방정책』. 대한민국 국방부.
_____. 2003a. "2003년 대통령 업무보고 자료." http://www.president.go.kr/ (검색일: 2007년 11월10일)
_____. 2003b. 『참여정부의 국방정책』. 대한민국 국방부.
_____. 2003c. 『한·미 안보협의회의 공동성명: Joint Communique ROK-US Security Consultative Meeting』. 대한민국 국방부.
_____. 2004. 『국방백서 2004』. 대한민국 국방부.
_____. 2005a. 『국방개혁2020 이렇게 추진합니다』. 대한민국 국방부.
_____. 2005b. 『국방개혁2020 50문 50답』. 대한민국 국방부.
_____. 2005c. "2005년 대통령 업무보고 자료."http://www.president.go.kr/ (검색일: 2007년 11월 1일)
_____. 2006. 『국방백서 2006』. 대한민국 국방부.
국방부 계획예산관실. 2006a. 『국방개혁2020과 소요재원』. 대한민국 국방부.
_____. 2006b. 『국방개혁2020과 국방비』. 대한민국 국방부.
국방부 계획예산관실 재정계획팀. 2007. 『08년도 국방예산 요구규모와 쓰임새』. 대한민국 국방부.
국방부 국방개혁실. 2009. 『국방개혁, 국민과 함께 합니다』. 국방부.

4. 회고록

김영삼. 2001a. 『김영삼 대통령 회고록 상』. 서울: 조선일보사.
_____. 2001b. 『김영삼 대통령 회고록 하』. 서울: 조선일보사.
김정렬. 1993. 『김정렬 회고록』. 서울: 을유문화사.
김정렴. 1997. 『아, 박정희』. 서울: 중앙M&B.
박철언. 2005a. 『바른역사를 위한 증언: 5공, 6공, 3김시대의 정치비사 1』. 서울: 랜덤하우스중앙.
_____. 2005b. 『바른역사를 위한 증언: 5공, 6공, 3김시대의 정치비사 2』. 서울: 랜덤하우스중앙.
조갑제. 2007. 『노태우 육성회고록: 전환기의 대전략』. 서울: 조갑제닷컴.

5. 인터뷰 자료

김희상 노태우 정부 국방비서관, 노무현 정부 국방보좌관 인터뷰(일시: 2008년 12월 1일 11:00~13:00 / 장소: 한국안보문제연구소 이사장실).

서주석 16대 대통령직 인수위원회 외교통일안보분과 위원, NSC 전략기획실장, 외교안보정책수석 인터뷰(일시: 2008년 11월 28일 14:00~16:00 / 장소: 국방연구원 서주석 박사 연구실).

서진태 예비역 공군중장 인터뷰 자료. 1997. "통합군 논의는 군의 화합·단결을 저해한다."『월간조선』1997년 10월호. 362-374. 서울: 조선일보사.

윤광웅 전 국방부장관 인터뷰 자료. 2005. "국방개혁 칼 뽑은 윤광웅 국방부장관."『신동아』2005년 10월호. 96-107. 서울: 동아일보사.

황병무 전 국방발전자문위원회 위원장 인터뷰 자료. 2008. "참여정부 안보정책의 보이지 않는 손."『신동아』2008년 7월호. 통권 586호. 232-253. 서울: 동아일보사.

6. 보고서, 자료집, 연설문집, 백서

공보처. 1992a.『제6공화국 실록: 노태우 대통령 정부 5년 - 1권. 정치』. 정부간행물제작소.

_____. 1992b.『제6공화국 실록: 노태우 대통령 정부 5년 - 2권. 외교·통일·국방』. 정부간행물제작소.

국가안전보장회의. 2004.『평화번영과 국가안보』. 국가안전보장회의 사무처.

국무조정실 총괄심의관실 편. 2007.『참여정부 정책갈등과 조정: 참여정부 정책조정·갈등관리 백서』. 국무조정실.

국방군사연구소. 1995.『국방정책 변천사: 1945~1994』. 국방군사연구소.

_____. 1998.『건군 50년사』. 국방군사연구소.

국방부 군사편찬연구소. 2002.『한미 군사 관계사, 1871~2002』. 국방부 군사편찬연구소.

국방부 기획조정관실. 2006.『국방정책자료집』. 대한민국국방부.

국방위원장. 2008a. "2008 국정감사 국방부 제출자료: 김영삼 정부 국방개혁."

_____. 2008b. "2008 국정감사 국방부 제출자료: 김대중 정부 국방개혁."

_____. 2008c. "2008 국정감사 국방부 제출자료: 노무현 정부 국방개혁."

국방위원회. 2006a. "국방개혁 기본법안 심사보고서(2006. 12)"

_____. 2006b. "국방개혁2020안에 관한 1차 공청회 자료집(2006. 4. 18)"
_____. 2006c. "국방개혁2020안에 관한 2차 공청회 자료집(2006. 4. 26)"
_____. 2011. "국군조직법 일부개정법률안 정부제출 검토보고서(6월)"
_____. 2012. "국군조직법 일부개정법률안 정부제출 검토보고서(9월)"
국정홍보처 편. 2008. 『참여정부 국정운영백서』. 국정홍보처.
김성곤. 2005. 『국방개혁관련 여론조사 보고서』. 2005 정기국회 정책자료집-3. 대한민국 국회 국방위원회.
노무현. 2005. "국방부 업무보고에 대한 평가." http://www.president.go.kr/ (검색일: 2007년 11월 2일)
대통령 공보비서실. 1989. 『민주주의의 시대 통일을 여는 연대: 노태우 대통령 1년의 주요 연설』. 동화출판사.
_____. 1993. 『민주·번영·통일의 큰 길을 열며: 노태우 대통령 재임 5년의 주요 연설』. 동화출판사.
대통령 비서실. 2004. 『노무현 대통령 연설문집 1권』. 국정홍보처.
_____. 2005. 『노무현 대통령 연설문집 2권』. 국정홍보처.
_____. 2006. 『노무현 대통령 연설문집 3권』. 국정홍보처.
박진. 2005. "국정감사 국방위 정책자료집-국방개혁, 국민적 합의가 우선이다: 국방개혁안의 7대 문제점과 대책." 박진 의원실.
육군본부. 2006. 『육군정책보고서: 강한 친구 대한민국 육군』. 육군본부.
외교안보연구원. 1990. 『부시행정부의 동북아 정책』. 외무부 외교안보연구원.
통일부. 2003a. 『국민의 정부 5년 평화와 협력의 실천』. 통일부.
_____. 2003b. 『참여정부의 평화번영정책』. 통일부.
_____. 2004. 『2004 통일교육 기본지침서』. 통일부.
_____. 2005. 『제 2의 6·15 시대를 열며』. 통일부.
_____. 2006. 『평화를 향한 질주 4년』. 통일부.
한미안보협의회의(SCM) 공동성명서
한미안보정책구상회의(SPI) 보도자료
황진하. 2007. "국방개혁2020 진퇴양난: '08년도부터 국방개혁2020 계획 대폭 수정 불가피." 2007 국정감사 보도자료(2007. 10. 17). www.jinwhang.com (검색일: 2007. 11. 30)

7. 미국 국방부, 합참, 백악관 자료

Department of Defense(DOD). 1990. *A Strategic Framework for the Asian-Pacific Rim: Looking Toward the 21st Century* (April 1990).

_____. 1992. *A Strategic Framework for the Asian-Pacific Rim: Report to Congress 1992*.

_____. 2001a. *Quadrennial Defense Review Report* (Sep. 2001).

_____. 2001b. *Nuclear Posture Review Report* (Dec. 2001). http://www.defense link.mil/news/Jan2002/d20020109npr.pdf (검색일: 2008년 2월 4일)

Joint Chiefs of Staff. 2004. *The National Military Strategy of the United States of America* (2004)

_____. 2006. *National Military Strategy Plan for the War on Terrorism* (Feb 2006).

The White House. 1991. *The National Security Strategy of the United States* (August, 1991).

_____. 2002. *The National Security Strategy of the United States of America* (Sep. 20, 2002).

Foreign Relations of the United States(FRUS) 1952-1954 Volume ⅩⅤ Part 2.

8. 중앙일간지, 주간지, 월간지

『조선일보』, 『중앙일보』, 『동아일보』, 『문화일보』, 『국민일보』, 『한국일보』, 『서울신문』, 『한겨레신문』, 『경향신문』, 『대한매일신문』, 『주간조선』, 『월간조선』, 『신동아』

II. 2차 자료

강진석. 2005. 『한국의 안보전략과 국방개혁』. 서울: 평단.
김군배. 1990. "한국의 군구조에 관한 연구." 동국대 행정대학원 석사학위논문.
김기정. 2004. "국민 안보의식 변화와 한반도 평화." 『협력적 자주국방과 국방개혁』. 서울: 오름. 119-154.

김기정·이성훈·김순태 편. 2006. 『세계적 국방개혁 추세와 한국의 선택』. 서울: 오름.

김동한. 2008. "노무현 정부의 국방개혁정책 결정과정 연구: 군구조 개편과 법제화 과정을 중심으로." 『군사논단』통권 제 58호. 서울: 한국 군사학회.

_____. 2009a. "한국군 구조개편정책의 결정요인 분석." 『한국정치학회보』43집 4호.

_____. 2009b. "한국군 구조개편정책의 결정 과정 및 요인 연구: 818계획과 국방개혁2020을 중심으로." 서울대 박사논문.

_____. 2010. "국방정책레짐 전환과 군 균형발전: 818계획의 정책적 함의를 중심으로." 『정책연구』167호.

_____. 2011. "역대 정부의 군구조 개편 계획과 정책적 함의." 『국가전략』17권 1호.

김상태. 1997. "국군 조직 개편에 대한 소견: 통합군 발상에 대한 의견." 『방위세계』제 16호. 1998년 〈봄〉호. 7-11. 한국항공우주전략연구원.

김영률. 2012. "한국군 상부지휘구조 개편 방향: 남북 통일서점을 고려한 단계적 개편 방향." 국방대학교 국방관리대학원 석사학위논문.

김원석. 2013. "전시작전통제권 환수 이후 군제의 바람직한 방향: 군 상부지휘구조를 중심으로." 초당대학교 산업대학원 석사학의논문.

김인승. 2009. "대통령의 정책선호와 군구조 개혁의 성과." 고려대 석사논문.

김일영·조성렬. 2003. 『주한미군 역사, 쟁점, 전망』. 서울: 한울아카데미.

김재엽. 2007. 『자주국방론』. 서울: 선학사.

김종대. 2010. 『노무현, 시대의 문턱을 넘다』. 나무와 숲.

김종하. 2011. "국방개혁 기본계획 11-30(국방개혁 307계획) 문제점 진단: 상부지휘구조 개편을 중심으로." (한반도 선진화재단 금요정책세미나).

김홍길. 2002. "탈냉전기 한미군사동맹 재편의 주요 쟁점: 미국의 한반도 전략과 주한미군 지위협정." 『한국동북아논총』제 24집. 한국 동북아학회.

남창희. 2004. "주한미군 재배치 계획의 배경과 한국의 대응방향." 『국가전략』제 10권 1호. 세종연구소.

문광건. 2006. "합동성 이론과 군구조 발전방향: 합동성의 본질과 군사개혁방안." 『군사논단』통권 제 48호. 4-28. 한국 군사학회.

문정인·김기정·이성훈 편. 2004. 『협력적 자주국방과 국방개혁』. 서울: 오름.

박용갑. 2002. "국방정책결정체계 비교 연구: 일본, 미국, 한국의 문민통제 정도를 중심으로." 국방대학원 석사학위논문.

박재영. 2002. 『국제정치패러다임: 현실주의·자유주의·구조주의』. 서울: 법문사.

박찬석. 2006. "올바른 국방개혁 법으로 보장돼야." 『국회보』통권 475호. 국회사무처.

박후병. 2003. "동맹체제하에서의 군구조 결정요인 분석: 한국과 일본의 사례를 중심으로." 국방대학원 석사학위논문.

박휘락. 2007. "지도자 주도의 국방개혁 모형: 럼스펠드 장관의 변혁." 『군사논단』 제 49호. 한국 군사학회.

방진석. 1994. "제 6공화국의 군구조 개편 결정에 관한 연구." 국방대학원 석사학위논문.

배종윤. 2006. 『한국 외교정책의 새로운 이해: 외교정책 결정과정과 관료』. 서울: 한국학술정보(주).

백기인. 2004. "국방정책 형성의 제도화 과정: 1948~1970." 『국방연구』제 47권 제 2호.

백종천 편. 2003. 『분석과 정책: 한미동맹 50년』. 서울: 세종연구소.

서영철. 2011. "합동성 강화를 위한 상부지휘구조 개선방안에 관한 연구." 한성대 국제대학원 석사학위논문.

서진태. 2004. "참여정부 국방정책의 선결과제: 미국의 GPR 및 한국군의 편제조정과 연관하여." 제 7회 공군력 학술회의 발표 논문.

신용도·한용섭·민진·김무일. 2005. 『국방개혁계획법 제정 추진을 위한 기초연구』. 국방대학교 안보문제 연구소.

심지연. 2004. 『한국 정당 정치사: 위기와 통합의 정치』. 서울: 백산서당.

안병태. 1998. "국방개혁에 대한 제언: 막강권력 쥔 통합군 사령관 탄생하면." 『월간조선』1998년 7월호. 158-164. 서울: 조선일보사.

오석홍·김영평 편. 2006. 『정책학의 주요 이론』. 서울: 법문사.

유 훈. 2001. "정책변동과 정책활동가." 『행정논총』제 39권 1호.

_____. 2006. "정책학습과 정책변동." 『행정논총』제 44권 3호.

이 근. 2005. "해외주둔 미군 재배치 계획과 한미동맹의 미래" 『국가전략』제 11권 2호. 서울: 세종연구소.

이상현. 2004. "미국의 세계전략과 주한미군: 80년대 말 철군논의와 한반도 안보의 연계성에 관한 고찰."『한국정치외교사논총』제 26집 1호.
_____. 2006. "미국의 동아시아 군사안보전략: 대 테러전을 중심으로."『한일군사문화연구』제 4집.
이석복. 1990. "군구조 개선의 필요성과 내용."『민족지성』53호. 177-187. 민족지성사.
이석종. 2004. "협력적 자주국방 계획 확정."『국방저널』통권372호. 국방홍보원.
이선호. 1992.『한국군 무엇이 문제인가』. 서울: 팔복원.
_____. 1998a. "군구조조정을 위한 신사고: 제복조가 군 개혁을 주도해서는 안된다."『군사논단』제 16호. 한국 군사학회.
_____. 1998b. "한국군은 거듭나야 한다. 그러나 통합군은 안된다."『방위세계』제 17호. 한국 항공우주전략연구원.
임경수. 2004. "한국군 국방조직의 발전방향 연구." 한남대 행정정책대학원 석사학위논문.
이정복. 1995.『한국정치의 이해』. 서울: 서울대학교출판부.
_____. 2006.『한국정치의 분석과 이해』. 서울: 서울대학교출판부.
이춘근. 2003. "미국의 신동아시아 전략과 주한미군." 백종천 편.『분석과 정책: 한미동맹 50년』. 229-256. 경기도 성남: 세종연구소.
_____. 2007. "남북한 군사력 비교." 자유기업원.
이필중·김용휘. 2007. "주한미군의 군사력 변화와 한국의 군사력 건설."『국제정치논총』제 47집 1호. 한국국제정치학회.
장문석. 1989.『군구조의 이론에 관한 연구』. 서울: 국방대학원.
전정호. 1992. "한국 국방조직 법령 고찰: 818 군구조 개편 법령을 중심으로."『군사법연구』10호. 99-144. 육군본부.
정정길. 1994.『정책결정론』. 서울: 대명출판사.
정정길 외. 2007.『정책학 원론』. 서울: 대명출판사.
제정관. 2004. "국민과 국방." 차영구·황병무 편.『국방정책의 이론과 실제』. 서울: 오름.
조성식. 2008. "이상희국방, 리더십 & 정책."『신동아』2008년 10월호. 180-199. 서울: 동아일보사.
조영갑. 2006.『국가안보학』. 서울: 선학사.

진원창. 2006. "항공우주력 관점에서 본 한국의 군사력 발전방향." 국방대학교 안전보장대학원 석사학위논문.
차영구. 1990. "90년대 안보환경변화와 군구조 개편."『민족지성』53호. 165-176. 민족지성사.
참여연대 평화군축센터. 2005. "2005년 정기국회 참여연대 국방정책 의견서: 국방개혁2020안에 대한 6가지 비판적 문제제기." www.peoplepower21.org/article/article_view.php?article_id=14628(검색일 2007. 11. 17).
최규장. 1993.『외교정책 결정과정론: 카터의 주한미군 철수 결정 백지화 과정 연구』. 서울: 을유문화사.
최명 · 백창재. 2000.『현대 미국정치의 이해』. 서울: 서울대학교출판부.
최장집. 2002.『민주화 이후의 민주주의』. 서울: 후마니타스.
_____. 2006.『민주주의의 민주화』. 서울: 후마니타스.
최홍섭. 2006. "국방개혁과정에서 나타난 군 조직의 환경인식과 대응전략: 김대중 정부의 군구조 개편을 중심으로."『육군3사관학교 논문집』제 63집. 육군3사관학교. 331-365.
한국국방안보포럼. 2006.『전시작전통제권 오해와 진실』. 서울: 플래닛미디어.
한상훈. 1999. "한국군의 군구조 발전방향 연구: 상부지휘구조를 중심으로." 동국대 행정대학원 석사학위논문.
한용섭. 2004. "미국의 GPR과 주한미군의 장래." 한용섭 외 5인.『주한미군 조정과 동북아 국가의 대응전략』. 국방대학교 안보문제 연구소.
함택영 · 서재정. 2006. "북한의 군사력 및 남북한 군사력 균형." 경남대학교 북한대학원 편.『북한군사문제의 재조명』. 서울: 한울 아카데미. 339-410.
홍득표. 1999.『정치과정론』. 서울: 학문사.

Allison, Graham T. 1969. "Conceptual Models and the Cuban Missile Crisis." American Political Science Review. 63. No.3. Ikenberry, John. edt. 2002. American Foreign Policy: Theoretical Essays. 4th ed. Longman Publishers. 396-441.
Allison, Graham T. & Zelikow, Philip. 1999. Essence of Decision: Explaining the Cuban Missile Crisis. Pearson Education Inc.
Art, Robert J. 1985. "Congress and the Defense Budget: Enhancing Policy

Oversight." Political Science Quarterly. Vol.100. No.2. 227-248.

Ashby, W. Ross. 1970. An Introduction to Cybernetics. London: Chapman & Hall Ltd.

Bartels, Larry M. 1991. "Constituency Opinion and Congressional Policy Making: The Reagan Defense Build Up." The American Political Science Review. Vol.85. No.2. 457-474.

Bendor, Jonathan. & Hammond, Thomas H. 1992. "Rethinking Allison's Models." The American Political Science Review. Vol.86. No.2. 301-322.

Bennett, Bruce. 2007. "국방개혁2020의 재고: 변화하는 환경에서의 한국의 국가안보기획." 황진하 의원 2007년도 해외정책 연구용역 보고서.

Blechman, Barry M. 1991. "The Congressional Role in U.S. Military Policy." Political Science Quarterly. Vol. 106. No.1. 17-32.

Burgin, Eileen. 1994. "Influences Shaping Members' Decision Making: Congressional Voting on the Persian Gulf War." Political Behavior. Vol.16. No.3. 319-342.

Dawson, Raymond H. 1962. "Congressional Innovation and Intervention in Defense Policy: Legislative Authorization of Weapons Systems." The American Political Science Review. Vol.56. No.1. 42-57.

Deering, Christopher J. 1993. "Decision Making in the Armed Services Committee." Lindsay, James M. & Ripley, Randall B. Congress Resurgent: Foreign and Defense Policy on Capital Hill. University of Michigan Press. 155-182.

Derouen, Jr. Karl. & Heo, Uk. 2000. "Defense Contracting and Domestic Politics." Political Research Quarterly. Vol.53. No.4. 753-769.

Dougherty, James E. & Pfaltzgraff Jr, Robert L. 1981. Contending Theories of International Relations: A Comprehensive Survey. 2nd ed. Harper & Row Publishers Inc.

Dror, Yehezkel. 1983. Public Policymaking Reexamined. New Brunswick, NJ: Transaction Books.

Etzioni, Amitai. 1986. "Mixed Scanning Revisited." Public Administration

Review. 46. 1.

Gaddis, John Lewis. 1991. "Toward the Post-Cold War World." Foreign Affairs. Vol.70. No.2. 102-122.

Glaser, Charles L. & Fetter, Steve. 2001. "National Missile Defense and the Future of U.S. Nuclear Weapons Policy." International Security. Vol.26. No.1. 40-92.

Goss, Carol F. 1972. "Military Committee Membership and Defense-Related Benefits in the House of Representatives." The Western Political Quarterly. Vol.25. No.2. 215-233.

Hagan, Joe D. & Everts, Philip P. & Fukui, Haruhiro. & Stempel, John D. 2001. "Foreign Policy by Coalition: Deadlock, Compromise, and Anarchy." International Studies Review. Vol.3. No.2. 169-216.

Hall, Peter A. 1993. "Policy Paradigms, Social Learning, and the State: The Case of Economic Policymaking in Britain." Comparative Politics (April).

Heclo, Hugh. 1974. Modern Social Policies in Britain and Sweden. New Haven: Yale University Press.

Hilsman, Roger. 1990. The Politics of Policy Making in Defense and Foreign Affairs: Conceptual Models and Bureaucratic Politics. Prentice-Hall.

Huntington, Samuel P. 1961. The Common Defense. New York: Columbia University Press.

Jordan, Amos A. & Taylor Jr, William J. 1981. American National Security: Policy and Process. The Johns Hopkins University Press. 국방대학원 안보문제연구소. 1984. 『미국의 안보정책 결정과정』

Kanter, Arnold. 1972. "Congress and the Defense Budget." The American Political Science Review. Vol.66. No.1. 129-143.

Kaufman, Stuart J. 1994. "Organizational Politics and Change in Soviet Military Policy." World Politics. Vol.46. No.3. 355-382.

Kegley, Jr. Charles W. and Wittkopf, Eugene R. 1996. American Foreign Policy: Pattern and Process. 5th ed. New York: St. Martin's Press.

King, Gary. & Keohane, Robert O. & Verba, Sidney. 1994. Designing Social Inquiry: Scientific Inference in Qualitative Research. Princeton

University Press.

Kingdon, John W. 1984. Agenda, Alternatives, and Public Policies. Boston: Little, Brown and Co.

Laurance, Edward J. 1976. "The Changing Role of Congress in Defense Policy-Making." The Journal of Conflict Resolution. Vol.20. No.2. 213-253.

Lederman, Gordon Nathaniel. 1999. Reorganizing the Joint Chiefs of Staff: The Goldwater-Nichols Act of 1986. 김동기·권영근 역. 2007. 『합동성 강화: 미 국방개혁의 역사』. 연경문화사.

Lijphart, A. 1971. "Comparative Politics and the Comparative Method." The American Political Science Review 65: 3. 682-693. 김웅진·박찬욱·신윤환 편역. 1995. 『비교정치론 강의1: 제3장. 비교분석의 디자인』. 한울아카데미. 23-54.

Lindblom, Charles E. 1968. The Policy-Making Process. New York: Prentice Hall.

Lindsay, James. 1991. "Testing the Parochial Hypothesis: Congress and the Strategic Defense Initiative." The Journal of Politics. Vol.53. No.3. 860-876.

_____. 1992. "Congress and Foreign Policy: Why the Hill Matters." Political Science Quarterly. Vol.107. No.4. 607-628.

_____. 1994. "Congress, Foreign Policy, and the New Institutionalism." International Studies Quarterly. Vol.38. No.2. 281-304.

Lindsay, James M. & Ripley, Randall B. 1992. "Foreign and Defense Policy in Congress: A Research Agenda for the 1990s." Legislative Studies Quarterly. Vol.17. No.3. 417-449.

_____. 1993. "How Congress Influences Foreign and Defense Policy." Congress Resurgent: Foreign and Defense Policy on Capital Hill. University of Michigan Press. 17-35.

Lloyd, Richmond M. et al. 1995. Strategy and Force Planning. Naval War College Press.

MacDonald, Donald Stone. 1992. U.S.-Korean Relations from Liberation to

Self-Reliance: The Twenty-Year Record. Westview Press. 한국역사연구회 1950년대반 역. 2001. 『한미관계 20년사(1945~1965): 해방에서 자립까지』. 서울: 도서출판 한울.

Manheim, Jarol B. and Rich, Richard C. 1995. Empirical Political Analysis: Research Methods in Political Science. 4th ed. N.Y.: Longman.

Mayer, Kenneth R. 1993. "Policy Disputes as a Source of Administrative Controls: Congressional Micromanagement of the Department of Defense." Public Administration Review. Vol.53. No.4. 293-302.

Mayer, Kenneth R. & Khademian, Anne M. 1996. "Bringing Politics Back in: Defense Policy and the Theoretical Study of Institutions and Processes. Public Administration Review. Vol.56. No.2. 180-190.

Meernik, James. 1993. "Presidential Support in Congress: Conflict and Consensus on Foreign and Defense Policy." The Journal of Politics. Vol.55. No.3. 569-587.

Mingst, Karen. 2003. Essentials of International Relations. 2nd ed. W·W· Norton & Company.

Morgenthau, Hans J. 1973. Politics Among Nations: The Struggle foor Power and Peace. 5th ed. New York: Alfred A. Knopf.

Murray, Douglas J. & Viotti, Paul R. et al. 1994. The Defense Policies of Nations: A Comparative Study. 3rd ed. Johns Hopkins University Press.

Mucciaroni, Gary. 1995. Reversals of Fortunes: Public Policy and Private Interests. Washington, D. C.: Brookings Institution.

Przeworski, A. & Teune, H. 1970. "Research Design." Logic of Comparative Social Inquiry. New York: John Wiley and Sons. 31-46. 김웅진·박찬욱·신윤환 편역. 1995. 『비교정치론 강의1: 제 3장. 비교분석의 디자인』. 한울아카데미. 90-111.

Peterson, Paul E. 1994. "The President's Dominance in Foreign Policy Making." Political Science Quarterly. Vol.109. No.2. 215-234.

Rhodes, Edward. 1994. "Do Bureaucratic Politics Matter?: Some Disconfirming Findings from the Case if the U.S. Navy." World Politics. Vol.47. No.1. 1-41.

Rosenau, James N. 1966. "Pre-theories and Theories of Foreign Policy." in R. Barrell. ed. Approaches to Comparative and International Politics. Evanston, IL: Northwestern University Press. 27-99

Putnam, Robert D. 1988. "Diplomacy and Domestic Politics: the logic of two-level game." International Organization. vol. 42. no. 3 (Summer). 427-460.

Sabatier, Paul A. 1993. "Policy Change over a Decade or more." in Paul. Sabatier and Jenkins-Smith eds. Policy Change and learning: An Advocacy Coalition Approach. Boulder Co.: Westview Press. 13-39.

Sarkesian, Sam C. ed. 1979. Defense Policy and the Presidency. Westview Press.

Sartori, G. 1970. "Concept Misformation in Comparative Politics." The American Political Science Review 64:4. 1033-1053. 김웅진·박찬욱·신윤환 편역. 1995. 『비교정치론 강의1: 제3장. 비교분석의 디자인』. 한울아카데미. 55-89.

Simon, Hebert A. 1976. Administrative Behavior. New York: McMillan.

Snow, Donald M. 1995. National Security: Defense Policy for a New International Order. 3rd ed. New York: St. Martin's Press.

Stockton, Paul N. 1991. "The New Game on the Hill: The Politics of Arms Control and Strategic Force Modernization." International Security. Vol.16. No.2. 146-170.

_____. 1993. "Congress and Defense Policy-Making for the Post Cold War Era." Lindsay, James M. & Ripley, Randall B. Congress Resurgent: Foreign and Defense Policy on Capital Hill. University of Michigan Press. 235-259.

_____. 1995. "Beyond Micromanagement: Congressional Budgeting for a Post-Cold War Military." Political Science Quarterly. Vol.110. No.2. 233-259.

Tierney, John T. 1993. "Interest Group Involvement in Congressional Foreign and Defense Policy." Lindsay, James M. & Ripley, Randall B. Congress Resurgent: Foreign and Defense Policy on Capital Hill. University of

Michigan Press. 89-111.

Waltz, Kenneth N. 1979. Theory of International Politics. Addison-Wesley.

Welch, David. 1992. "The Organizational Process and Bureaucratic Politics Paradigms: Retrospect and Prospect." International Security. Vol.17. No.2. 112-146.

Wilson, Carter A. 2000. "Policy Regimes and Policy Change." Journal of Public Policy. Vol.20. No.3. 247-274.